高等学校教材

生化工程与设备

第2版

U0383013

方书起　陈俊英　主编

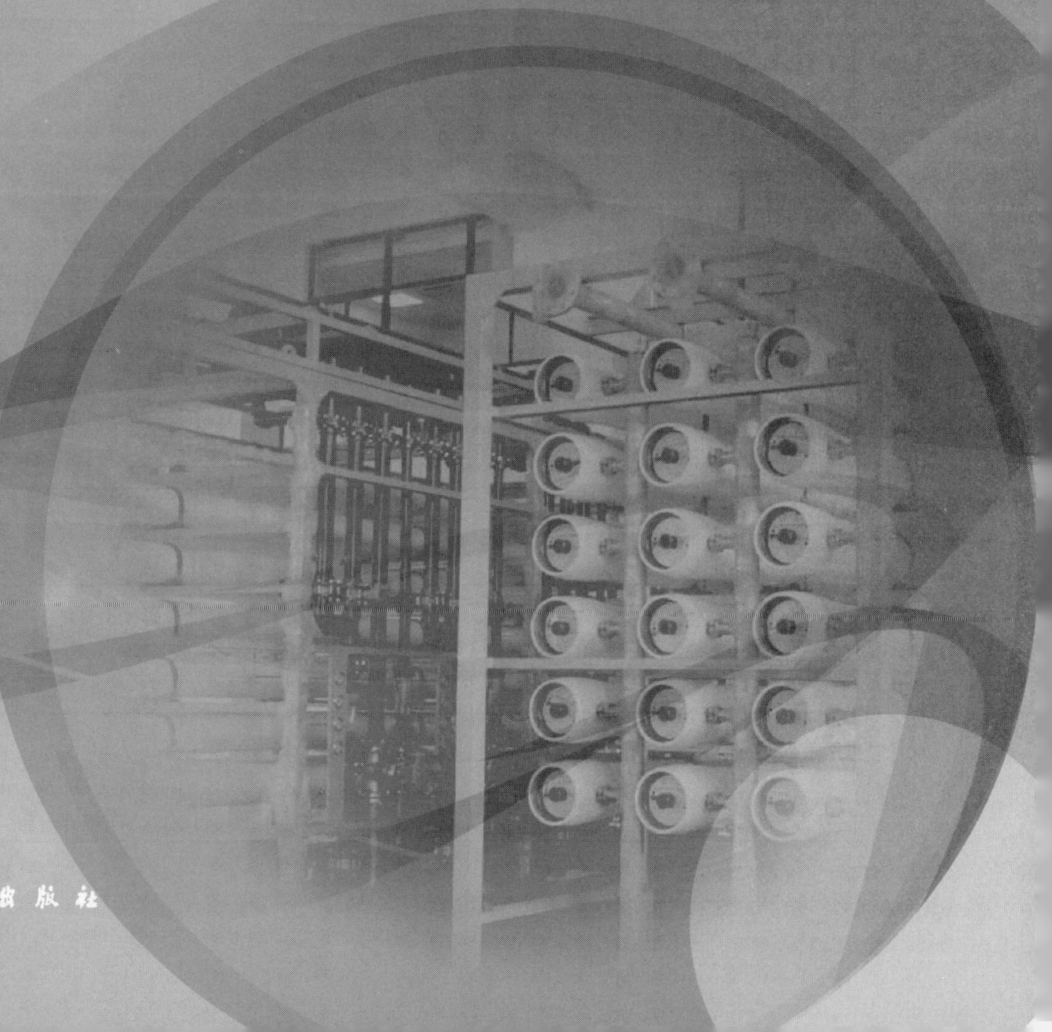

化学工业出版社
·北京·

本书是高等学校教材《生化工程与设备》的第2版，适用学时为28～36学时。

考虑到化工类及相关专业学生对化工基础知识和化工单元操作的理论学习已经有了基础，因此本书不再对基础理论作过多的篇幅介绍，注重工程实际应用。

全书共有6章：固体原料的输送与粉碎、原料的蒸煮与糖化、工业培养基的配制与灭菌、空气处理工艺和设备、生化反应器和产物分离及提取设备。

本书主要作为化工相关专业本科、高职高专学生的教材和参考资料使用，也可供相关工程技术人员学习和参考。

图书在版编目（CIP）数据

生化工程与设备/方书起，陈俊英主编．—2版．—北京：化学工业出版社，2017.1

高等学校教材

ISBN 978-7-122-28497-6

Ⅰ.①生… Ⅱ.①方…②陈… Ⅲ.①化学工业-生物工程-高等学校-教材②化学工业-生物工程-化工设备-高等学校-教材 Ⅳ.①TQ033

中国版本图书馆CIP数据核字（2016）第270035号

责任编辑：傅四周 程树珍　　装帧设计：张 辉

责任校对：宋 玮

出版发行：化学工业出版社（北京市东城区青年湖南街13号 邮政编码100011）

印　　装：大厂聚鑫印刷有限责任公司

787mm×1092mm 1/16 印张13 字数330千字 2017年2月北京第2版第1次印刷

购书咨询：010-64518888（传真：010-64519686） 售后服务：010-64518899

网　　址：http://www.cip.com.cn

凡购买本书，如有缺损质量问题，本社销售中心负责调换。

定　　价：32.00元

版权所有 违者必究

前　言

本书自出版以来受到了广大教师、学生和工程技术人员的好评。由于课程教学计划和教学大纲的修改，有必要对本书第1版进行修订。考虑到教师和学生对教材使用的建设性意见以及化工类专业学生先期课程内容，修订后的教材删除了微生物基础知识，内容力求简明扼要、重点突出，适用少学时（28～36学时）的教学需要。

生化工程属于生物工程和化学工程交叉学科。随着科学技术的进步，交叉学科在科技活动中显现出来的优势越来越明显，尤其是生物工程产品的提取方法，很大程度上应用了化工单元操作，因此作为化工及相关学科的学生，有必要学习生物工程的基本知识，为以后从事生化工程生产活动提供有益的帮助，同时对从事生化工艺生产和生化工程设计的工程技术人员也有很好的参考价值。考虑到化工类及相关专业学生对化工单元操作的理论学习已经有了基础，因此本书在第六章中不再对基础理论作过多的篇幅介绍，重点介绍化工单元操作设备类型和结构。

本书由方书起、陈俊英主编，负责全书的大纲制订和统稿。参加人员及分工如下：刘利平编写第1章；常春编写第2章和第3章；陈俊英编写绪论和第4章；方书起、白净编写第5章；李洪亮、韩秀丽编写第6章。

借此机会也对参加过第1版教材的编写人员表示感谢。再版后的教材没有把第1版引用的参考文献一一列出，在此对被引用文献的作者表示歉意。

限于作者水平，修订后的教材恐仍有不妥及疏漏之处，敬请读者批评指正。

作者

2016年7月

第1版前言

生物化学工程（简称生化工程）是微生物和生化反应工艺过程发展到一定阶段的产物，而生化工程的建立和发展也将推动原有工艺过程的改进和新工艺过程的开发。生化工程的任务，简言之就是处理与生物学有关的工艺过程中的工程技术问题。目前，生化工程应用的领域日益扩大，除了应用于有机酸、溶剂、多聚物、抗生素和甾族化合物等的生产以外，在微生物蛋白制造、废水生化处理和酶的生产等方面的应用都有着巨大的潜力。生物化工是生物技术转化为生产力、实现产业化和成为商品的关键，也是目前我国生物技术发展的关键。为了发展我国的生物技术，使之成为一个有显著经济效益的高技术产业，必须重视和大力推动生物化工的科技研究和工程开发。为此，我们组织编著了这本《生化工程与设备》。

本书着重阐述生化工艺过程原理、所用设备及设备结构、选型和设计。内容包括微生物学基础、培养基的制备、培养基的灭菌、空气除菌设备、生化反应器及分离过程与设备。可使读者了解生物化工技术的内容和原理。对从事生化工程设计和指导生化工艺过程的工程技术人员也有很好的参考价值。

本书由郑州工学院组织编著，马晓建担任主编，并负责全书的审定工作。李洪亮、方书起担任副主编。参加编写人员及编写分工如下：马晓建编写绪论和第四章第一、二节；常春编写第一章；刘丽萍编写第二、三章；徐芳编写第四章第三、四节；方书起编写第五章；李洪亮编写第六章第一、二、三、四、七、八、十一节；陈华伟编写第六章第五、六节；刘洛娜编写第六章第九、十节。

生物技术是一新兴学科，研究内容及成果发展很快，由于时间仓促，难免出现疏漏，再加上作者水平有限，可能会出现不当乃至错误之处，恳请专家和读者批评指正。

编者

1995 年 10 月

目 录

第 4 章 空气处理工艺和设备 65

第 5 章 生化反应器 86

绪　论

0.1　生物工程基本内容

生物工程（bioengineering）是20世纪70年代初开始兴起的一门新兴的综合性应用学科，也称为生物工程技术（bioengineering technology）。一般认为生物工程主要是应用生物学、化学和工程学的原理借助生物催化剂的作用将物料转化为产品或从事社会服务的科学技术。生物工程应该具有以下两个特点：

ⅰ．生物工程应该研究能够控制生物遗传的操作技术，运用这种技术去改造旧生物或创造新生物；

ⅱ．生物工程是直接应用或模仿生物的机能而为改善人类的物质生活和为生产服务。

生物工程的内容包括基因工程、细胞工程、酶工程、发酵工程和生物反应器工程五大工程。

（1）基因工程

基因工程（gene engineering）又称遗传工程，是根据生物的遗传特性，采用类似工程设计的方法，人为地用一种生物细胞中的基因替换另一种生物的某些基因，实现基因的转移和重新组合，从而改变生物的性状和功能，创造出新的生物。基因工程又常称为基因重组技术。

（2）细胞工程

细胞工程（cell engineering）是一种广义的遗传工程，它是把一种生物细胞、携带着全套遗传基因的细胞核或染色体整个地转移给另一种生物细胞，从而改变受体细胞的特性，改良品种或创造新品种。它能用人工方法把遗传物质不同的两个活细胞，结合成为一个同时具有这两种细胞优良性状的新细胞，细胞工程又常称为细胞融合技术。

（3）酶工程

酶是一些由细胞制造出来的特殊蛋白质，是生物催化剂。酶工程（enzyme engineering）就是利用酶的特异催化功能，快速、高效生产产品的一门技术。

（4）发酵工程

发酵工程（fermentation engineering）是指通过现代工程技术手段，利用微生物的特殊功能生产有用物质，或直接将微生物用于工业生产的一种技术体系。它包括了优良菌种的选育、微生物菌体的生产、微生物发酵生产产品、微生物对某些化学物质的改造、对有毒物质的分解以及细菌选矿、细菌冶金等。发酵工程又称微生物工程。

(5) 生物反应器工程

生物反应器有各种各样的形式，要使生物反应器运行得好，必须首先对生物反应器和反应特征有深刻的理解，这就是生物反应器工程（bioreactor engineering）的概念。生物反应器工程着重研究生物反应器本身的特性，如其结构和操作方式，操作条件与细胞形态、生长、产物形成的关系。它与生物反应工程结合，共同解决各种生物反应的最佳生物反应器、最佳操作条件的选择问题。

生物工程的应用领域非常广泛，包括农业、工业、医学、药物学、能源、环保、冶金、化工原料、动植物、净化等。它必将对人类社会的政治、经济、军事和生活等方面产生巨大的影响，为世界面临的资源、环境和人类健康等问题的解决提供美好的前景。

0.2 生化工程的提出

传统的微生物发酵制品——发酵食品和饮料已具有悠久的历史，但其生产技术具有浓厚的地方性和较强的经验性，生产设备一般也较简单。19 世纪末和 20 世纪初工业微生物产品虽有发展，但其产品如乳酸、乙醇、丙酮-丁醇等大多为厌气发酵产物，产物的分子结构比基质更为简单，属初级代谢产物，生产技术及设备也并不很复杂。

20 世纪 40 年代，抗生素的卓越疗效被证实，需求量日益增加。由于抗生素生产属好气发酵类型，产物的分子结构复杂，为次级代谢产物，在培养液中的含量很低，生产过程中需要维持纯种培养，无菌要求很高。为了增加抗生素的产量，突出的问题是将原来生产劳动强度大、占地面积多的表面培养法改变为采用大容积发酵罐生产的沉浸培养法，以及采用高效提取精制设备代替原来实验室提取精制手段。于是一批工程技术人员，特别是化学工程师参加了抗生素生产的工业开发工作。在他们的努力下，适用于纯种和沉浸培养带有通气和搅拌装置的发酵罐终于研制出来。初期生产青霉素的发酵罐容积是 $5m^3$，比起表面培养时的 1L 玻璃瓶来产量大为增加，劳动强度大大降低。此外，他们还成功地解决了大量培养基和生产设备的灭菌问题，以及采用介质过滤法解决大量无菌空气的制备问题。在提取精制中采用了离心萃取机、冷冻干燥器等新型高效化工设备，对产品的产量、质量和收率均有明显的提高。工程技术人员的参加，不但促进了抗生素生产的工业化，也孕育出一门新的交叉学科——生化工程的出现。1947 年，美国 Merck 药厂因在建立抗生素工业中的贡献被授予 McGraw -Hill“生化工程专题研究”成果奖，其后生化工程的名称就一直沿用至今。

0.3 生化工程与生物工程的关系

生物化学工程（简称生化工程）是运用化学工程的原理与方法将生物技术的实验室成果进行工业开发的一门学科。它既可视为化学工程的一个分支，也可认为是生物工程的一个组成部分。

如图 0-1 所示，所指的生物工程是广义的，它是生物学与工程学的交叉产物，一般不直接涉及化学反应，大致包括农业工程、环境卫生工程、医学工程、仿生工程、人体功能工程等。而狭义的生物工程（图中的生物技术，即生化工程）是生物工程与化学工程的交叉学科，涉及化学反应，并采用了生物催化剂。

凡由生物工程所引出的生产过程可统称为生物反应过程，大致可由图 0-2 所示流程表示。

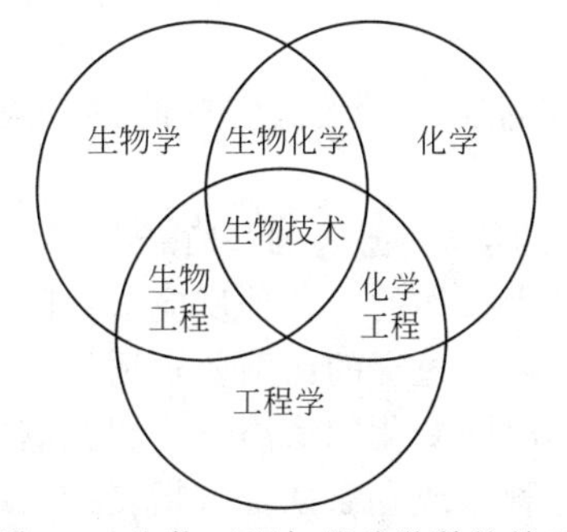

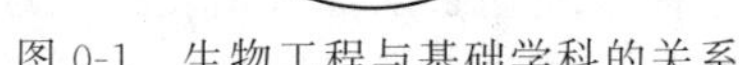
图 0-1 生物工程与基础学科的关系

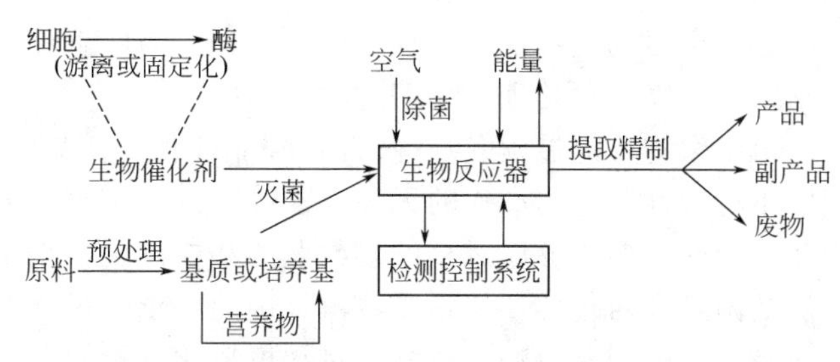

图 0-2 生物反应过程示意图

在生物反应过程中，若采用活细胞（包括微生物、动植物细胞）为生物催化剂，称为发酵或细胞培养过程，若采用游离或固定化酶，称为酶反应过程。

生化工程实质上就是研究生物反应过程中带有共性的特殊工程技术问题的学科。

0.4 生化工程基本内容

生化工程主要是为生物反应过程服务的，用以解决一些带有共性的技术问题。

人们常把生物反应过程中的生物反应器作为过程的中心，而分别把反应器前与反应器后的工序称为上游和下游加工。下面将分别围绕上、中、下游来阐明有关生化工程的内容。

（1）上游加工的特点

在上游加工中最重要的是提供和制备高产优质和足够数量的生物催化剂（由常规选育或经现代生物工程方法获得的菌株、细胞系，或从中提取的酶，必要时须进行固定化）。这方面的工作通常由生物学的工作者来担任，但生化工程工作者应尽可能多地了解它们的生理生化特性和培养特性，为此必须掌握一定的微生物学、细胞学及生理生化知识。此外，还应考虑大规模种子培养或固定化生物催化剂的制备问题以及如何将其在无菌情况下接入生物反应器中等问题 。

在上游加工中还包括原材料的物理和化学预处理、培养基的配制和灭菌等问题。这里含有较多的化工单元操作（主要是物料破碎、混合和输送）、热量传递以及灭菌动力学和营养成分的降解动力学等问题。

（2）中游加工的特点

生物反应器是整个生物反应过程的关键设备，所谓生物反应器是为特定的细胞或酶提供适宜的增殖或进行特定生化反应环境的设备，它的结构、操作方式和操作条件对产品的质量、转化率和能耗有着重要的影响。

在生物反应器中存在着气-液-固三相的混合、传质和传热问题。不少发酵液还呈现非牛顿型的流变学特性，因此存在大量化学工程的问题。可以把生物反应器中的每一个细胞都看成是一个微型反应器（它存在着与外界环境的物质和能量交换以及物质的分解和合成），要使每一个细胞都处于同一最佳环境下才能使整个生物反应器维持最佳状态。由此可见，生物反应器中的混合、传质和传热问题是何等重要。

生物反应器的设计和放大并不完全是化学工程问题，还必须弄清目标产物的生化反应特征，如细胞的生理特性、繁殖规律、代谢途径、产品形成条件以及细胞受机械剪切的影响。由此派生出来的生化工程问题有培养过程氧和基质的供需和传递、细胞的生长动力学、发酵动力学、酶反应动力学、培养液的流变学、生物反应器的放大等一系列带有共性的工程技术问题。

不少重要的生物反应过程是好气过程，为此生化工程要解决大量无菌空气的供应问题，包括空气压缩、预处理、无菌过滤等。

由于生物反应过程受环境（温度、pH 值、溶解氧等）的影响明显。此外由于生物催化剂的不稳定性和过程操作的无菌要求等原因，过程一般是分批操作的，各种反应参数随时间变化。因此对生物反应过程的参数监测和控制就显得十分重要。过程的无菌要求增添了在线监测的困难和对传感器能耐受蒸汽灭菌的要求。过程参数随时间变化则增添了过程控制的困难，较理想的控制策略是建立在过程模型化（指简单反应过程）或专家系统（指复杂反应过程）的基础上利用计算机在线数据监测、数据处理和参数控制。这些也都属于生化工程的研究范畴。

生化反应器按其混合方式，可分为机械搅拌、循环泵式和空气鼓泡式（气升式）三大类。然而在相当长一段时间内，由于发酵工业偏重于优良菌种和工艺的改进（忽视探求工业生产设备改进的生化工程学），对生化反应器本身的研究，尤其是对新型反应器的开发所作的努力不够，因而多年来最常用的还是源于化学工业的机械搅拌罐。这种传统的“标准罐”能耗大、结构复杂、放大困难、易染菌、机械搅拌产生的过强剪切力会影响培养物细胞的生理特性，在黏度较大的培养液中气液接触不良。

为解决上述问题，近些年来开发了气升式、自吸式、喷射式、筛板塔式等若干新型生化反应器。这些反应器各有特点，其中发展的主要趋势之一是从机械搅拌过渡到气流搅拌，而改进的核心仍是提高传氧系数和节约能量。

由于气升式发酵罐比机械搅拌式发酵罐有明显的优点，在生产 SCP、丝状真菌、废水处理中已获得广泛应用。20 世纪 70 年代初，英国 ICI 公司开发了一种用甲醇连续生产 SCP 的气升式发酵罐，以后又成功地将其应用于废水的生物处理，并在有关国家推广（目前 ICI 公司已放大至 2000m^3）。国内也已建成了用于酵母、味精工业生产和废水处理的气升式发酵罐。郑州大学生化工程中心研制开发的带有静态混合元件的气升式发酵罐，已成功地应用于谷氨酸、柠檬酸、抗生素和黄原胶的生产，节能效果显著。

（3）下游加工的特点

下游加工的任务是将目标产物从反应液中提取出来并加以精制，以达到规定的质量要求，应该说这一系列的提取精制非常不容易。一般而言，在反应液中目标产物的浓度是很低的，最高的乙醇也仅 12%左右，氨基酸一般不超过 8%，抗生素一般不超过5%，酶制剂一般不超过 1%，一些基因工程或杂交瘤产品则更低，如胰岛素一般不超过 0.01%，单克隆抗体一般不超过 0.0001%。另一困难是反应液杂质常与目标产物有相似的结构 。此外一些具有生物活性的产品对温度、酸碱度以及日光都十分敏感，一些作为药物或食品的产品对纯度、水分、有害物质含量、无菌或洁净程度都有严格的要求。总之，下游加工的程序多，要求高，往往占生物工程产品成本的一半以上。

一些典型的化工单元操作，如液-固分离、液-液萃取、吸附、蒸馏、蒸发、沉淀、结晶、干燥等都常用于下游加工，但所用的设备一般应满足高效、快速、低温、洁净（或无菌）的要求，如低温（或冷冻）高（或超）速离心机、连续离心萃取机、离心薄膜浓缩机、冷冻干燥机等。也有些用于分离精细化工产品的手段和装置常用于下游加工，如离子交换、凝胶过滤、色谱分离（采用常规或带有配基的亲和分离介质）、电泳、超滤、反渗透、电渗析、双水相萃取、超临界萃取等。当产物包含在细胞内，可根据情况采用溶剂进行液固萃取或将细胞用研磨、超声、高压匀浆或冻融等方法进行破壁，然后在去除细胞残片后再用类似处理胞外产物的方法进行提取精制。

0.5　生化工程研究进展

虽然微生物生化工程取得了很大进展，但由于微生物的复杂性和多样性及试验条件的局限性，在此领域内很多理论与实际问题还有待今后进一步研究和探讨。

从学科影响的角度看，今后微生物生化工程的发展，很大程度上取决于物理微生物学和微生物生理学（特别是反应动力学）的进展程度。这是因为：①与流体力学、表面和界面化学以及分子生物学这些对生物工程发展具有重要影响的学科相比，目前在讨论微生物的物理行为即物理微生物学时，尚缺乏足够的资料依据；ⓘ尽管近年来对微生物反应（生长和发酵）的动力学已有了较深的了解和应用，但用实验室得到的数据来评价工业规模的工艺方法和工艺设计时，仍存在数据多变性及适用数值范围不够的问题。将来应发展出一些合理的理论或定律（能够清楚地描述与所使用微生物的适当环境有关的微生物行为），才能促进微生物生化工程的进一步发展。

目前生化工程研究和应用的领域日益扩大。除了许多代谢产物的发酵生产外，在微生物蛋白的制造、废水生化处理、酶的生产以及超滤和酶的固定化等方面的应用都有着巨大的潜力。展望未来，随着DNA重组技术和原生质体融合技术等生物工程技术的出现，预期今后生化工程的研究内容将在下列四方面得到重点发展。

ⅰ. 新型生物反应器的研究开发，特别是针对基因工程产品和动植物细胞培养产品的新型生物反应器投产研制。

前者与一般微生物发酵罐无基本区别，但须考虑“生物安全”及基因重组菌不够稳定的问题，为此应有可靠的轴封、排气灭菌、取样灭菌等装置和具有灵活多样的控制手段。也就是说，发酵反应器及工业规模灭菌技术等的改进和提高，仍然是重要的研究课题。

后者属动植物生化工程问题，目前还处于开始发展阶段。各种各样的动植物培养器类型不少，但较成熟的不多。这里主要应考虑动植物细胞对机械剪切和对环境影响敏感的问题，以及培养周期长和需要防止污染的问题，对大多数动物细胞来说还应考虑细胞的附壁生长的特性。

再者，还应研制适应高黏度、高密度发酵或培养的生物反应器，以及一些大型（$100m^3$以上）和特大型（超过$1000m^3$）的高效节能生物反应器。在设备大型化方面，除考虑强化传热和传质问题外，空气过滤方法和过滤效率、空气喷射口的设计、高效大型搅拌器的设计、培养基冷却方式及控制的自动化问题，特别是如何防止整个培养系统的杂菌污染，这一系列的工程学问题都有解决的必要。对已研制的反应器还应继续研究其混合、传递特性，以便改进和进行放大。

此外，固态发酵对某些产品的生产（如饲料、α-淀粉酶等）仍不失为一种有效的微生物培养方式，但实际用于发酵的固态反应器由于工程放大等难题，目前国内外很少有定型产品（虽然报道过的固态发酵反应器有多种形式）。所以研究开发固态发酵反应器也应成为生化工程研究的一大课题。

ⅱ. 新型分离（特别是针对蛋白质、多肽产品等的分离）方法和设备的研究。

目前用于此类产品的分离方法虽较多，但有的不够有效，有的只能用于实验室规模，对有关分离方法的原理和设备设计放大问题也还不够成熟，因此生化分离工程尚有不少研究课题和发展余地。

ⅲ. 各种描述生物反应过程的数学模型的建立，将有利于过程的控制和优化以及计算机的应用。

数学模型的基础是动力学的研究，但由于微生物生化反应通常极其复杂，而且由于环境的影响，各种酶要受到诱导或抑制，加上微生物本身的变异，极难对反应系统中基本的生化反应进行深入细致的研究。今后应加强对微生物反应过程的综合性考察，充分研究微生物反应的本质，以便进一步指导各种大型化、连续化生化反应器的开发设计及工业发酵的科学管理。鉴于某些参数如细胞浓度、产物浓度、甚至基质浓度目前难以测定（特别是在线监测），使动力学研究发生困难，因此也可结合实际经验或实际生产数据通过回归法得出半经验的数学模型，更理想的是根据不同发酵或培养周期分别作出有关数学模型。

ⅳ. 改进生产过程的控制手段。

重点是研制能在线反映生物反应器内重要参数的传感器，及建立和完善有关计算机控制系统的硬件（检测信号的条件化和显示系统、人机对话系统、执行系统等）与软件（自适应动态控制系统、专家系统等）。尽管目前由于缺乏某些关键性的传感器和能确切描述发酵过程的动力学模型，限制了电子计算机的应用，但可以肯定，使用电子计算机来进行数据处理和过程控制，自动调节包括主要营养成分、细胞体和代谢产物在内的物理与化学的环境因子已不是很遥远的事情。

总之，由于科学技术日新月异的迅猛发展，各种监测手段不断提高，特别是电子计算机及互联网的广泛应用，生化工程的发展具备了越来越好的条件。生化工程所涉及的范围包括定义和内容都会随着科研与生产的发展而有所改变，其学科体系还要不断地充实，这一学科对社会的重要性也将越发明显。例如，对于化学工业来说，通过革新改造现有的有机合成化学工艺和引进生化工程，可望今后迎来新的发展时期——利用一座座高效节能、低公害的生物发酵工厂生产大量的传统化工产品（可称之为生物工程化工产品）。

第1章 固体原料的输送与粉碎

1.1 微生物发酵主要原料

发酵工业所用的原料种类很多，有含淀粉和可发酵糖的农产品及石油中的一些成分。但在工业上选择原料时，不但要考虑工艺上的要求，还要考虑生产管理和经济上的可行性。所以大规模工业生产选择原料一定要因地制宜，就地取材，而且价格要低廉。此外，还要使原料中可利用成分高，抑制生长和产物形成的物质少，便于采购运输，能保证生产上的应用。

目前工业上使用的主要原料为碳源和氮源，此外，还有一些辅助原料。

作为碳源的原料主要有：

ⅰ. 淀粉质原料，如甘薯、木薯和谷物等；

ⅱ. 粗制糖类，如粗蔗糖、水解糖和饴糖等；

ⅲ. 制糖工业副产品，如糖蜜、葡萄糖母液、冰糖母液等；

ⅳ. 含正烷烃较多的石油馏分及其它原料。

作为氮源的原料，主要有无机氮源和有机氮源。此外还有无机盐、生长素和促进剂等辅助原料。

1.1.1 碳源

1.1.1.1 淀粉质原料

(1) 甘薯类

甘薯，又名甜薯、红薯、白薯或番薯，在华东一带叫山芋，华北称为地瓜，四川附近称为红苕。甘薯在我国分布广泛。尤其以安徽、四川、山东、河南、河北地区为多。

甘薯的品种很多，按块根表皮颜色可分为红皮、白皮、黄皮、紫皮四种；按肉色可分为红心、黄心、紫心、灰心四种；按成熟期可分为早熟、中熟和晚熟三种。

甘薯属高产作物，食用部分是块根，其形状因品种而异，有圆形、椭圆形或不规则形状。鲜甘薯含有大量水分和糖分，营养充足，极易受微生物污染而腐烂，尤其在表皮受伤之后更是如此，因此极难储存。甘薯的病害很多，主要如黑斑病、软腐病、毒霉病等，这些都是杂菌侵入而引起的。

甘薯的化学成分，根据地区、品种、栽培条件等因素不同，含量也不同。甘薯类原料的一般成分如表 1-1 所示。

表 1-1 甘薯类原料的一般成分 /%

名称	水分	碳水化合物	粗蛋白	粗脂肪	粗纤维	粗灰分
华东甘薯	75.3	21.5	1.1	0.2	—	0.6
华南甘薯	74.9	20.2	0.6	0.5	0.2	0.6
华北甘薯	81.6	16.2	1.3	0.1	0.3	0.5
红皮甘薯	71.1	24.7	1.5	0.4	1.3	1.0
白皮甘薯	78.9	17.3	2.1	0.1	0.6	1.0
薯干	12.9	76.7	6.1	0.5	1.4	2.4
薯干粉	13.2	77.8	2.2	0.9	3.0	2.9
甘薯淀粉	10.5	83.2	0.1	0.1	0	0.1

甘薯中含有可用性糖分 20% 左右，含氮化合物中，纯蛋白占 2/3，酰胺类占 1/3。在块根中含有腺嘌呤、鸟嘌呤、甜菜碱、胆碱等。甘薯的灰分中，K_2O 约 3%，P_2O_5 约 9%，CaO 约 13%，MgO 约 4%，其他 71%。此外，甘薯中还含有脂肪、维生素、甲树脂和乙树脂，其比例为：甲树脂 90%，乙树脂 10%。

薯干有不同的等级标准，各级甘薯干的理化指标及外观指标见表 1-2。

表 1-2 甘薯干的理化指标及外观指标 /%

指标名称	等级规定			
	一级	二级	三级	四级
淀粉含量	>68	>67	>66	<65
水分	<12	<12	<13	>13
外观指标	片大，整齐，均匀，内、外部洁白	片大，较均匀，外面洁白，内有褐筋	片大，不整齐，严重霉坏，黄黑色	—

(2) 马铃薯

马铃薯，又称洋山芋、土豆、山药蛋。在我国主要以东北、内蒙古、西北地区的产量为大。与甘薯相比，马铃薯的储存较为容易。马铃薯的形状大小不一，有圆形、卵形、椭圆形及不规则形状。

马铃薯的种类很多，根据用途可分为：

ⅰ. 工业用马铃薯，或称为淀粉性马铃薯，淀粉含量 17%～18%；

ⅱ. 饲料用马铃薯，淀粉含量为 18%～20%；

ⅲ. 食用马铃薯，淀粉含量为 12%～15%；

ⅳ. 种用马铃薯，供繁殖留种用。

在马铃薯的块茎中约含有 25%的干物质和 75%的水分，干物质中的主要成分是碳水化合物，其含量在 20% 左右，其次是蛋白质、脂肪、纤维和灰分等。国内几种马铃薯的平均化学成分见表 1-3。

表 1-3 马铃薯的化学成分 /%

名称	水分	碳水化合物	粗蛋白	粗脂肪	粗纤维	粗灰分
华北马铃薯	73.3	17.6	5.6	0.10	—	0.7
华东马铃薯	81.3	15.83	1.8	0.02	—	0.75
马铃薯干	12.0	74.6	7.4	0.40	2.3	3.9

在马铃薯的碳水化合物中，除淀粉外，还含有少量的糖分，但比甘薯少得多。马铃薯皮层中的含氮物质有 14.2%～14.7%，淀粉层中的含氮物质为 9.5%～9.7%，其含氮量很高，是天然的培养基。马铃薯的灰分中，以钾盐为主，其次是磷，一般 K_2O 占灰分总量的 60%，P_2O_5 占 17%。

(3) 木薯

木薯是亚热带高产经济作物，适宜力强。易于栽培，在薯类原料中，木薯是很强健的多年生植物，呈灌木状，根粗而长，盛产于我国南方的广东、广西、福建、台湾等地。

木薯的品种较多，一般可分为两类。

① 苦味木薯　又称有毒木薯，茎秆为红色或淡红色，产量高，但生长期较长，含氢氰酸较多，但经晒干后大部分消失。不影响发酵和成品质量。

② 甜味木薯　又称无毒木薯，其茎秆为绿色或棕色，生长期较短，产量较低。

木薯块根的主要化学成分是碳水化合物，其他成分如蛋白质、脂肪等含量都较少。在新鲜木薯块根内含有 27%～33% 左右的白色淀粉，还含 4% 左右的蔗糖。根的外表含氢氰酸，对苦味木薯而言，含氢氰酸的量更多，但它易于挥发，故木薯汁经过加热、浓缩后，其毒性就可完全去除。其平均化学成分见表 1-4。

表 1-4　木薯的化学成分　/%

名称	水分	碳水化合物	粗蛋白	粗脂肪	粗纤维	粗灰分
木薯	70.25	26.58	1.12	0.41	1.11	0.54
木薯干	13.12	73.36	0.22	—	—	1.69
广东木薯干	14.71	72.1	2.64	0.86	3.55	2.85
台湾木薯干	15.48	68.55	0.26	0.63	—	2.58

(4) 玉米

玉米又称玉蜀黍、苞米、苞谷、珍珠米等，是我国盛产的淀粉质原料，它的籽粒组织情况，依品种不同而有差异，就同一品种而言，每粒玉米包括果皮、种皮、糊胶粒层、内胚乳、胚体或胚芽、实尖等部分。每 100g 玉米中含有的各种成分见表 1-5，玉米的发热量为 15257kJ/kg。

表 1-5　每 100 g 玉米中的各种成分值

水分	6～15 g(代表值 12 g)	灰分	1.7 g
蛋白质	8.5 g	抗坏血酸	0.04 mg
脂肪	4.3 g	钙	22 mg
碳水化合物	73 g	磷	210 mg
粗纤维	1.3 g	铁	1.6 mg
胡萝卜素	0.06～0.1 mg(黄玉米)　0.05 mg(白玉米)		
核黄素	0.1 mg(黄玉米)　0.09 mg(白玉米)		
硫胺素	0.34 mg(黄玉米)　0.35 mg(白玉米)		
尼克酸	2.3 mg(黄玉米)　2.1 mg(白玉米)		

玉米的特点是脂肪含量高，但脂肪主要集中在玉米胚（芽）中，玉米一般由制粉厂制成玉米粉，既可食用，又可供工业用。

1.1.1.2 糖类原料

糖类原料主要是工业用粗制糖类，如粗蔗糖、工业葡萄糖、饴糖等。

(1) 蔗糖与葡萄糖

蔗糖因原料不同可分为甘蔗糖和甜菜糖。因产地及生产工艺不同又有白糖、棕糖、红糖、黑砂糖、土红糖、砂糖、粉糖之分。工业粗蔗糖除了含蔗糖95%～97%之外，还含有少量灰分和蛋白质等杂质，尤其深色糖含杂质较多。表1-6和表1-7分别给出了砂糖的化学成分和蔗糖中的重金属含量。

表1-6 几种砂糖的化学成分（日本标准成分）

名称	水分/g	蛋白质/g	脂肪/g	碳水化合物		灰分/g	P/mg	Ca/mg	Fe/mg	盐类/mg
				糖质/g	纤维/g					
棕黄砂糖	2.8	0.4	0	96.6	0	0.5	8	58	2.3	—
中白糖	2.5	0.0	0	97.4	0	0.1	2	42	0.5	—
上等砂糖	1.6	0.0	0	98.3	0	0.1	1	11	0.2	—
黑砂糖	16.5	0.1	0	80.7	0	2.1	34	260	8.0	24

表1-7 蔗糖的重金属含量 mg/kg

名称	Cu	Fe	Zn	Mn
白糖	0.06～0.20	1.42～3.00	0.24～1.00	0.45～1.40
棕糖	3.3～4.7	65～88	1.1～5.7	1.6～7.0

工业葡萄糖也是发酵工业常用的原料。据报道，作为发酵碳源，蔗糖和葡萄糖之间无本质区别，不同的只是灰分中的金属含量，见表1-8。

表1-8 化学纯蔗糖和葡萄糖的灰分成分

灰分成分	蔗糖/(mg/kg)	葡萄糖/(mg/kg)
Zn	1.44	0.28
Fe	0.39	0.807
Mn	<0.007	0.071
Cu	0.036	0.128

(2) 饴糖

饴糖是淀粉质原料蒸煮糊化后加麦芽粉或麸曲糖化，过滤浓缩后制成的黄色黏性糖液。它是一种水解不彻底的淀粉水解糖，不如目前广泛使用的淀粉水解糖经济简便，故应用较少。它主要含麦芽糖和小分子糊精等，其化学成分因原料种类和制备工艺的不同而异，其化学成分见表1-9。

表1-9 饴糖的化学成分 %

成分	糯水饴	碎粳米饴	甘薯饴
水分	18.06	16.88	水分 16.00
麦芽糖	57.30	62.43	糖质 76.4
糊精	23.53	13.43	纤维 1.5
淀粉	0.30	2.80	脂肪 1.0
粗蛋白	1.00	2.35	粗蛋白 2.7
酸度	0.25	0.45	Ca 84mg
灰分	0.03	0.53	Fe 0.9mg
			P 130mg

1.1.1.3　制糖工业副产品

糖蜜是制糖工业的副产品，其中含有大量可发酵糖。糖蜜产量较大的有甜菜糖蜜、甘蔗糖蜜、葡萄糖蜜，产量较小的有转化糖蜜、精制糖蜜等。

（1）甜菜糖蜜

从外观上看，甜菜糖蜜稠厚，黑褐色，有特殊气味，其成分相当复杂，且变化很大。它与甜菜的生长环境、栽培和收获方法、保藏时间、制糖工艺等因素有关。甜菜糖蜜平均含干物质 80%，水分 20%，大部分水处于结合状态。甜菜糖蜜含转化糖较少。其有机非糖分中包括含氮物质、有机酸、糖的分解产物、芳香族化合物等。

（2）甘蔗糖蜜

甘蔗糖蜜是甘蔗制糖工业的副产品，它的成分与甜菜糖蜜差别很大。主要有以下区别：甘蔗糖蜜含蔗糖少，转化糖含量高，含氮低，不含甜菜碱和谷氨酸，含胶体多，色度较高，缓冲度低，呈弱酸性（甜菜糖蜜含弱碱性），也有弱碱性，缓冲度高，所含灰分中 Fe、Mn 含量较高。

（3）精制糖蜜

精制糖蜜是粗糖精加工的副产品，精制糖蜜含固形物约 80%，糖（直接旋光测定）约 44%，其中转化糖 1%～1.5%，总氮约 0.2%，无机盐 10%，其中包括 K_2O 2.2%～3.2%，CaO 1.5%～3%，MgO 0.3%～2.4%，SO_2 0.003%。

（4）葡萄糖蜜

葡萄糖蜜又称葡萄糖母液，是生产葡萄糖的副产品。它含有约 40% 的还原糖（以葡萄糖计），总氮 0.2%～0.3%，灰分少（约 2%），其中磷和铁可能含量较高（分别约为 150mg/L 和 200mg/L）。葡萄糖蜜的另一个特点是酸度高，在 pH 3.5 左右，而且它的 pH 缓冲性也远较前述各种糖蜜为低。

1.1.1.4　石油原料及其他

石油原料中可供发酵的成分主要是 10～20 碳的正烷烃，石油不能直接用来发酵，最好采用炼油厂中经过处理的合格原料，因为不同产地的原油中都含有不同量的芳香烃和支链烃化合物，这类化合物一般不被微生物利用，即使利用也是相当慢的。

在淀粉质原料中，除了上述几种外，一些野生的淀粉质原料如土茯苓、橡子、石蒜等也可被用来发酵。另外一些植物水解液如稻草、玉米芯等也可用以作为发酵原料。甲醇、乙醇在单细胞蛋白生产中可以算是一类重要的原料，它们的利用越来越受到重视。

1.1.2　氮源

1.1.2.1　有机氮源

有机氮源原料主要为花生粉、黄豆饼粉、玉米浆、蛋白胨、酵母粉等，下面就一些常用的原料作一介绍。

玉米浆是玉米生产淀粉或糖时得到的一种副产品，它含有丰富的氨基酸、还原糖、磷、微量元素和生长素，由于玉米的来源和加工条件不同，其成分常有较大的波动，表 1-10 列出了某厂玉米浆的平均化学组成，表 1-11 列出了玉米浆中氨基酸的类别及含量。

豆饼粉是发酵工业中另一常用的氮源，由于黄豆的产地和加工方法不同，对发酵的影响很大。目前从油脂厂得到的黄豆饼粉分两种规格：一是低温冷榨加工处理后的黄豆饼粉；二是经溶媒浸出法加工处理后的黄豆饼粉，但目前很多工厂直接采购黄豆，自行加工，其加工方法都采用压榨法，不同的压榨方法也会带来成分含量的不同，见表 1-12。

表 1-10 玉米浆的平均化学组成（以干物质计算）

项目	白玉米浆/%	黄玉米浆/%	项目	白玉米浆/%	黄玉米浆/%
蛋白质	43.00	41.90	SO_2	0.23	0.20
氨基酸	3.90	4.02	乳糖	12.51	12.09
还原糖	2.32	1.90	总灰分	19.35	21.02
总磷	3.75	3.62	铁	0.064	0.050
溶磷	1.25	1.52	重金属	0.0082	0.0084
酸度	10.00	10.90			

表 1-11 玉米浆中氨基酸的类别及含量

氨基酸	含量/%	氨基酸	含量/%
丙氨酸	25.0	苏氨酸	3.5
精氨酸	8.0	缬氨酸	3.5
谷氨酸	8.0	苯丙氨酸	2.0
亮氨酸	6.0	蛋氨酸	1.0
脯氨酸	5.0	胱氨酸	1.0
异亮氨酸	3.5		

表 1-12 热榨豆饼和冷榨豆饼的主要成分（质量分数）

加工方法	水分/%	粗蛋白/%	粗脂肪/%	碳水化合物/%	灰分/%
冷榨	12.12	46.45	6.12	26.64	5.44
热榨	3.38	47.94	3.74	22.84	6.31

此外鱼粉在发酵中常被作为一种蛋白质添加剂而使用。棉籽饼粉是由棉籽制成的，它含56% 蛋白质、24% 碳水化合物、5% 油和5% 的灰分。酵母浸出物由于制造方法不同，其成分差异较大，其中含有大量的蛋白质，以及蛋白质水解后形成的各种氨基酸，此外，还含有丰富的维生素。尿素也是一种常用的有机氮源，但其成分单一，不具有一些有机氮源对微生物具有生物效应的特点，在谷氨酸生产中应用较多。

1.1.2.2 无机氮源

常用的无机氮源有铵盐、硝酸盐和氨水等，它们也是常用的原料。无机氮源被微生物利用后会引起 pH 的变化，常把经微生物代谢后形成酸性物质的无机氮源叫生理酸性物质如硫酸铵。反之则称为生理碱性物质如硝酸钠。氨水在发酵过程中常作为 pH 调节剂，它也是一种易被利用的氮源。

1.1.2.3 辅助原料

这里辅助原料指的是无机盐、微量元素及生长素等。这些辅助原料在整个发酵原料中所占的比重不是很大，但它们具有极其重要的作用。在微生物的生产繁殖和产物形成中，具有特殊的意义。

磷是其中重要的元素，因为它是构成核酸、磷脂的成分并参与三磷腺苷（ATP）和三磷酸（GTP）在内的所有能量转移，同时也是许多酶的活性基因成分。工业中常用的原料为磷酸氢二钾、磷酸二氢钾、磷酸氢二钠等。

硫元素是菌体蛋白中含硫氨基酸的组成部分，在微生物生命活动中不可缺少的含硫有机物如某些辅酶和硫单酸等也含有硫。常用的工业原料为硫酸镁。

钾以离子状态存在于菌体中。它主要控制细胞内原生质的胶体状态和细胞膜的通透性。常用的原料为钾的磷酸盐或硝酸盐。

镁也以离子状态存在于菌体中，是许多酶的促进剂，也以硫酸镁的形式加入。

钙并不参与细胞物质的组成，以离子状态控制细胞透性和调节酸度等作用，可以$CaCO_3$的形式加入。

除了上述一些常见的元素外，还含一些微量元素如铁、锰、锌、铜、钴、钼等，这些元素已存在于天然原料中，一般不需再加入。辅助原料还包括一些生长素如微生素、氨基酸和嘌呤、嘧啶等。此外，一些前体物质也可作为辅助原料加入发酵液中，来提高发酵水平。

1.2 原料的输送

原料输送的形式有许多种，可分为间歇输送和连续输送。间歇输送是指用车、船或专用容器输送；连续输送又分为机械输送和流体输送。流体输送作为一项较新的物料输送技术，很多工厂都在推广使用。本节主要介绍连续输送。

1.2.1 机械输送

机械输送是指由特定的机械装置来运载物料的输送方式。按照机械装置结构型式的不同，又可分为循环输送和槽式输送。循环输送由载体机械部件组成循环状系统，如带、链等。当物料被送到排料端后，空链或带再返回加料端，周而复始循环输送。这种输送机械有带式输送机和斗式提升机。

槽式输送是指物料放在槽（管）中。物料受到力的作用向前运动，如螺旋输送机即利用螺旋叶片的推动力来输送。

1.2.1.1 带式输送机

（1）带式输送机结构

与其他输送机相比，带式输送机具有结构简单、造价便宜、运行可靠、小时运量较大、输送距离长短调节方便、维修保养简便等优点，是一种应用广泛的连续输送机械。

按照使用条件不同，带式输送机可分为固定带式输送机和移动带式输送机两大类。固定带式输送机可分为通用型和特殊型两种类型。带式输送机的托辊可以做成平行托辊和槽形托辊，形成不同的物料输送截面，用于不同物料输送要求。带式输送机可用于输送块状和粒状物料，也可用于整体物料的输送，既可水平方向输送，也可倾斜方向输送。

带式输送机由皮带、传动装置、张紧装置、加料和卸料装置组成。它的工作原理是利用封闭的环形带，在传动装置的带动下，靠摩擦力带动物料前进，从而达到输送物料的目的。如图 1-1 所示。

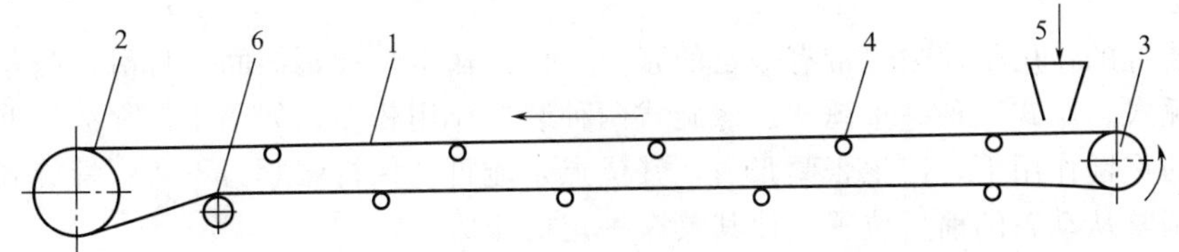

图 1-1 带式输送机结构

1—输送带；2—主动轮；3—从动轮；4—托辊；5—加料斗；6—张紧装置

带式输送机中的输送带，起承载物料的作用，同时还要牵引构件，因此要求输送带具有足够的允许张力、较轻质量及耐输、耐酸、耐碱、耐磨损和卸料干净等特点。

输送带有橡胶带、塑料带、金属带等，其中以橡胶带应用最广。橡胶带是由若干层帆布组成，各层帆布用橡胶胶合。带愈宽，帆布层数愈多，所承受拉力也愈大。输送带的品种、规格、允许张力等参数可查阅相关手册。输送带的技术指标，包括拉断强度、允许张力、工作环境温度、物料最高温度、带芯层数、带宽范围、带厚、胶层厚度等。表 1-13 为目前国产输送带的宽度。橡胶带的接头有硫化接头和卡子接头。

表 1-13　输送带品种及生产宽度

宽度 B /mm										
	普通型	300	400	500	650	800	1000	1200	1400	1600
	耐热型	—	400	500	650	800	1000	1200	1400	1600

塑料输送带有多层芯或整芯 2 种。目前整芯厚度为 4mm 和 5mm 两种，塑料带宽有 400mm、500mm、650mm、800mm 四种，塑料带的接头多用机械和塑化两种方式。

在带的下面安装有托辊，托辊有无缝钢管配冲压轴承座、铸铁轴承座、酚醛树脂夹布胶木轴承座、增强塑料轴承座和全增强塑料轴承座五种，均采用滚动轴承。托辊有上托辊和下托辊（见图 1-2），上托辊间距根据带的宽度和物料密度来选择，可参考表 1-14。

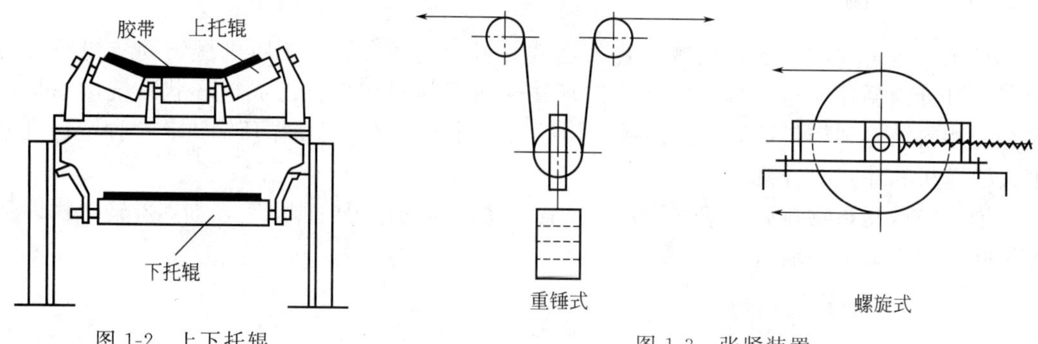

图 1-2　上下托辊

图 1-3　张紧装置

表 1-14　上托辊间距

ρ /(t/m³)	B/mm		
	500,650	800,1000	1200,1400
	L_0/mm		
≤1.6	1200	1200	1200
>1.6	1200	1100	1100

受料处托辊间距视物料密度和块度而定，一般为上托辊间距的 1/3～1/2，下托辊间距为 3m。输送物料时，当质量大于 20kg 的成件物品时，托辊间距不应大于物品在输送方向长度的 1/2。

张紧装置的作用是使输送带有一定的张力，保证输送带和辊筒间不打滑，张紧装置有螺旋式、重锤式、车式三种。重锤式、螺旋式两种装置应用较多，如图 1-3 所示。重锤式是在自由悬空的重锤作用下，产生张紧张力，其优点是能自动保持张紧力不变。螺旋式是利用手动螺旋来调整从动轮的前后位置，使其具有一定的张紧力。

滚筒是动力传递的主要部件，输送带借其与转筒间的摩擦力而运行，滚筒有胶面和光面之分。

驱动装置主要包括电动机和减速器，它有闭式和开式两种结构型式。

加料装置可用漏斗式加料器和螺旋式加料器。漏斗式加料器后壁为一倾斜面，它结构简单，使加料方便易行，漏斗出口应不超过带宽的 0.7 倍。螺旋加料器加料准确均匀，但结构较复杂。

卸料装置对于物料从末端卸出的输送机可不采用，常用的卸料装置分犁式卸料器、卸料车和重型卸料车三种。若中途卸料可使用挡板，挡板与输送带纵向中心线的倾斜角常取 30°～45°。

（2）带式输送机输送量计算

带的输送量由下式表示：

$$Q=3600Fv\rho \tag{1-1}$$

式中　Q——输送能力，kg/h；

F——料流断面面积，m^2；

v——带速，m/s；

ρ——物料堆积密度，kg/m^3。

对于成件物品：

$$Q=3600\frac{G}{a}v \tag{1-2}$$

式中　G——每件物品的质量，kg；

a——每件物品的间距，m。

带的运行速度对输送量有很大影响，不同的物料应采用不同的带速，表 1-15 列出了水平输送时带速的经验数据。

表 1-15　水平输送带的带速

物料名称	带速/(m/s)	物料名称	带速/(m/s)
小麦、玉米、大米	2.5～4.5	石粉、灰尘、谷壳	0.8～1.2
稻谷、高粱、小米、大麦	2.0～3.5	包装面粉、包装谷物	0.75～1.5
麸皮、米糠	1.5～2.0		

当带在倾斜情况下输送物料时，各种物料许用倾斜角见表 1-16。

表 1-16　物料许用倾斜角

物料名称	许用倾角	物料名称	许用倾角
谷物	18°	湿砂	27°
水泥	20°	煤粉	28°
干砂	24°	成件物品	20°

倾斜输送物料时，带速应降低，其值为水平时的速度乘以修正系数 A，A 与倾角的关系见表 1-17。

表 1-17　带速修正系数 A

倾斜角度/(°)	0	10	13	16	19	22
系数 A	1.0	0.96	0.94	0.92	0.89	0.85

（3）带式输送机功率计算

带式输送机功率可用下式计算：

$$N=K_1A(4.54\times10^{-4}KLv+1.47\times10^{-7}QL)\pm2.74\times10^{-6}QHK_1 \tag{1-3}$$

式中 N——带式输送机功率，kW；

K_1——起动附加系数，$K_1=1.3\sim1.8$；

A——系数，见表 1-18；

K——系数，见表 1-19；

L——输送机长度，m；

v——输送带速度，m/s；

Q——输送能力，kg/h；

H——提升高度（上升为正，下降为负），m。

表 1-18 式(1-3) 中的系数 A

输送机长/m	＜15	15～30	30～45	＞45
系数 A	1.2	1.1	1.05	1.0

表 1-19 公式(1-3) 中的系数 K 值

轴承形式		带宽度/mm						
		400	500	600	750	900	1100	1300
K 值	滚动轴承	21	26	29	38	50	62	74
	滑动轴承	31	38	43	56	75	92	110

1.2.1.2 斗式提升机

（1）斗式提升机的结构

斗式提升机是一种垂直输送（或倾斜输送）散状物料的连续输送机械，它是在链条或皮带等挠性牵引构件上，每隔一定间距安装一钢质料斗，物料放在料斗里提升运送，其结构如图 1-4 所示。

斗式提升机的提升高度可达 30 m，一般为 10～20 m。依不同的分类方式有以下几类。

① 按安装方式　分为垂直式和倾斜式。

② 按料斗结构　分为深斗式、浅斗式和尖角形斗式三种，如图 1-4 所示。料斗一般由

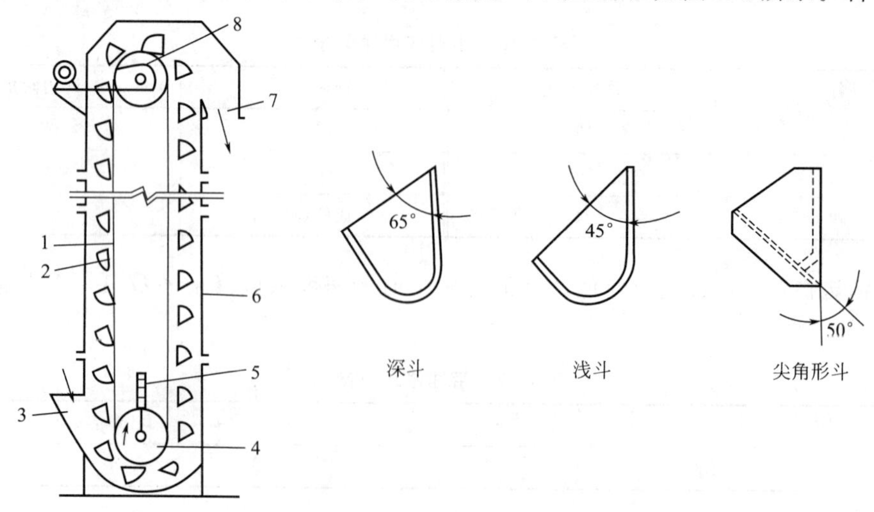

图 1-4　斗式提升机示意图

1—链条；2—料斗；3—进料斗；4，8—链轮；5—张紧装置；6—机壳；7—卸料口

钢板冲压或焊接而成。深斗宜用于干燥的、容易撒落的粒状物料的输送。浅斗可用于较潮湿或较黏物料的输送。尖角形斗的特点是斗的侧壁延伸到底板外成为挡板，卸料时，沿着前一个斗的挡边与底板所形成的导槽卸出。

③ 按牵引机构　分为带式和链式两种。链条具有较强的牵引力，适用于高生产率。

④ 按装载方式　分为掏取式和流入式两种，如图 1-5 所示。掏取式装载如图 1-5（a），料斗在尾部掏取物料，它主用于输送粉状、粒状物料，料斗运动速度为（0.8～2）m/s。流入式装载如图 1-5（b），物料直接流入料斗。这种方式可用于运输大块或摩擦性大的物料，流入式料斗密切相连布置，以防物料散落，其运动速度小于 1m/s。

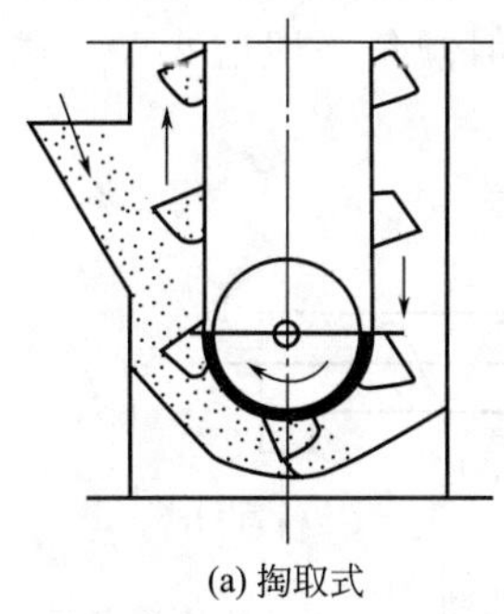

(a) 掏取式

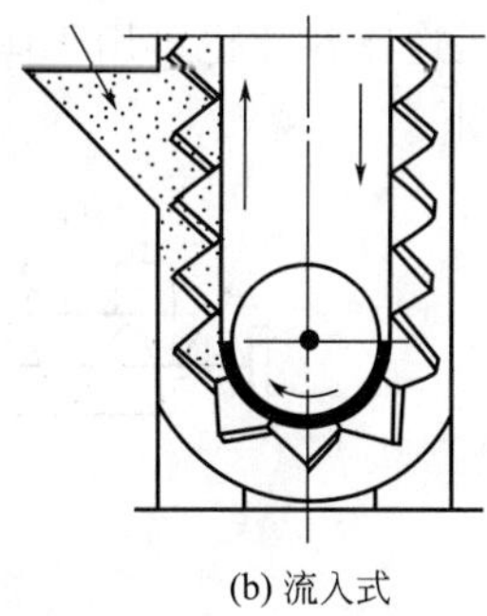

(b) 流入式

图 1-5　斗式提升机装料方式

⑤ 按卸载方式　分为离心式、重力式和离心-重力式 3 种。

离心式卸料用于提升速度较快的场合，当料斗运行至转鼓处，斗内物料受到离心力的作用，当离心力的值远大于重力值时，物料沿着斗的外侧抛出，它用于易流动的粉末状、粒状及小块状物料，料斗的运行速度常取（1～2）m/s，多用胶带作牵引构件。

重力式卸料就是料斗内的物料全靠自重卸出。这种卸载形式用于块状、半摩擦性或摩擦性大的物料，料斗的运行速度在（0.4～0.8）m/s，常用链条作牵引构件。

离心-重力式指料斗内的物料受的离心力与重力相差不大，一部分物料沿斗的外侧抛出，另一部分物料沿斗的内侧滑动。这种方式用于流动性不好的粉状物料及含水物料，料斗的运行速度在（0.6～0.8）m/s，常用链条作牵引构件。

（2）斗式提升机输送量计算

斗式提升机的输送量可由下式计算：

$$Q=3600\frac{V}{a}v\rho\varphi \tag{1-4}$$

式中　Q——斗式提升机的输送量，kg/h；

V——料斗的容积，m^3；

a——料斗间距，m；

v——料斗的运动速度，m/s；

ρ——物料的堆积密度，kg/m^3；

φ——料斗的充填系数：粉状及细粒干燥物料 $\varphi=0.75\sim0.95$，谷物 $\varphi=0.70\sim0.90$。

（3）斗式提升机功率计算

斗式提升机的功率可由下式估算：

$$N=\frac{QH}{1000\times367\eta} \tag{1-5}$$

式中　N——提升机功率，kW；

Q——生产能力，kg/h；

H——提升高度，m；

η——总效率，$\eta=0.3\sim0.8$。

1.2.1.3 螺旋输送机

(1) 螺旋输送机的结构

螺旋输送机是发酵工厂广泛使用的一种输送机械，如图 1-6 所示。它包括一个用钢板做成的槽，螺旋由槽两端的轴承支承，当输送机很长时，中间可再加吊挂轴承，进出料位置是机壳上开的孔，物料可由此送进或卸出，它是利用旋转的螺旋推送料向前运动。螺旋输送机主要用于水平方向运送物料，也可用于倾斜输送，但倾角一般应小于 20°。输送距离不宜太长，一般在 30m 以下。

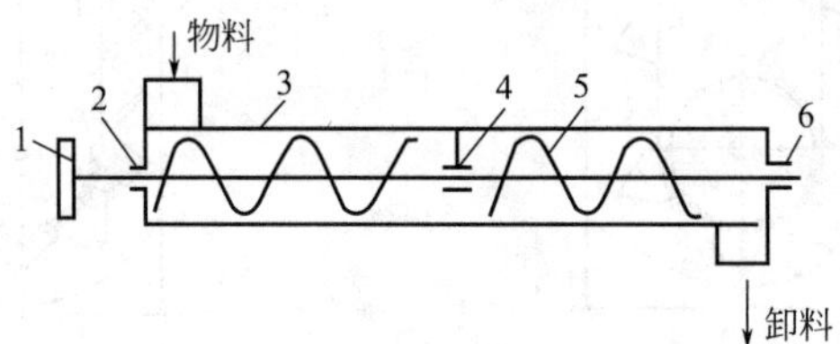

图 1-6 螺旋输送机

1—皮带轮；2，6—轴承；3—机槽；4—吊架；5—螺旋

螺旋输送机的类型有水平固定式、垂直式及弹簧螺旋输送式 3 种。水平固定式是最常用的，垂直式用于短距离提升物料，输送高度一般不大于 6m。

螺旋是由转轴及装在轴上的叶片构成，螺旋叶片的形状有全叶片、带式、叶片式和成型式 4 种，如图 1-7 所示。发酵工厂常用的是全叶片和带式。

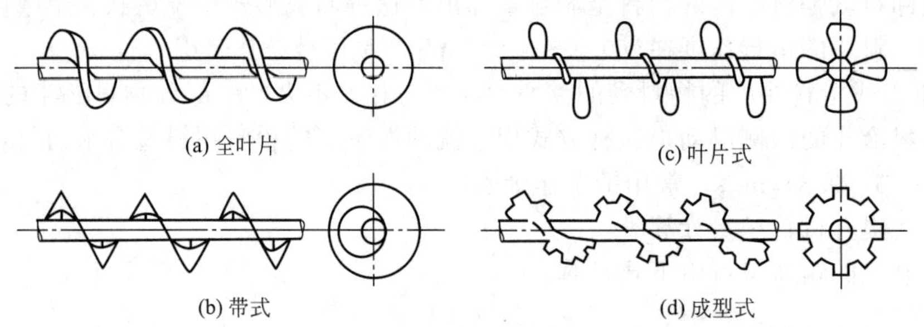

图 1-7 螺旋形状

螺旋叶片有左旋和右旋之分。在同一根轴上，有时可以一半是右旋的，一半是左旋的。这样可将物料同时从中间输送到两端，或从两端输送到中间。螺旋与机槽有一定的间隙，一般为（5～15）mm。

轴可以是空心轴，也可以是实心轴，通常用钢管制成空心轴。轴的两端装有止推轴承，当轴很长时，在中间应装有吊挂轴承。

(2) 螺旋输送机的输送量计算

螺旋输送机的输送量可由下式计算：

$$Q=15\pi D^2 Sn\rho\varphi c \tag{1-6}$$

式中 Q——螺旋输送机的输送量，kg/h；

D——螺旋直径（常用的螺旋直径：0.1，0.15，0.2，0.25，0.3，0.4，0.5，0.6），m；

S——螺距，一般 $S=(0.5\sim1.0)D$，对于易损伤物料取小值，对松散物料取大值，m；

n——螺旋轴的转速，r/min；

ρ——物料的堆积密度，kg/m^3；

φ——填充系数。一般 $\varphi=0.125\sim0.40$，谷物 $\varphi=0.25\sim0.35$，面粉 $\varphi=0.35\sim0.40$；

c——倾斜系数，见表 1-20。

表 1-20　倾斜系数

输送机的水平倾角/(°)	0	5	10	15	20
c	1.0	0.9	0.8	0.7	0.65

（3）螺旋输送机的功率计算

螺旋输送机的功率可由下式计算：

$$N=\frac{Q}{1000\times367\eta}(LW\pm H) \tag{1-7}$$

式中 N——螺旋输送机的功率，kW；

Q——螺旋输送机的输送量，kg/h；

L——输送长度．m；

H——升运高度，m；水平输送，$H=0$，向上输送取正值，向下输送取负值；

η——效率，$\eta=0.60\sim0.85$；

W——阻力系数，见表 1-21。

表 1-21　阻力系数

物料特性	物料的典型例子	阻力系数 W
无摩擦性干料	粮食谷物、锯木屑、煤粉、面粉	1.2
无摩擦性湿料	棉籽、麦芽、糖块、石英粉	1.5
半摩擦性	苏打、块煤、食盐	2.5
摩擦性	卵石、砂、水泥、焦炭	3.2
强烈摩擦性、黏性	炉灰、石灰、砂糖	4.0

1.2.2　气流输送

气流输送作为一种较新的技术被广泛地应用，它在发酵工厂中广泛用于输送大麦、大米、麦芽及地瓜干等松散物料。气流输送是指在管道借助空气的能量（动能或静压能）使物料按指定路线进行输送的方式，可在垂直方向和水平方向进行。这种输送方式生产率高，设备构造简单，自动化程度高，易于管理，节省劳动力，有利于环境的保护。它的缺点是动力消耗比较大，不适于输送潮湿的和黏滞的物料。

当物料在垂直管中，每一小颗粒在静止气流中降落时，颗粒受到重力、浮力和阻力的作用。如果重力大于浮力，则颗粒向下加速降落，同时，在下落过程中所受的阻力也在增大，当阻力增大到重力与浮力之差时，颗粒所受合力为零，此时加速度为零，这以后颗粒便匀速下降，这时的速度称为自由沉降速度。

当气流向上流动的速度等于自由沉降速度时，颗粒便在气流中静止，而当气流的速度大于这一速度时，颗粒便向上运动，这就是垂直管中气流输送物粒的流体力学条件。

当物料在水平管中，颗粒在管中的受力情况很复杂，这里不详述，一般认为是下列几种力作用的结果。

ⅰ. 气流为湍流时在垂直方向上的分速度产生的力；

ⅱ. 由于速度差而引起的静压所产生的作用力；

ⅲ. 由于气流速度差引起的压强差所产生的作用力；

ⅳ. 由于颗粒形态不规则而产生的气流推力的垂直分力；

ⅴ. 颗粒与颗粒、颗粒与管壁碰撞而产生的垂直方向的反作用力。

对于气流输送，物料要在悬浮的情况下进行输送，这就要求气流速度有足够的值。但是，过大的气流速度是没有必要的，这将造成很大的输送阻力和较大的磨损。

气流输送装置可分为吸送式和压送式，如图 1-8 所示。

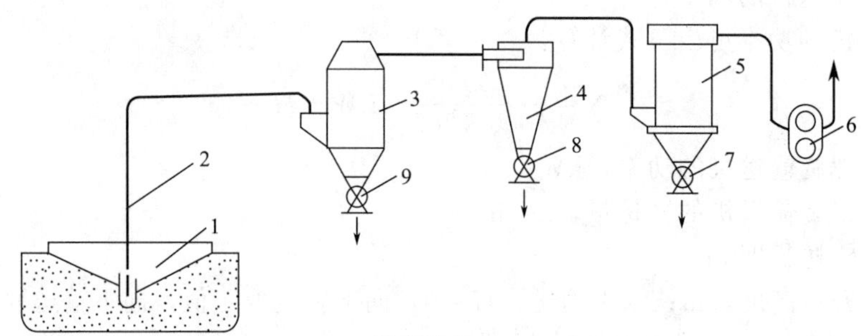

(a) 吸送式

1—吸嘴；2—管道；3，4—分离器；5—除尘器；6—风机；7—除灰器；8，9—出料器

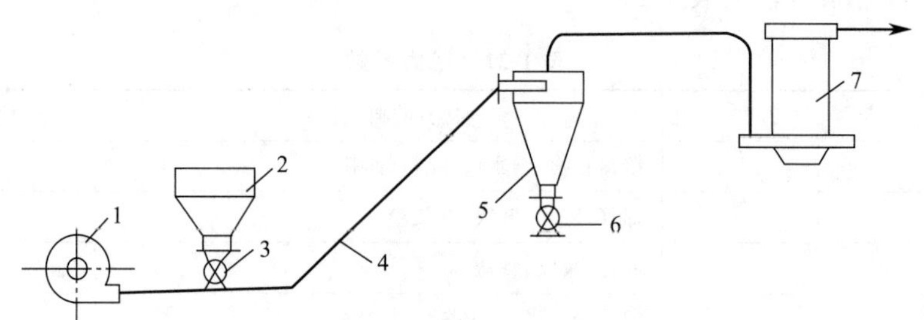

(b) 压送式

1—风机；2—料斗；3—加料器；4—管道；5—分离器；6—出料器；7—除尘器

图 1-8　吸送和压送气力输送系统

吸送式见图 1-8（a），当风机 6 开启后，系统内形成负压，空气和物料通过吸嘴 1 吸入系统，经分离器 3、4 二次分离后，由出料器 8、9 排出，空气经除尘器 5 净化后排放出去。

压送式见图 1-8（b），当风机 1 开启后，系统内的压力高于大气压力，压送物料进入系统，经分离器 5 分离后排出，空气经除尘器 7 净化后排放。

此外，吸送和压送两者可结合使用，组成吸压输送系统。

吸送式最适合从几个地方向一个地方输送，压送最适合由一个地方向几个地方输送。当然，在选择输送方式时，还应考虑物料的特性、输送能力、距离、能耗等因素，综合进行考虑。

气流输送系统的组成设备有进料装置、卸料装置和空气除尘装置。

1.2.2.1　进料装置

（1）吸嘴

吸嘴用于吸送式输送系统，种类很多，常见的几种如图 1-9 所示。

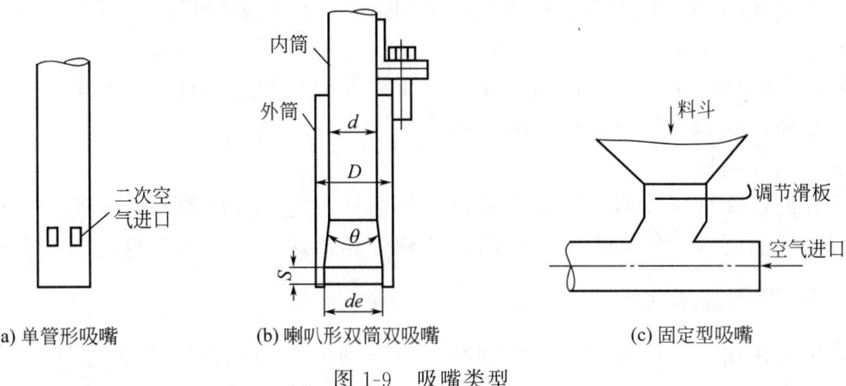

(a) 单管形吸嘴　　(b) 喇叭形双筒双吸嘴　　(c) 固定型吸嘴

图 1-9　吸嘴类型

单管形吸嘴结构简单，但易堵塞，带二次空气进口的吸嘴克服了上述缺点，但效果有限。双筒吸嘴由内筒与外筒构成，筒隙间是二次空气通道，喇叭口开度 14°～20°，吸嘴长度不超过 900mm。固定型吸嘴吸料口固定，可以用滑板调节，空气进口应装有铁丝网，防止杂物吸入。

（2）旋转加料器

旋转加料器，也称旋转阀，可在压送系统中作加料用，或在吸送系统中作卸料用，其结构如图 1-10 所示。

物料由上部进口进入，在壳内有一旋转叶轮，由 6～8 片叶片组成，物料随叶片的转动而排出，通常圆周速度在 0.3～0.6m/s（转速小于 60r/min）较合适。叶轮与外壳间有0.2～0.5mm 的间隙，气密性好。

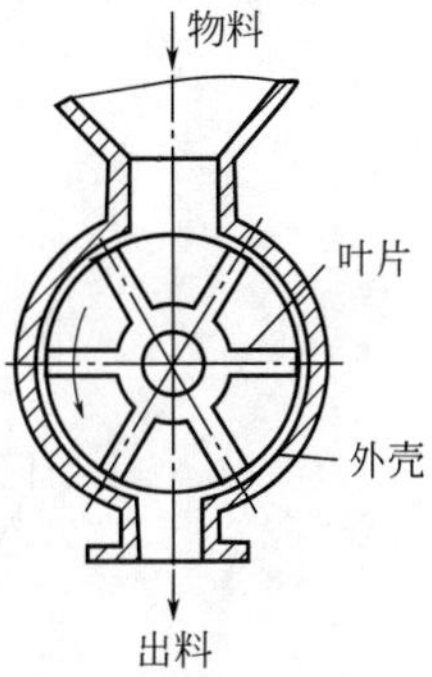

物料
叶片
外壳
出料

图 1-10　旋转加料器

1.2.2.2　物料分离装置

物料沿输料管送达目的地后，必须有一个分离装置，将物料从气流中分离出来，然后卸出，常用的分离装置有：旋风分离器和重力式分离器，如图 1-11 所示。

（1）旋风分离器

旋风分离器的作用原理是固体颗粒以一定速度切向进入分离器内，沿器壁高速旋转，产

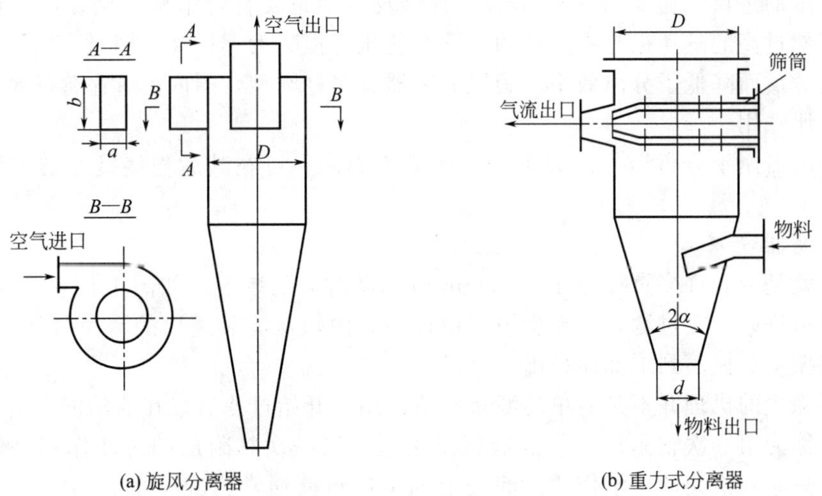

(a) 旋风分离器　　(b) 重力式分离器

图 1-11　物料分离装置

生离心力，颗粒在离心力的作用下被甩至器壁而落下，由底部排出，而气体则折转向上，由出气管排出。

这种分离器结构简单，加工制造方便，对于大麦、豆类等物料分离效率可达100％，进口速度不宜过高，以减轻颗粒对器壁的磨蚀。

（2）重力式分离器

重力式分离器又称沉降器，当带有悬浮物料的气流进入分离器后，流速大大降低，物料由于自身的重力而沉降，气体由上部排出。这种分离器对大麦、玉米等能100％的分离。

1.2.2.3 空气除尘装置

空气除尘的作用是进一步回收粉状物料、减少损失，净化排放的空气，以免污染环境，防止尘粒损坏真空泵。

常用的空气除尘装置有旋风分离器（图1-11）、袋滤器［图1-12（a）］和湿式除尘器［图1-12（b）］。

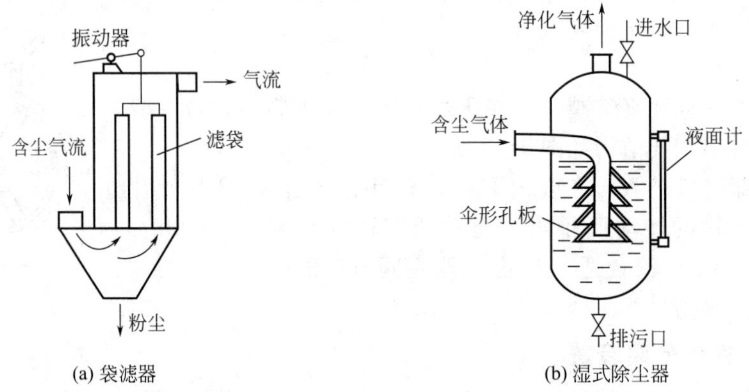

图1-12 空气除尘设备

（1）旋风分离器

旋风分离器的作用机理如前所述，但粉尘的粒径较小，它在离心力场中的沉降速度，受离心力大小的影响是明显的。旋转速度愈大，颗粒受的离心力也愈大，沉降速度也就愈大。所以要有一定的进口气速（10～25m/s），且器身直径也要符合结构比例，以保证足够的旋转速度。当然过高的气速也是不适宜的，这会使压力损失大大提高，同时，已沉降的粒子会被重新卷起．反而降低了分离效率。旋风分离器有多种类型，国内已有完善的系列产品，可查阅有关手册选用。

旋风分离器用于分离10 μm以下的粒子效率不高，可在其后连接袋滤器或湿式除尘器来捕集。

（2）袋滤器

袋滤器就是装有许多直径为100～300mm筒状滤袋的装置，如图1-12（a）所示。含尘气体由进气口进入，穿过滤袋，粉尘被截留在滤袋内，从滤袋透出的清净气体由出口排出，袋内粉尘借振动器振落到下部而排出。

袋滤器除尘的机理并不是简单的滤布截留作用。开始过滤后，在清洁滤布的网格上粘上一层粉尘，称为第一次粘附层，袋滤器就是用这个第一次粘附层的过滤作用来使气体净化的，而滤布只起着格架的支承作用。滤袋上的单位负荷通常为60～150 $m^3/(m^2 \cdot h)$，空气含尘量低时取高值。

（3）湿式除尘器

湿式除尘器就是利用水来捕集气流中的粉尘，有多种不同的结构型式，图 1-12（b）是结构较为简单的一种。含尘气体进入除尘器后，经伞形孔板洗涤鼓泡而净化。粉尘则被截留在水中。这种除尘器要定期更换新水，只适于含尘量少的气体净化。

1.2.2.4　气流输送系统的计算

（1）气流速度

在气流输送系统中，气流速度过低，被输送的物料不能悬浮或不能完全悬浮，容易造成管道阻塞。气流速度过高，则浪费动力，又增加管道和部件的磨损以及物料的破碎。因此，如何正确确定气流速度，是一个重要问题。

物料在垂直管中的气流输送，对单个颗粒来说，只要气流速度超过颗粒的悬浮速度，就可以进行气流输送。实际上，由于物料颗粒间的碰撞、颗粒与管壁的碰撞以及气流速度沿管截面上分布的不均匀性等因素，要获得良好的气流输送状态，获得完全的悬浮流状态，使用的气流速度远比颗粒的悬浮速度大，超出的系数应通过实验确定。水平管中颗粒的悬浮机理与垂直管中是完全不同的。要合理地确定气流速度，只能采用实验或经验方法。表 1-22 为生产中使用的气流速度。一般来说，物料的密度愈大。粒径愈大，则所选用的气流速度就要大。

表 1-22　气流速度表

物 料	速度/(m/s)	物 料	速度/(m/s)
大麦	22～24	大米	24
绿麦芽	24	山芋干	18～22
麦芽	22	面粉	14～18

（2）混合比

气流输送系统中，物料的质量流量 W_s 与空气质量流量 W_a 的比值 μ_s 称为混合比，即

$$\mu_s=\frac{W_s}{W_a} \tag{1-8}$$

式（1-8）表明，每 1kg 空气所能输送的物料量。显然，混合比愈大，每 1kg 空气输送的物料量就愈多。但过高的混合比，易造成管道堵塞，且阻力也大，因此需要压力较高的空气。混合比的选择主要取决于输送系统的具体情况和物料特性。吸送式系统混合比可取小些，压送式系统混合比可取大些；输送距离短的混合比可取大些，反之取小些；松散的颗粒状物料混合比可取小些，粉状物料或较潮湿物料混合比应取小些。一般混合比的选取范围见表 1-23。

表 1-23　混合比值

输送方式	系统内压力/Pa	混合比 μ_s
低真空吸送	-0.2×10^5 以下	1～10
高真空吸送	$(-0.5\sim-0.2)\times10^5$	10～30
低压压送	$<0.5\times10^5$	1～10
高压压送	$(1\sim6)\times10^5$	10～50

（3）输送空气量

$$V_a=\frac{W_s}{\mu_s\rho_a} \tag{1-9}$$

式中　V_a——输送空气量，m^3/h

ρ_a——空气密度，kg/m^3。

（4）输送管直径

$$D=\sqrt{\frac{4V_a}{3600\pi u_a}} \tag{1-10}$$

式中　D——输送管内径，m；

u_a——空气流速，m/s。

（5）压力损失计算

气流输送系统的总压力损失 Δp 为：

$$\Delta p=\Delta p_{ac}+\Delta p_{HL}+\Delta p_{VL}+\Delta p_{eL}+\Delta p_{ws}+\Delta p_{se}+\Delta p_{ex} \tag{1-11}$$

① 加速段的压力损失 Δp_{ac}（Pa）

$$\Delta p_{ac}=(C+\mu_s)\frac{\rho_a u_a^2}{2} \tag{1-12}$$

式中　C——供料系数，$C=1\sim10$，连续稳定供料取小值，间断供料或从吸嘴吸料时取大值。

② 水平输料管中的压力损失 Δp_{HL}（Pa）

$$\Delta p_{HL}=a_H\lambda_a\frac{L}{D}\frac{\rho_a u_a^2}{2} \tag{1-13}$$

式中　L——水平输料管长度，m；

D——输送管内径，m；

λ_a——空气摩擦系数，一般在0.02～0.04之间，可按下式近似计算：

$$\lambda_a=K\left(0.0125+\frac{0.0011}{D}\right) \tag{1-14}$$

式中　K——系数，光滑管 $K=1.0$，新焊接管 $K=1.3$，旧焊接管 $K=1.6$；

a_H——系数，

$$a_H=\sqrt{\frac{30}{u_a}}+0.2\mu_s \tag{1-15}$$

③ 垂直输料管中的压力损失 Δp_{VL}（Pa）

$$\Delta p_{VL}=a_V\lambda_a\frac{L}{D}\frac{\rho_a u_a^2}{2} \tag{1-16}$$

式中　a_V——系数，

$$a_V=\frac{250}{u_a^{3/2}}+0.15\mu_s \tag{1-17}$$

④ 输料弯管中的压力损失 Δp_{eL}（Pa）

$$\Delta p_{eL}=\xi_e\mu_s\frac{\rho_a u_a^2}{2} \tag{1-18}$$

式中　ξ_e——阻力系数，由表1-24选取。

表1-24　输料弯管阻力系数

曲率半径比 R/D	ξ_e	曲率半径比 R/D	ξ_e
2	1.5	6	0.50
4	0.75	7	0.38

注：R——弯管的曲率半径。

⑤ 重力式分离器的压力损失 Δp_{ws}（Pa）

$$\Delta p_{ws}=(1+0.8\mu_s)\xi_w\frac{\rho_a u_a^2}{2} \tag{1-19}$$

式中　ξ_w——阻力系数，$\xi_w=1.0\sim2.0$ 。

⑥ 旋风除尘器的压力损失 Δp_{se}（Pa）

$$\Delta p_{se}=\xi_s\frac{\rho_a u_a^2}{2} \tag{1-20}$$

式中　ξ_s——阻力系数，一般取 3.0～5.5 。

⑦ 空气管的压力损失 Δp_{ex}（Pa）

空气管是指系统中没有物料的管段，主要是物料分离器之后的一段管道，有些系统在空气入口与加料口之间也有一段空气管道。空气管中的气流速度可比输料管低，以减少压力损失，但风速也不宜过低，以免粉尘在水平管中沉积下来，一般在 10～14m/s 的范围。空气管的压力损失分直管和弯管两部分计算：

$$\Delta P_{ex}=\Delta p_{aL}+\Delta p_{bL} \tag{1-21}$$

式中 Δp_{aL}——直管的压力损失，Pa，

$$\Delta p_{aL}=\lambda_a\frac{L}{D}\frac{\rho_a u^2}{2} \tag{1-22}$$

Δp_{bL}——弯管的压力损失，Pa，

$$\Delta p_{bL}=\xi_b\frac{\rho_a u^2}{2} \tag{1-23}$$

式中　u——空气在空气管中的流速，m/s；

ξ_b——弯管阻力系数，由表 1-25 查取。

表 1-25　空气弯管阻力系数

曲率半径比 R/D	ξ_b	曲率半径比 R/D	ξ_b
1.0	0.26	2.0	0.15
1.5	0.17		

（6）输送功率的计算及风机的选择

计算输送功率，实质就是求取系统所需的风机（或真空泵）功率，而风机功率则由系统的总压力损失及所需空气量求得。考虑到计算上的偏差、设备漏风和一些未能计及的因素，应将上面计算的总压力损失 Δp 和空气量 V_a 均增加 10～20％ 的附加量。

风机的风压力 p（Pa）：

$$p=(1.1\sim1.2)\Delta p \tag{1-24}$$

风机风量 V（m^3/s）为：

$$V=(1.1\sim1.2)\frac{V_a}{3600} \tag{1-25}$$

风机的功率 N（W）为：

$$N=\frac{Vp}{\eta} \tag{1-26}$$

式中　η——风机效率，一般取 $\eta=0.5\sim0.7$。

风机是气流输送系统的动力设备，选择风机首先是选型。在压力输送系统中，低压压送

通常可选用离心式通风机；压力稍高可选用罗茨鼓风机或离心式鼓风机；高压压送则可用空气压缩机。对于真空输送系统，通常可用往复式真空泵、水环式真空泵或罗茨鼓风机等。此外，在选型时还应考虑到空气的含尘量而选择合适的型号，即风机的结构要适应输送气体的性质。同时要使送入系统的空气尽可能不带油、水和灰尘等。

风机型式确定后，第二步是确定其大小（即机号），也就是要满足输送系统对风量和风压的要求，任何一台风机，在一定转速下，只有在某一风量和风压范围内工作．才能有较高的效率。所以选择风机的大小，就是要选择一台在所要求的风量和风压下具有较高效率的风机。

1.3 固体原料的粉碎

发酵工厂使用的原料中常混有杂质，如泥块、石头、杂草和磁性物质。这些杂质会给后面工段带来有害影响，像石头、铁钉等容易使机器发生故障，如粉碎机的筛板磨损；杂质在蒸馏塔中的沉降，使塔板和溢流管发生堵塞现象；有时，这些杂质还会堵塞阀门、管路和泵，使生产停顿；同时，杂质也会对反应过程产生不良影响。所以，在使用原料前，应先采取一些预处理措施。

1.3.1 原料筛选

1.3.1.1 磁铁分离器

磁铁分离器是分离在原料中夹杂的金属杂质的一种设备，由永久磁铁或电磁铁组成。它主要是靠磁铁的磁性来吸附原料中的磁性物质。常用的磁铁分离器有平板式和旋转式两种。平板式磁铁分离器由若干磁铁排成一排，磁极露在物料通过的倾斜表面上，只要原料成薄层通过分离器，铁块便会被吸住而除去。如图 1-13 所示。

旋转式磁分离器由半圆形磁铁芯与旋转筒组成，滚筒为非导磁材料。当它工作时，滚筒上的物料随滚筒转动而排出，而铁块则被吸附在滚筒表面上，并转至磁场作用区外，如图 1-14 所示。

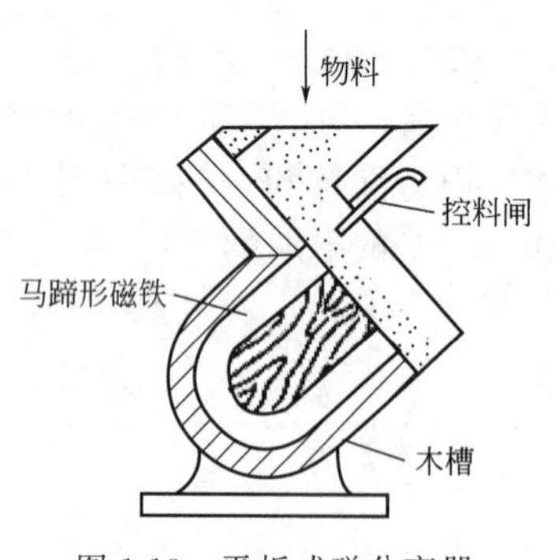

图 1-13　平板式磁分离器

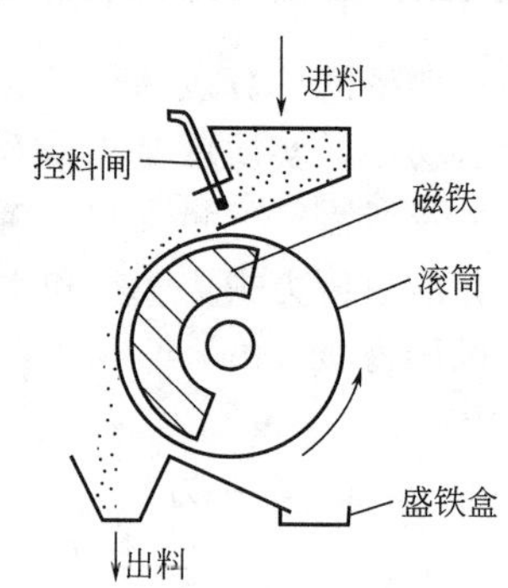

图 1-14　旋转式磁分离器

1.3.1.2 筛选机

原料中含有大量杂质，虽然使用磁铁分离器可除去一些磁性杂质，但仍有部分非磁性杂质存在，为了去除这些杂质，可使用筛选机来达到目的，同时，用筛选机还可起到对物料分级的作用。

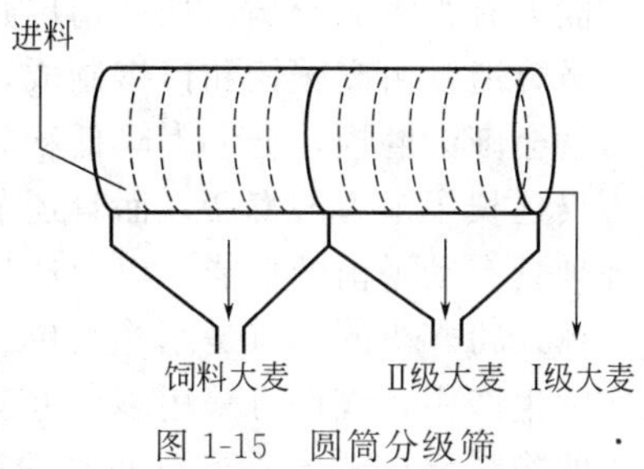

图 1-15　圆筒分级筛

筛选机有多种不同的构造，发酵工厂较常用的是振动筛和转筒筛。

振动筛是一平面筛，由金属丝或其他丝编织而成，或由冲孔金属板组成，筛孔有圆形、正方形、长方形等，目前使用的筛选机，筛宽在 500～1600mm 之间，振幅通常取 4～6mm，频率在 200～650 次/min 之间。啤酒生产中所用的大麦粗选机就属于这一种。此外，常用的筛选机还有转筒筛。在啤酒厂常用于大麦精选的分级，如图 1-15 所示。工作时，大麦由小孔端进入，由大孔端出来，由于孔径大小的不同，会使大麦得以分级。转筒的转速不能太快，这样粒子反而不能穿过，常用的圆筒圆周速度为 0.7～1.0m/s。

1.3.2　原料粉碎

原料经过处理后要经过粉碎处理，原料经过粉碎后，增加了原料的比表面积。同时，对大多数淀粉质原料来讲，也就增加了原料与水酶的接触面，有利于淀粉颗粒的吸水膨胀，加速酶促反应及可溶性物质的溶出。

1.3.2.1　常用的粉碎设备

常用的粉碎设备有很多种，如锤式粉碎机、辊式粉碎机、盘磨机和球磨机等。

(1) 锤式粉碎机

锤式粉碎机广泛用于各种中等硬度的物料，如瓜干、玉米等的中碎与细碎，尤其适用于脆性物料。其结构如图 1-16 所示。

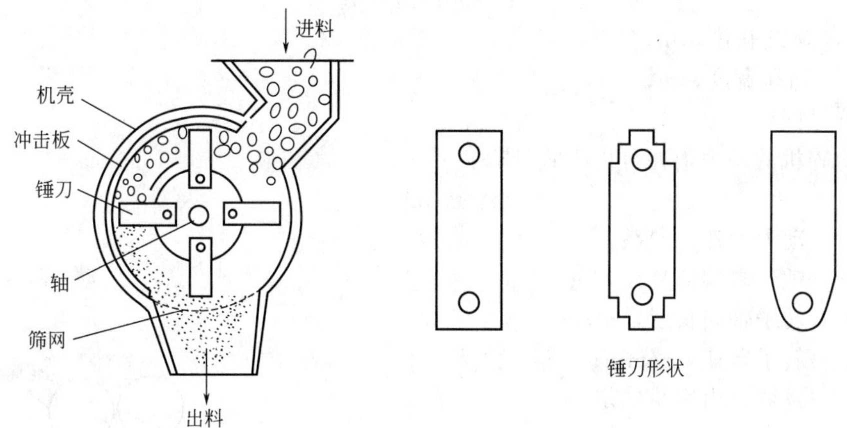

图 1-16　锤式粉碎机

锤式粉碎机内有一根轴，轴上装有一圆盘，盘上装有许多可拆换的锤刀。锤刀形状有矩形、带角矩形和斧形等。

锤刀可以自由摆动，当圆盘随主轴高速转动时，锤刀借离心力张开将物料击碎。外部是一圆筒形外壳，外壳分两部分，上部为有沟形的表面，下部为有孔的筛网，粉碎的物料通过它落下。

物料进入锤式粉碎机后，在内部受到锤刀的高速冲击，它受到多种力的作用，有挤压、撞击、研磨、劈裂及弯曲、撕裂、剪切等，使得物料被有效的粉碎。圆盘随主轴高速旋转，轴的圆周线速度达 60～70m/s，此外筛网也有不同的规格，它对产品的颗粒大小及粉碎机的生产能力有很大的影响，如酒精厂筛孔的直径一般在 1.5～2.5mm 之间。

锤刀通常由高碳钢和锰钢制成，锤刀末端的圆周速度一般为 2.5～5.5m/s。经过使用后锤刀就会渐渐磨损，会大大降低粉碎效果，所以锤刀使用一段时间后，可进行调换使用，这样不仅延长了锤刀的寿命，而且还节省了钢材的用量。锤刀在安装时，应严格地对称安装以保证轴具有动平衡的性能，以免产生附加的惯性力损伤机器。

锤式粉碎机的优点是结构简单、紧凑、生产能力高、运转可靠，但其机械磨损比较大。在实际生产中，人们可采用多种办法来提高锤式粉碎机的粉碎效率，如密闭循环，即把不合要求的物料分离开来，重新回到粉碎机中进行粉碎。另外还可增加吸风装置，加速粉料离开，把已粉碎好的细粉抽出来，这样可大大提高粉碎机的生产能力。此外，采用鳞状筛代替平筛也可提高生产能力。

锤式粉碎机每小时排出产品的体积为：

$$V=60\times\frac{\pi}{4}d_0^2 d\mu knz \tag{1-27}$$

式中 V——粉碎机的生产能力，m^3/h；

d_0——筛孔直径，m；

d——产品粒度，m；

μ——排料系数，一般取 0.7；

k——转筒上锤刀的排数；

n——转筒转速，r/min；

z——筛孔数。

若是长方形筛孔，则

$$V=60LCd\mu knz \tag{1-28}$$

式中 L——筛孔长度，m；

C——筛孔宽度，m；

其他符号同前。

锤式粉碎机的动力消耗可由下式计算：

$$N=AD^2Ln \tag{1-29}$$

式中 N——动力消耗，kW；

D——锤刀末端的直径，m；

L——转子轴向长度，m；

n——转子转速，r/min；

A——系数，由实验确定。

(2) 辊式粉碎机

辊式粉碎机广泛用于物料的中碎与细碎。常见的有两辊式、四辊式、五辊式和六辊式。辊式粉碎机是由辊筒的相向运动，对物料产生挤压作用，从而达到粉碎物料的作用。在啤酒工厂中，它常常被用来粉碎麦芽。图 1-17 为四辊式粉碎机的结构示意图。它是由两对辊筒和一组筛子组成，麦芽经第一对辊筒粉碎后，由筛选装置分离出皮壳排出，粉粒再进入第二对辊筒粉碎。

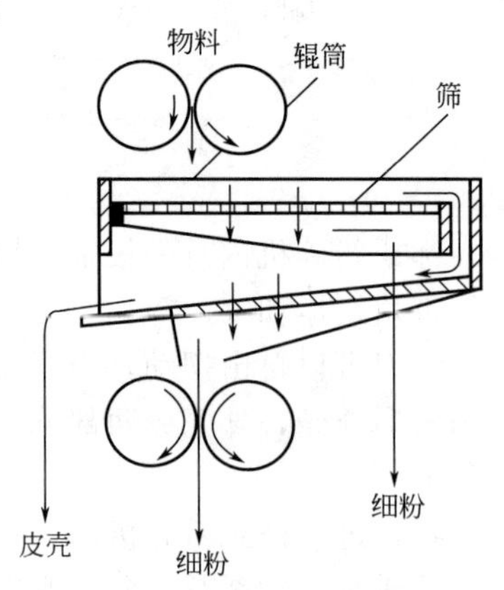

图 1-17 四辊式粉碎机

1.3.2.2 湿法粉碎工艺

原料粉碎的方法有很多种，常见的一种是利用粉碎机直接对物料进行粉碎，称之为干法粉碎，另外一种为湿法粉碎，即把原料与水一并加入粉碎机中，两种方法各有优缺点。利用干法粉碎时，原料粉末会四处飞扬，严重污染工作环境。湿法粉碎则不会产生飞扬的原料粉末，这样就减少了原料的损失，而且省去除尘通风设备。但湿法粉碎的原料不宜贮藏，最好立即用于生产，另外湿法易使锤式粉碎机堵塞。图 1-18 为一湿法粉碎工艺流程。

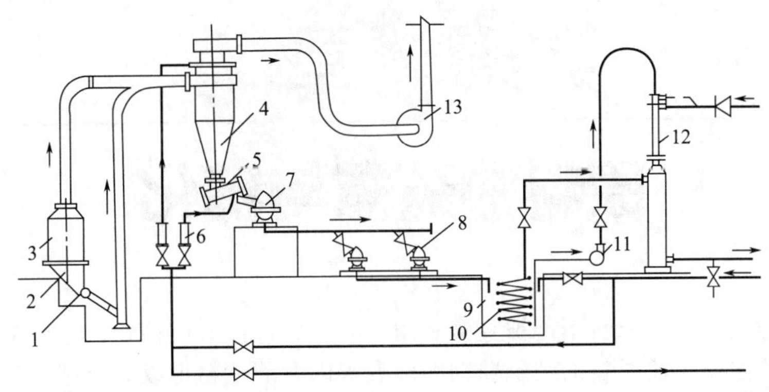

图 1-18　湿法破碎工艺流程图

1—滚筒加料机；2—输料槽；3—料斗；4—旋风分离器；5—螺旋输送器；6—浮子流量计；7—一级破碎机，8—二级破碎机；9—物料暂储池；10—加热盘管；11—泵；12—加热器；13—风机

物料由滚筒加料器均匀加入，从加料器出来的物料进入气流输送管，由旋风分离器 4 的下部排出，与定量水一同进入粉碎机 7、8 进行一级和二级粉碎，从粉碎机出来的粉浆进入暂储池 9，并借助于加热器 10 利用蒸煮工段排出的二次蒸汽预热至一定温度。

湿法破碎工艺流程的主要优点有：ⓘ消除粉尘危害，改善了劳动环境，降低原料消耗；ⓘⓘ粉碎过程中，淀粉开始吸水膨胀，提高了蒸煮效果；ⓘⓘⓘ粉碎后物料经预热，提高了蒸汽利用率；ⓘⓥ机器磨损少，节省设备维修费用；ⓥ流程设备紧凑，节省占地面积。

第2章 原料的蒸煮与糖化

在某些发酵生产中，原料不能被直接利用，必须经过蒸煮或糖化，才能被菌体利用。蒸煮与糖化的目的主要是使原料的细胞壁彻底破裂，内含的淀粉得以充分糊化和液化。整个醪液变成均一的液体，以利于淀粉酶系统的作用，原料在蒸煮与糖化的同时进行了灭菌。

2.1 原料的蒸煮

2.1.1 淀粉的结构

在工业生产中，大多数蒸煮的为淀粉质原料。淀粉是由葡萄糖基组成的高分子物质。它以颗粒的形式存在于植物细胞内，淀粉分子由许多葡萄糖基团聚合而成，根据其结构式可分为直链淀粉和支链淀粉两大类，结构示意图如图 2-1 所示。这两种淀粉的差异见表 2-1。

直链淀粉　　支链淀粉

图 2-1　直链淀粉和支链淀粉结构

表 2-1　直链淀粉和支链淀粉的差异

淀粉名称	葡萄糖基团数	分子量	联接键	性质
直链淀粉	300～800	5 万～16 万	α-1,4 葡萄糖苷键	溶于 70～80℃热水中
支链淀粉	500～1500	10 万～30 万	α-1,4 葡萄糖苷键 α-1,6 葡萄糖苷键	不溶于 70～80℃热水中

2.1.2 淀粉的膨胀与溶解

淀粉是绿色植物进行光合作用的产物，植物把淀粉储藏在种子上或块根中。作为储备的原料，淀粉是一种亲水胶体，当淀粉与水接触，水渗透经过膜而进入到淀粉颗粒里面而引起淀粉体积和重量的增加，这种现象称为淀粉的膨胀。膨胀作用的第一阶段是原料吸收20%～25%的水，并伴有热量的释放；第二阶段是淀粉继续吸水，随着温度的升高，淀粉的膨胀速度随温度升高而加快，当温度升至 60～80℃时，淀粉体积增大至 50～100 倍，淀粉分子之间的联系削弱，引起淀粉颗粒的部分解体，淀粉浆液变成均一的黏稠液体，此现象叫做糊化。淀粉颗粒经糊化后，更易被淀粉酶水解，因此在发酵工业中用淀粉作原料进行生产时，往往需要将淀粉进行蒸煮，各种不同原料的淀粉，它们的糊化温度也不相同，见表 2-2。

表 2-2　不同原料淀粉颗粒大小和糊化温度

淀粉来源	淀粉颗粒大小/μm	糊化温度/℃
山芋淀粉	35～40	53～64
大米淀粉	5	82～83
玉米淀粉	15	65～73
小麦淀粉	20～22	64～71

温度继续升高，淀粉会继续溶解，温度升至 120℃淀粉全部溶解，在酒精生产中称此为“液化”。在淀粉膨胀和溶解的这一过程中，淀粉溶液的黏度是在不断变化的，从图 2-2 可以看出。在 1 点之前，温度的升高使水的黏度降低，从而引起醪液黏度下降，1 与 2 之间为淀粉糊化阶段，此时黏度迅速上升，1、2 两点对应的温度为糊化温度，2 点以后温度继续上升，此时淀粉黏度随之降低。

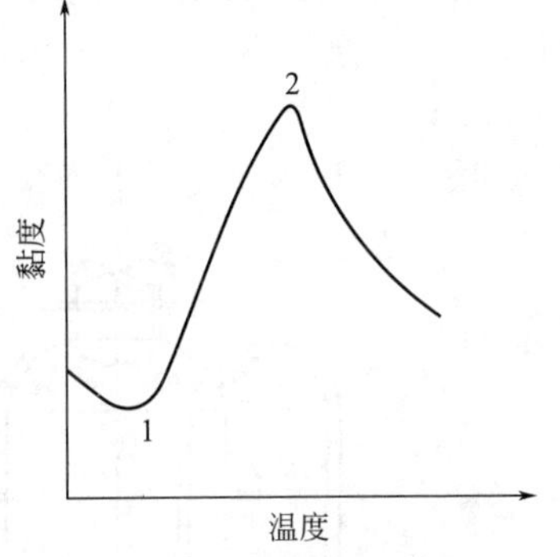

图 2-2　淀粉糊化和液化过程中黏度的变化

2.1.3　蒸煮时原料各组分的变化

淀粉的蒸煮过程中不仅发生淀粉颗粒、植物组织的物理变化，同时原料某些组分也发生化学变化，这些物理和化学的变化对发酵有着不容忽视的影响。

(1) 纤维素 $(C_6H_{10}O_5)_n$

纤维素是构成植物细胞壁的主要成分，在蒸煮中不发生化学变化，只会软化；在浓无机酸作用下才起水解作用生成葡萄糖。

(2) 半纤维素

在蒸煮过程中，半纤维素溶解，并部分水解为葡萄糖、木糖和阿拉伯糖等，木糖还可以分解为糠醛。

(3) 果胶质

果胶质是细胞壁组成的一部分，也是细胞间层的填充剂，它是由许多链状化合物的半乳糖醛酸甲酯所组成。在蒸煮时，果胶质会强烈分解，从果胶物质中分离出甲氧基基团(CH_3O)，易生成甲醇。

(4) 糖类

在蒸煮过程中，原料中的糖是在增加的，但糖经高温、高压也会引起损失，这主要是有以下几个原因：一是羟甲基糠醛的生成。当蒸煮时，己糖脱水变成羟甲基糠醛，是一种极不稳定的化合物，它会继续分解为甲酸和乙酰丙酸，伴随的副反应是黑色素和腐殖质的形成，羟甲基糠醛易和新生的氨基酸起作用，生成黑色素。二是焦糖的形成。当糖在接近熔化的温度加热时，可形成褐红色无定形的脱水产物，统称为焦糖。焦糖一般发生在局部过热处，它是不能被发酵的。在糖类中果糖易生成焦糖。此外，高浓度的糖液比低浓度的糖液易形成焦糖。在原料蒸煮中，糖的损失主要由以上原因造成，在实际操作中，可以通过一些措施来减少糖的损失，如原料蒸煮时，可以采用较高的加水比，另外蒸煮的时间和压力必须控制在最佳操作范围，其中时间的影响较压力的影响为大。

（5）蛋白质

随着温度的升高，最初蛋白质进行凝结作用和变性作用，当温度超过 100℃后继续升高，可溶性蛋白增加，这主要是进行可溶胶作用。蒸煮时可溶性氮量增加，蛋白质氮下降。蒸煮过程中蛋白质分子不能分解，所以残留于液体中的氨基态氮没有变化。

（6）脂肪和其他物质

蒸煮过程中脂肪的变化不显著，可溶出物量有所增加。

2.1.4 蒸煮工艺

2.1.4.1 间歇蒸煮工艺

原料→粉碎→加水拌料→泵→蒸煮锅→升温→蒸煮→放醪

原料粉碎加水混合，此时水温可控制在 50℃左右，配成粉浆，应避免原料部分糊化而结块。由于原料不同，所采用的加水比也不同，一般为：粉状原料 1∶4.0，甘薯干原料 1∶3.2～3.4，谷物原料 1∶2.8～3.0。进行蒸煮时，常用的设备有蒸煮锅和蒸煮罐，如图 2-3 和图 2-4 所示。

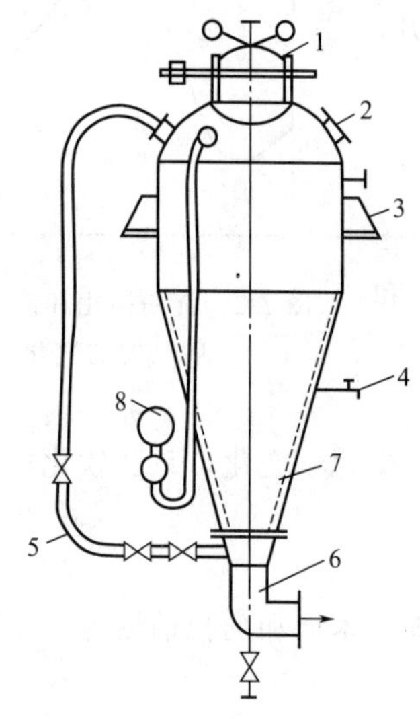

图 2-3　锥形蒸煮锅

1—加料口；2—排汽阀；3—锅耳；4—取样器；5—加热蒸汽管；6—排醪管；7—衬套；8—压力表

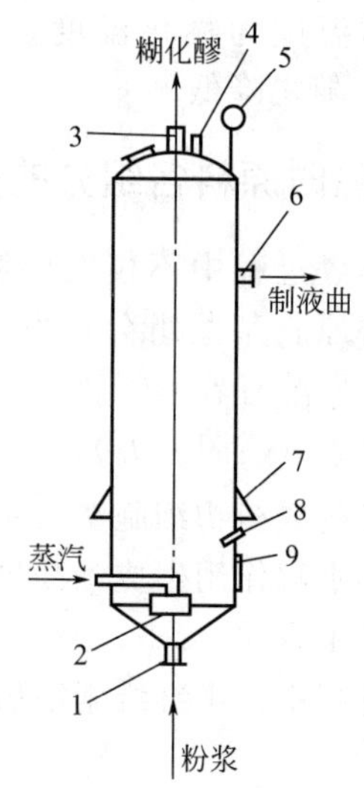

图 2-4　蒸煮罐

1—粉浆入口；2—加热装置；3—糊化醪出口；4—安全阀；5—压力表；6—制液体曲醪出口；7—罐耳；8—温度计插座；9—人孔

锥形蒸煮锅在一些旧厂仍在使用，但由于它制造困难、易磨损、占地面积大，故现多采用长圆筒形的蒸煮罐。粉浆由下部的中心进料口压入，加热蒸汽管喷出的蒸汽能迅速加热到蒸煮温度。加热装置为短圆筒形，侧面有小孔。蒸煮罐保持一定压力，糊化醪可从 3、6 处分别流出。为了避免过多的热量散失．蒸煮罐壁必须有良好的保温层。随着酶制剂工业的发展，一些酒精厂采用先加细菌淀粉酶液化后，再进行加压蒸煮，这样，蒸煮的压力可以大大降低，而且蒸煮的时间也可缩短。

不同原料的间歇蒸煮工艺条件是不同的，所需的压力和时间随原料品种、质量优劣、水分含量多少而有所不同，如含水分大或霉坏的原料，蒸煮压力应该较低，含糖分较多和细胞组织疏松的原料，也应该降低蒸煮压力。间歇蒸煮虽然有使用钢材少，设备和操作简单的优点，但与连续蒸煮相比，仍存在着较大的缺点：如蒸煮时间长，膨化质量差，且蒸汽消耗量大，劳动强度大．设备占地面积大等。不同原料的蒸煮条件见表 2-3。

表 2-3　各种原料的加压蒸煮工艺条件

原料	原料加水比	蒸煮压力/($\times10^4$Pa)	蒸煮时间/min
鲜甘薯	1∶0.28～1∶0.3	26.5～29.4	40
甘薯干	1∶3.2～1∶3.4	26.5～29.4	60～70
甘薯粉	1∶3.2～1∶3.5	26.5～29.4	40
木薯粉	1∶3.2～1∶3	36.3～39.2	60～70
大米(碎米)	1∶3.0～1∶3.2	44.1～47	90～100
玉米	1∶2.8～1∶3.2	49	70～75
玉米粉	1∶3.2～1∶4.0	39.2～44.1	70
高梁(整粒)	1∶3.0～1∶4.0	44.1～49	90～100
高梁(破碎)	1∶3.0～1∶4.0	39.2～44.1	60～70
小麦	1∶3.2	44.1	60～65
小米	1∶2.8～1∶3.2	39.2～44.1	100～110
米栖	1∶3.0～1∶3.2	44.1～49	110～120
橡子	1∶3.2～1∶3.4	34.1～39.2	90
土茯苓粉	1∶3.4～1∶3.5	42.1	90
金刚头粉	1∶3.4～1∶3.5	44.1～49	70
蕨根	1∶3.2～1∶3.5	29.4	90
龙眼核	1∶4.0	36.3	100～110

2.1.4.2　连续蒸煮

连续蒸煮能够克服间歇蒸煮的缺点，采用较为广泛。常用的有罐式连续蒸煮、管式连续蒸煮和柱式连续蒸煮。罐式连续蒸煮主要的设备可利用工厂原有的间歇蒸煮锅改装而成，再增加一个后熟器即可，如图 2-5 所示。

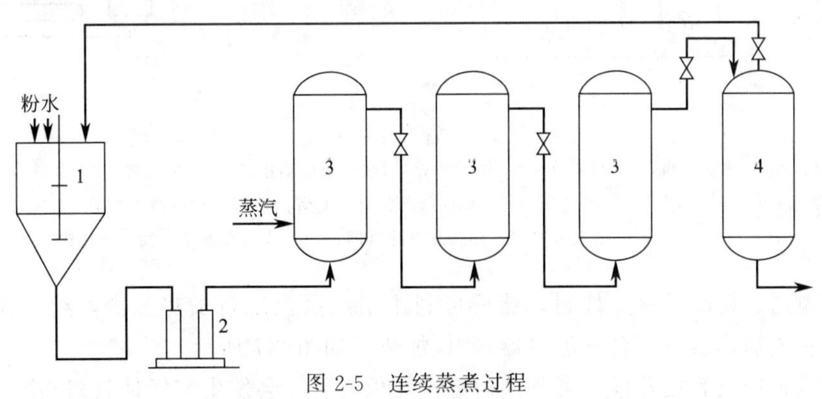

图 2-5　连续蒸煮过程

1—搅拌筒；2—往复泵；3—蒸煮罐；4—后熟器

罐式连续蒸煮的蒸煮罐或后熟器的直径不宜太大，因醪液从罐底中心进入后作返混运动，不能保证醪液先进先出，致使受热时间不均匀，可能有部分醪液蒸煮不透就过早排出，而另有局部醪液过热而焦化，因此罐式连续蒸煮罐数不能太少，宜采用3～6个。但罐数过多则压力降过大，后熟器压力过低，以致醪液压不到最后一个后熟器。薯干类原料蒸煮压力较低，宜采用3～4个罐，玉米类原料蒸煮压力较高，可采用5～6个罐。罐式连续蒸煮是应用温度渐减曲线来进行蒸煮，因此蒸煮醪糖分损失少，而且不易发生堵塞现象，但此流程也存在采用的设备较大，相应的场房也要增高，且时间还较长。蒸煮的工艺条件因原料种类不同，在相同罐数的情况下，各罐的蒸煮时间和温度是不同的，见表2-4。

表2-4　蒸煮工艺条件

原料	Ⅰ号罐		Ⅱ号罐		Ⅲ号罐		Ⅳ号罐	
	温度/℃	时间/min	温度/℃	时间/min	温度/℃	时间/min	温度/℃	时间/min
山芋粉	135	20	132	20	125	20	120	15
玉米粉	150	20	146	20	135	20	128	20
元麦粉	145	20	140	20	135	20	126	15

管式连续蒸煮是在高温高压下对淀粉质原料进行蒸煮，并在管道弯处产生压力，间歇上升和下降，使醪液发生收缩和膨胀，从而使原料糊化达到溶解，该工艺的流程如图2-6所示。

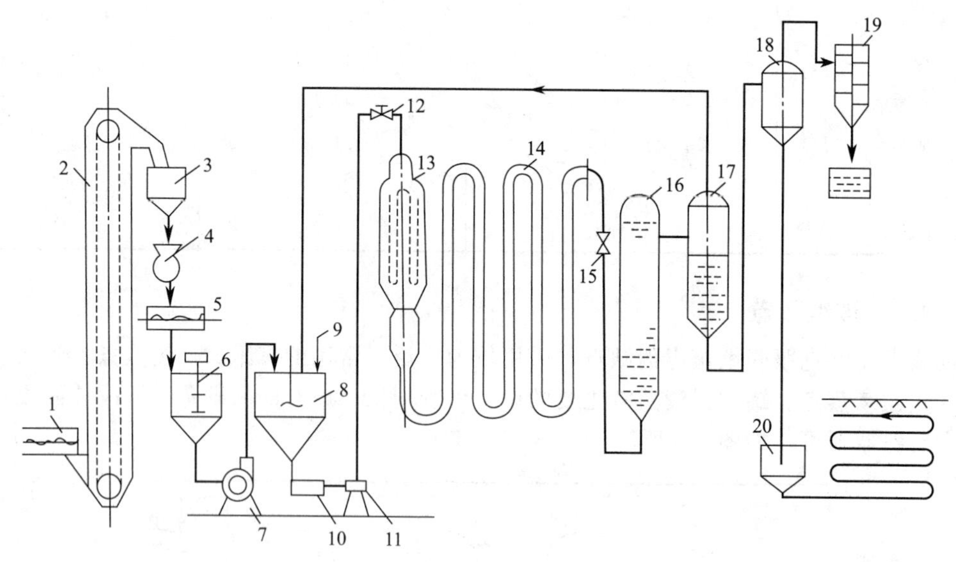

图2-6　管式连续蒸煮

1—输送机；2—斗式提升机；3—储料斗；4—锤式粉碎机；5—螺旋输送机；6—粉浆罐；7—泵；8—预热锅；9—进料控制阀；10—过滤器；11—泥浆泵；12—单向阀；13—三套管加热器；14—蒸煮管道；15—压力控制阀；16—后熟器；17—蒸汽分离器；18—真空冷凝器；19—蒸汽冷凝器；20—糖化锅

原料经输送、粉碎后首先拌料，然后可利用二次蒸汽进行加热预煮，约75℃，醪液经过滤后进入膜式加热器（三套管加热器），该加热器如图2-7所示。

在管的接头处设有锐孔板，当醪液通过锐孔板前后，会发生突然地收缩和膨胀，产生自蒸发现象，从而更好地使醪液进行蒸煮，醪液在管内通过的时间在2～4min左右，蒸煮的醪液进入后熟器，停留 50～60min，使醪液温度为 130℃左右，后熟器的醪液进入蒸汽分离器，使温度冷却到 90～100℃，醪液再流入真空冷却器，使之冷却到 65℃左右，送入糖化车间。采用该流程，使用设备占地面积小，投资也小，且流速快，蒸煮时间大大缩短。表 2-5 为管式蒸煮的工艺条件。

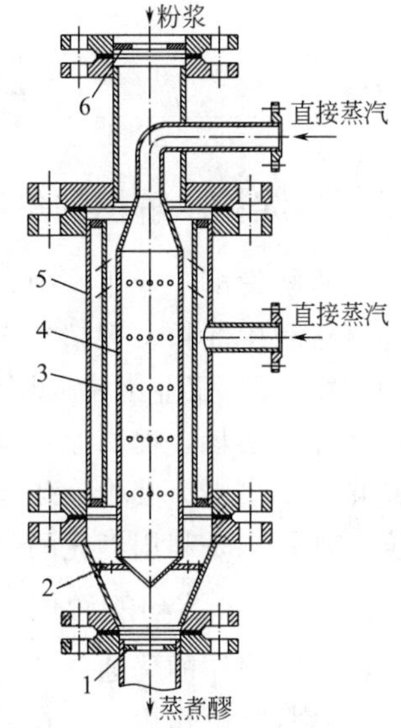

图 2-7　膜式加热器

1—出口孔板；2—带孔眼的盘；3—多孔外夹套；4—带孔内管；5—外壳；6—进口孔板

柱式连续蒸煮是一种常采用的流程，原料的前处理部分与管式类似，粉浆用离心泵送至柱式连续蒸煮的加热器，被 0.2～0.3MPa 的蒸汽加热至 130℃左右，经缓冲器进入蒸煮柱，在蒸煮柱Ⅰ、Ⅲ内设有 6 个收缩口，醪液经过多次收缩、膨胀，促使原料细胞完全破裂。在蒸煮柱内有 12 块挡板，使粉浆与蒸汽接触良好。醪液在柱内停留 15min，出口压力为0.15～0.17MPa，后熟器中保压 88kPa 压力，醪液停留时间为 60min，然后进入汽液分离器，排出二次蒸汽。该蒸煮工艺比管式连续蒸煮的压力较低，流速较慢，蒸煮时间可以长些，操作稳定，耗汽量少，糖分损失也小，工艺流程如图2-8所示。

表 2-5　管式蒸煮的工艺条件

原料	温度/℃		蒸煮时间/min
	加热器出口处	管道蒸煮器出口处	
黑麦	165～170	145～155	2～3
小麦	165～170	145～155	2～3
玉米	178～180	165～167	2～3
马铃薯	165～166	145～152	2～3

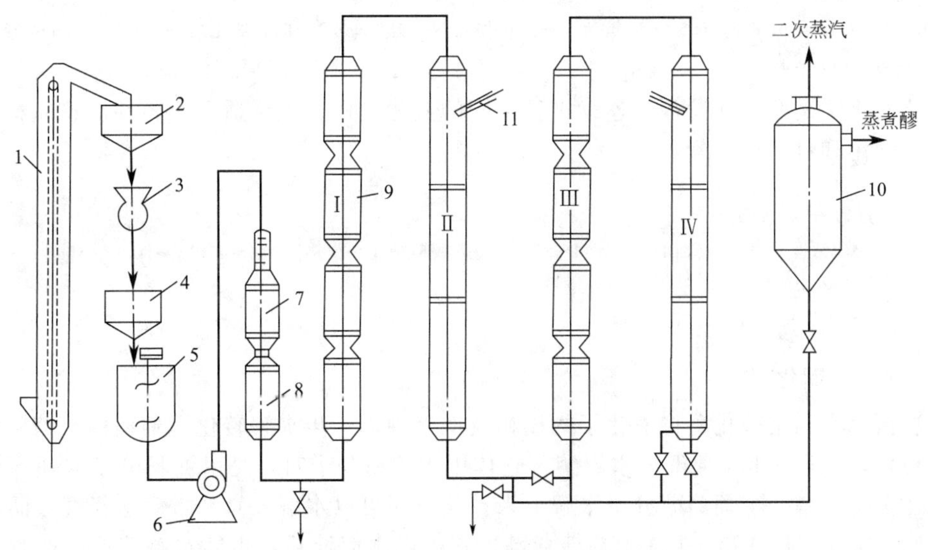

图 2-8　柱式连续蒸煮

1—斗式提升机；2，4—储料斗；3—锤式粉碎机；5—混合桶；6—离心泵；7—加热器；8—缓冲器；9—蒸煮柱；10—后熟器；11—温度计

2.2 淀粉水解糖的制备

2.2.1 淀粉水解糖的生产

在传统发酵工业生产中，淀粉质原料是主要的使用原料。但许多发酵产品的生产用菌株不能直接利用淀粉、糊精。因此，淀粉质原料需要水解成为葡萄糖后才能被利用，这一过程称为“糖化”。工业上常采用的有酸法糖化、酶法糖化、酸酶法糖化等方法。从水解糖液的质量及降低粮耗，提高原料利用率等方面考虑，以酶法糖化最好。淀粉的酶解工艺分为液化和糖化两个步骤。其中液化是利用液化酶使淀粉糊化，黏度降低，并水解到糊精和低聚糖的程度，糖化则是利用糖化酶将液化的产物彻底水解成葡萄糖。

2.2.1.1 淀粉的液化

液化中使用的酶通常为α-淀粉酶，又称为α-1,4-葡萄糖-4-葡聚糖水解酶。它是在淀粉分子内进行水解作用，能在淀粉链上任意位置上水解α-1,4葡萄糖苷键，并能越过α-1,6葡萄糖苷键继续水解α-1,4葡萄糖苷键，但不能水解α-1,6葡萄糖苷键。因此，在短时间内它能将庞大的淀粉分子切断为糊精和低聚糖，使淀粉糊液的黏度急速下降，故液化速度很快。液化的目的是为糖化酶的作用创造条件，按液化处理的类型分间歇、半连续、连续法三种。在实际操作中，间歇式液化法是淀粉浆与酶在同一设备中搅拌而液化，使用该法所需设备简单，但不能连续生产，对大规模生产不适宜，此法只适用薯类液化。流程如下：

α淀粉酶，Ca^{2+}
粉浆→调浓40%,pH6.0～6.5→升温至85～90℃→保温30～60min→升温100℃→保温灭酶10min

半连续液化法是在不同的设备中将淀粉浆连续进行加热，分段保温液化。该法设备简单，易于操作，在我国广泛使用，但此法对谷类淀粉不宜。半连续液化法的流程如下：

α淀粉酶，Ca^{2+}
粉浆(浓度30%)→调pH6.2～6.5→充分拌匀→液化加热器→升温90℃→保温液化罐→90℃液化2h→升温110～115℃→保温3～5min灭酶

连续液化法是在不同设备中连续进行不同的液化操作，该法适用于各种淀粉原料，有利于实现连续化和自动化。

总酶量的$\frac{1}{4}$(α-淀粉酶)
粉浆(浓度17°Be)→调pH6.5→86～88℃下进行短时液化→加热至140～150℃→保温3～5min→
剩余的酶
冷却至86℃→保温液化30～60min

2.2.1.2 糖化

酶法糖化是利用糖化酶将液化了的糊精及低聚糖进一步水解转化为葡萄糖。糖化酶即葡萄糖淀粉酶，也称α-1,4葡聚糖水解酶。它作用于淀粉分子时，是由淀粉分子非还原性末端开始，逐次将一个一个葡萄糖分子水解下来。它不仅可以水解α-1,4葡萄糖苷键，而且还能水解α-1,6葡萄糖苷键和α-1,3葡萄糖苷键。它可以水解淀粉，也能水解淀粉的产物，最后将全部淀粉水解为葡萄糖。糖化方法的条件根据糖化剂的不同而异，通常糖化的温度控制在56～60℃之间，pH在4～5之间，具体的操作条件应以糖化剂的特点而定。一般糖化时间在22～24h达到糖化高峰，用量决定于酶活力的高低，酶活力愈高，用量愈少；液化液浓度高，加酶量也要适当增多。当淀粉浓度在 30％时，酶量可按 80～100 单位/g 淀粉计算。此外，除了上述的双酶法，酸法、酸-酶法也被应用于淀粉质的糖化。它们各有特点，针对不同的原料和生产的要求可采用适合的方法。

2.2.2　糖化设备

糖化的设备多为罐式设备，以酸法糖化为例，其主要设备为水解罐，材料可采用不锈钢或搪瓷。结构如图 2-9 所示。

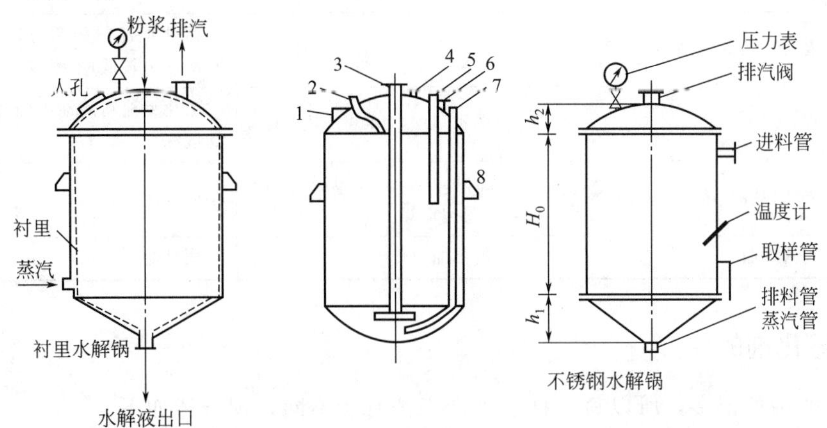

图 2-9　水解罐

1—人孔；2—粉浆入口管；3—加热蒸汽管；4—不凝性气体排出管；5—取样管；6—压力表接管；7—排液管；8—锅耳

酶法水解也可使用水解罐，液化、糖化可同时在其中进行。此外常用的还有管式设备，淀粉乳的液化可以在管子中流动的同时，实现良好的液化。除了管式和罐式设备，喷射液化器也是一种很好的液化设备，它依靠强烈的机械剪切力使受热淀粉液化，不使用催化剂，是一种机械液化法。喷射液化器结构如图 2-10 所示。

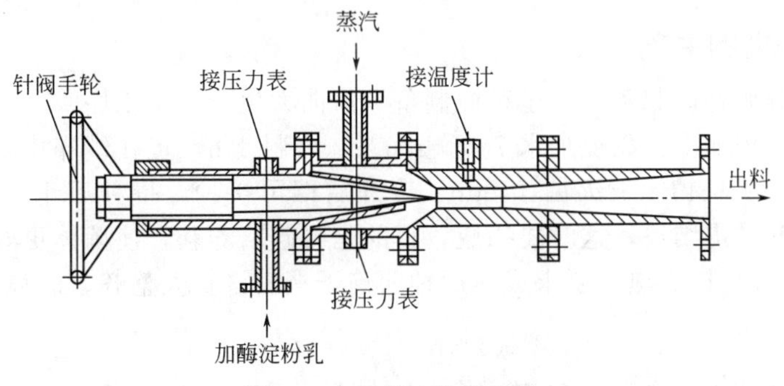

图 2-10　喷射液化器结构

2.3　酒精蒸煮醪的糖化

在酒精工业中，淀粉质原料经蒸煮后，蒸煮醪中淀粉的酶水解过程称为糖化，糖化后得到的醪液称为糖化醪。糖化的主要目的是将醪液中的淀粉水解成葡萄糖等可发酵性糖。糖化过程的另一个目的是在蛋白酶的作用下，使原料中的蛋白质分解成肽类的氨基酸，以保证酵母生长所需要的氮源。

2.3.1 糖化剂的种类

在糖化过程中所用的催化剂叫做糖化剂。糖化剂含有大量能催化糖化过程的酶系统。酒精生产中采用的糖化剂主要有谷芽、麸曲、液体曲和糖化酶等四类见表 2-6。

表 2-6 糖化剂的种类

名称	生产时所用的原料	常用菌种	酶体系的特性
谷芽	大麦、黑麦、黍、玉米等	—	液化型淀粉酶活力较高，糖化型淀粉酶活力较低，不耐酸，糖化深度较浅
麸曲	麸皮	黑曲霉 A_s.3.4309 及其变种	糖化型淀粉酶活力强，酶耐酸，糖化深度深
液体曲	玉米粉，麸皮，黄豆饼粉，酒槽等	黑曲霉 A_s.3.4309，泡盛曲霉、拟内孢霉等	同麸曲
糖化酶	同液体曲	同液体曲	同麸曲

2.3.2 糖化剂的生产

糖化剂的种类很多，所以每一种的生产工艺有所不同，现分述如下。

2.3.2.1 谷芽的生产

谷芽的生产工艺流程为：谷物→精选→浸渍 20 h→发芽 10 天→绿麦芽→磨碎→谷芽乳→糖化车间。

用于谷芽生产的谷物要求出芽率高、淀粉酶增加幅度大。精选除杂后，进行浸渍，其目的是使谷物吸水，同时也洗去尘土和除去漂浮的谷粒及杂质、减少微生物的数量。浸渍时间与品种和水温有关，一般浸渍水温为 20℃左右。整个浸渍过程为 14～20h，浸好的谷物采用地板、发育箱发芽 10 天。谷芽刚露头，发芽过程即告结束（这里对麦芽的要求与啤酒生产用麦芽略有不同）。得到的绿麦芽经粉碎制成麦芽乳，即可用于糖化。但绿麦芽极易败坏，要及时使用。

2.3.2.2 麸曲的生产

麸曲的生产分原种曲制备、帘子种曲制备和麸曲大生产三个工序。

原种曲制备流程如下：麸皮加水 70%～80%，淘料 1 h，包在纱布中，98kPa 压力蒸料 30min 取出装瓶，于 98kPa 下灭菌 40min，冷却后即可接种，接种后于适宜的温度保温培养，一般 16～18h 麸皮结块，这时要扣瓶，目的是打碎培养基，使菌体更好地生长，然后继续保温培养 3～4 天后即成熟，要求成熟后种曲孢子稠密，状大整齐。流程如下：

试管菌种↓
麸皮＋水→搅拌→蒸料→装瓶→灭菌→摇瓶散冷→接种→摇瓶→保温培养→扣瓶→保温→三角瓶原种曲

帘子曲制备的流程如下：麸皮加水可根据原料的吸水情况和气候条件而确定。每公斤麸皮一般加水 110～150kg，使麸皮充分吸水，搅拌后要求水分为 56%～58%，然后料用蒸汽蒸 40～60min，时间不宜过短，否则蒸料不透对曲的质量有影响，但时间也不宜过长，这样容易使麸皮易发黏。蒸料后，扬料冷却至 40℃，接入 0.1%～0.3%的种曲，拌匀后装帘。帘子装料不宜太多，厚度为 1～2 cm 即可，品温 30～31℃，室温保持在 30℃左右。在培养过程中，前期时孢子膨胀发芽，并不发热，需要用室温来维持品温，中期菌丝旺盛生长，大量放热，品温迅速上升，这时可通过倒帘，往墙上和地板上洒水来控制，使品温不超过35～

37℃。前期、中期延续时间大约为 16 h，然后进入保潮期，这时菌丝生长缓慢，出现分生孢子柄和孢子，这时室内温度控制在 30～34℃，品温 37～38℃，必要时可采用蒸汽加热和增湿，也可采用倒帘来保持上下温度的一致，该阶段延续 8～12h。在后期干燥阶段，此时孢子已形成，曲料变色，停止直接蒸汽保潮，改用间接蒸汽加热，并开窗通风干燥。这时室温维持在 34～35℃，品温 36～38℃，该阶段延续 4～8h，整个阶段完后，即得成品种曲。流程如下：

三角瓶原种曲
↓
麸皮＋水→搅拌→蒸料→散冷→接种→上帘堆积→入室培养→摊平→倒帘→划帘两次→第二次倒帘→开窗干燥→种曲

机械通风制曲的流程为：在曲料装入制曲箱之前完全与帘子制曲相同，只是配料不同，配料为麸皮加 10%～15%稻壳加 68%～70%水，堆积水分 48%～50%，曲料接种后堆积 50cm 高，时间 4～5h，使孢子吸水膨胀发芽，然后装箱，料厚 25～30cm，装箱后温度为 30℃，常用的设备为厚层通风曲箱（图 2-11）。曲箱容量一般以盛料 500～1000 公斤为宜，宽度一般为 2m 左右，曲箱一般为半地下式，高出地面 0.4～0.5m，箱底向一端倾斜 8°～10°，称为导风板，起改变气流方向的作用，曲箱假底是篦子（距箱底 0.3～0.5 m）。

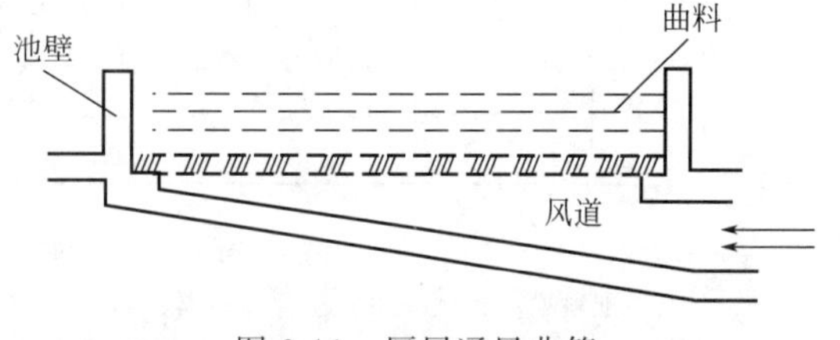

图 2-11　厚层通风曲箱

在通风培养阶段应注意前期、中期、后期的管理。前期为间断通风阶段，这时菌丝幼嫩，呼吸不旺盛，产热量少，应保持室温在 30℃。入箱培养 4h 后，通第一次风，少量长时间通风 50min 左右。当品温上升到 30℃，通第二次风，品温降到 30℃时停风。该阶段延续 10 h 左右。进入中期为连续通风阶段，这时菌丝大量形成，呼吸旺盛，产生大量热，同时料又结块，所以必须连续通风，才能保持品温不超过 40℃，保持在 36～38℃，此阶段延续 10 h 左右。到了后期，菌丝生长衰退，呼吸不旺盛，品温保持 37～39℃，采取降温排潮措施，为了有利于曲的保存，曲的出房水分应在 25%以下。该阶段延续 10h 左右，即制得成品曲。流程如下所示：

帘子种曲
↓
麸皮＋稻壳＋水→拌料→蒸料→扬料→接种→堆积→装箱→静置保温培养→间断通风培养→连续通风培养→成品麸曲

2.3.2.3　液体曲的生产

将曲霉培养在液体基质中，并通气使它生长并产酶，其含酶的培养液称为液体曲，液体曲的生产已实现了机械化、连续化生产。液体曲的工艺过程大致可分为五个系统，分别包括：无菌干燥空气的制备；培养液的调制、杀菌和冷却；曲霉孢子悬液的制备；曲霉菌的深层通风培养；成熟液体曲的输送、保存和使用，其工艺流程如图 2-12 所示。

常见的液体曲所用的原料配方不尽相同，这里列举两例，如配方 I：山芋粉 5.2%，米糠 2%，豆饼粉 1.2%，硫铵 0.16%。配方 2：酒糟废糟粗滤液 96.6%，玉米粉 1.95%，玉米浆 0.6%，硝酸铵 0.5%，碳酸钙 0.2%。培养基经杀菌、冷却后，即可接种，然后进入通风培养，温度控制在 30～32℃，罐压 30～50kPa，风量 1∶0.2～0.3，培养时间 24～36h，上述为种子罐的培养条件，待培养好后，以 5%～10%的接种量接入发酵罐，在发酵过程中温度控制在 30～32℃，通风量 1∶0.3 左右，培养时间为 48 h 左右即成熟。成熟的发酵醪外观似浓厚纸浆，气味清醇，口尝有甜味。

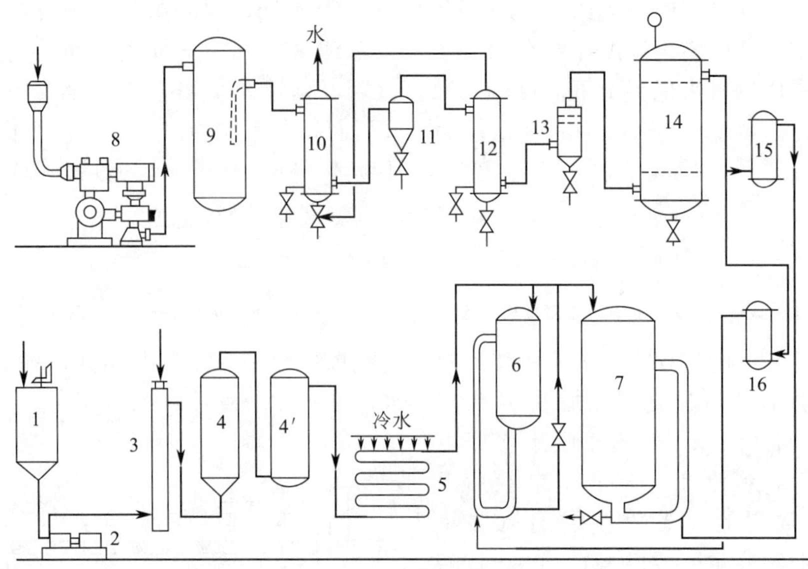

图 2-12　液体曲工艺流程图

1—配料罐；2—泵；3—套管加热器；4，4′—第一、第二后熟器；5—喷淋冷却器；6—种子罐；7—培养罐；8—空压机；9—储存罐；10—冷却器；11—油水分离器；12—第二冷却器；13—储气罐；14—空气总过滤器；15—分过滤器；16—第二分过滤器

2.3.3　蒸煮醪的糖化

糖化过程中，淀粉在淀粉酶的作用下由大分子物质变为可发酵性的糖。同时，此过程中氨基态氮的含量增加 1.5～2.0 倍，这主要是由于蛋白酶的作用使蛋白质水解的结果。另外，其他的一些物质也发生变化。如果胶质和半纤维素在糖化过程中会发生水解作用，其产物因糖化剂的种类而异，有机含磷化合物在磷酸酯酶的作用下会将磷酸释放。糖化工艺又分间歇糖化和连续糖化两种。

2.3.3.1　间歇糖化

它的糖化过程全在糖化锅中进行，工艺流程如下：

糖化锅清洗杀菌→加总量 5%的糖化剂和总容量 5%的水→边搅拌边吹入蒸煮醪→冷却至 62～63℃→加入剩余的糖化剂→保温 58～60℃→静置 30min→冷却至 28～30℃→送发酵车间

糖化剂的用量要适当，一般固体曲用量是原料量的 2%～7%，液体曲是糖化醪量的 10%～20%，糖化时间一般静置进行糖化 30min 即可。间歇糖化这一过程总耗时间冬季要 3h 左右，夏季需要的长一些。糖化锅是糖化工艺中的主要设备，传统的糖化锅结构如图 2-13 所示。

糖化锅的结构参数设计主要有以下几种。

(1) 糖化锅的总容积

$$V=\frac{V_1}{\varphi} \tag{2-1}$$

式中　V_1——糖化醪液量，m^3；

φ——糖化锅的装填系数，0.75～0.85。

底部为球形的糖化锅的容积为：

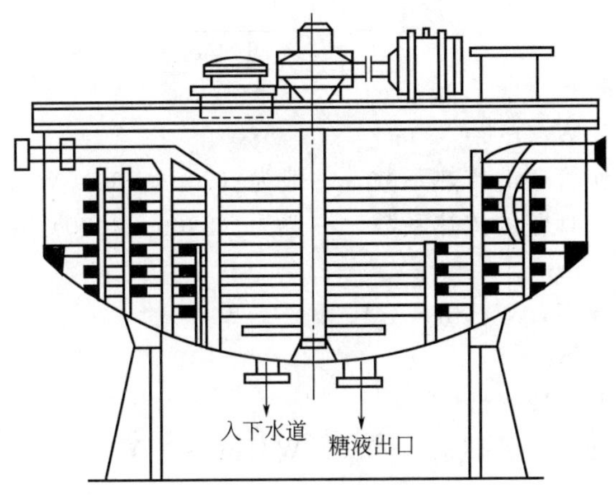

图 2-13　糖化锅

$$V=0.785D^2H+\frac{1}{3}\pi h^2(3r-h) \tag{2-2}$$

底部为圆锥形的糖化锅的容积为：

$$V=0.785D^2H+\frac{1}{3}\pi\left(\frac{D}{2}\right)^2h \tag{2-3}$$

式中　D——圆柱形部分的直径，m；

H——圆柱形部分的高度，m；

h——球形（或锥形）底部的高度，m；

r——底的曲率半径，m。

在设计糖化锅时采用的各种基本尺寸的比例关系可参考下列公式：

$$H=(0.35\sim0.8)D$$

$$h=(0.1\sim0.2)D$$

$$r=\frac{D^2+4h^2}{8h}$$

（2）冷却面积的计算

在计算糖化锅所需冷却面积时，多以糖化后糖液冷至发酵温度所需的冷却面积为代表。冷却面积的计算按传热基本方程式进行，即：

$$F=\frac{Q}{K\Delta t_m} \tag{2-4}$$

式中　F——糖化锅所需的冷却面积，m^2；

Q——通过冷却器传递的热量，W；

K——传热系数，W/(m^2·℃)；

Δt_m——在整个冷却期间内的平均温度差，℃。

ⅰ. 通过冷却器传递的热量 Q（W）

$$Q=GC(T_1-T_2) \tag{2-5}$$

式中　G——被冷却的糖化醪液量，kg/s；

C——糖化醪的比热，J/(kg·℃)；

T_1——冷却开始时糖化醪的温度，℃；

T_2——冷却终了时糖化醪的温度，℃。

ⅱ. 传热系数

$$K=\frac{1}{\frac{1}{\alpha_1}+\frac{\delta}{\lambda}+\frac{1}{\alpha_2}+\frac{\delta_{垢}}{\lambda_{垢}}} \tag{2-6}$$

式中 K——传热系数，W/(m² · ℃)；

α_1——糖化醪对蛇管壁的传热系数，一般为（700～930）W/(m² · ℃)；

α_2——冷却水对蛇管壁的传热系数，一般为（2300～2900）W/(m² · ℃)；

δ——管壁厚度，m；

λ——管子的热导率，W/(m · ℃)；

$\delta_{垢}$——垢的厚度，m；

$\lambda_{垢}$——垢的热导率，W/(m · ℃)。

K 值也可采用经验值，$K=$（350～580）W/(m² · ℃)

ⅲ. 平均温度差 Δt_m

间歇式糖化的糖液冷却过程属于不稳定传热过程，即热量的传递随时间而变，热流体的温度随时间而变，平均温度差 Δt_m 的计算本应按不稳定传热的公式计算，但因其计算复杂，常采用下式近似计算：

$$\Delta t_m=\frac{(T-t_1)-(T-t_2)}{\ln\frac{T-t_1}{T-t_2}} \tag{2-7}$$

式中 T——糖化醪的平均温度,℃；

t_1——冷却水的进口温度,℃；

t_2——冷却水的出口温度,℃。

2.3.3.2 连续糖化

在间歇糖化过程中，糖化的过程在一个设备中进行，因此设备利用率低，且冷却水和动力消耗很大。在连续糖化中，过程在几个设备中连续进行操作，实现了生产的连续化。连续糖化又分为混合冷却连续糖化和真空冷却连续糖化。混合冷却连续糖化是将蒸煮醪和糖化剂连续定量地流入糖化锅，在糖化锅内保持 58～60℃进行糖化。糖化醪连续流入喷淋冷却器，冷却到 28～30℃后进入发酵车间，流程如下：

糖化剂 ↓

蒸煮醪⟶糖化锅⟶泵⟶喷淋冷却⟶发酵车间
（58～60)℃　　（28～30)℃

真空冷却连续糖化是蒸煮醪在进入糖化锅前进入真空冷却器，瞬间冷却到 63℃左右，进入糖化锅与糖化剂混合进行糖化，糖化完的醪液再经冷却送往发酵车间。其流程如下：

二次蒸汽 ↓　　糖化剂(压力为 16.8 ～ 18.1kPa) ↓

蒸煮醪→真空冷却器→闪急冷却至 63℃→糖化锅→糖化（30min）→后冷却 28～30℃→发酵车间

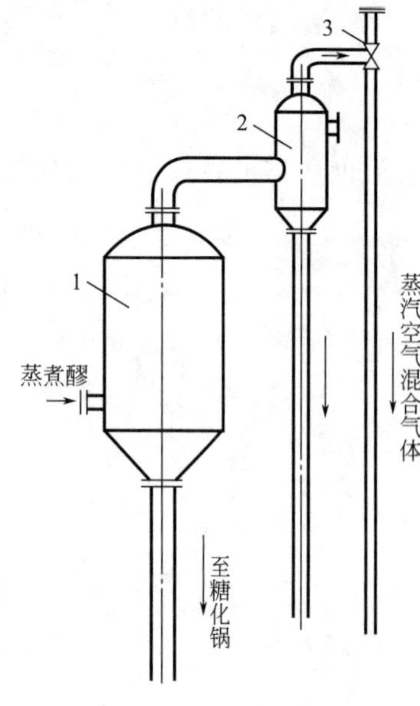

图 2-14　真空冷却器
1—真空冷却器；2—混合冷凝器；3—蒸汽喷射器

常见的真空冷却器可与真空泵和水力喷射泵或蒸汽喷射泵相连。图 2-14 为与蒸汽喷射泵相连的结构。采用蒸汽喷射泵必需与一混合冷凝器相连，这样可把真空冷却器内的二次蒸汽及其他可凝性气体从冷凝器中凝结排出，减少蒸汽喷射器的负荷。采用连续糖化工艺不仅提高了设备的利用率，而且节约了水、电的消耗，大大提高了生产效率。

2.4　麦芽汁的制备

2.4.1　啤酒麦芽汁的制备

在啤酒工业中，麦芽汁的制备也俗称糖化。它是借助麦芽自身的多种水解酶，将淀粉和蛋白质等高分子物质进一步分解成可溶性低分子糖类、糊精、氨基酸、胨、肽等，制成麦芽汁。麦芽汁制备的工艺流程如下。

部分麦芽与辅料大米经粉碎后加水在糊化锅中混合，并升温煮沸糊化。同时麦芽加水在糖化锅内混合，控温 45～55℃，进行蛋白质休止（蛋白质分解），时间在 30～90min 内，将糊化锅中的糊化醪泵入糖化锅，使其温度达到糖化温度 65～68℃，保温进行糖化。待糖化醪无碘色反应后，从糖化锅中取出部分醪液进入糊化锅再次煮沸，然后泵入糖化锅升温至 75～78℃，该温度为液化温度，保温 10min 进行过滤。

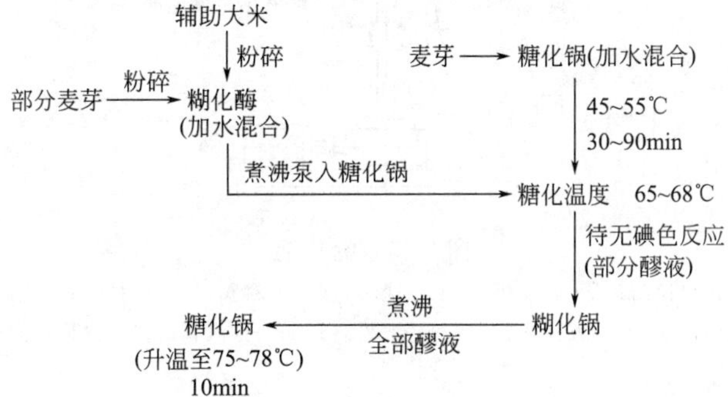

2.4.2　糖化设备

糖化锅与糊化锅是麦芽汁制备的主要设备，它们的结构相似，参见图 2-15。糖化锅为一立式圆柱形，底部似球形，具有蒸汽夹套，在靠近锅底处，设有浆式搅拌器，锅底下装有两个出料阀，可分别将母液输送至糊化锅或过滤槽。锅盖上设两个人孔拉门，锅盖顶部设有排汽管，排汽管根部有环形槽，以收集沿排汽管壁流下来的冷凝水，顶上设有风帽，防止飞鸟进入及风雨倒灌，同时锅盖上装有下料筒和冷热水进口。糖化锅的材料锅身最好用不锈钢，锅底内层及锅顶最好用紫铜板或全部采用不锈钢板。

（1）糖化锅的容积

当为球缺形底时

$$V=V_1+V_2=\frac{\pi}{4}D^2H_1+\pi H_2\left(\frac{D^2}{8}-\frac{H^2}{6}\right) \tag{2-8}$$

式中　V——糖化锅的全容积，m^3；

V_1——圆柱部分的容积，m^3；

V_2——球缺部分的容积，m^3；

D——圆柱部分直径，m；

H_1——圆柱部分高度，m；

H_2——球缺高度，m。

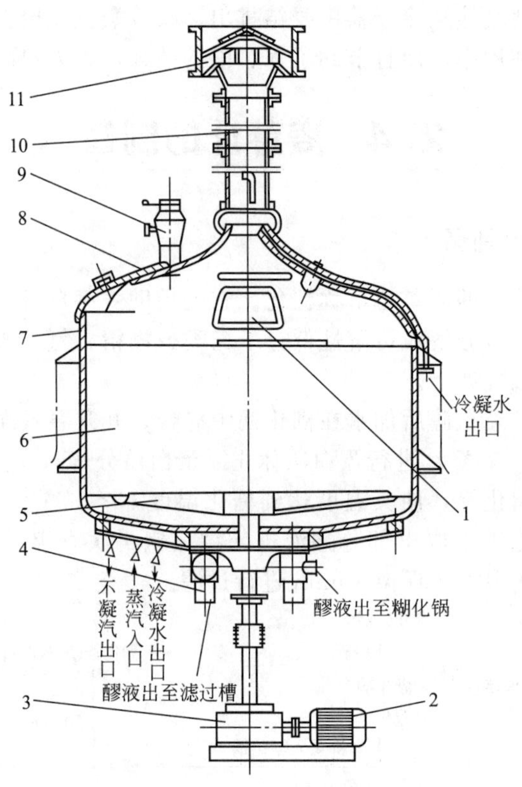

图 2-15　糖化锅

1—人孔单拉门；2—电动机；3—减速箱；4—出料阀；5—搅拌器；6—锅身；7—锅盖；8—人孔双拉门；9—下粉筒；10—排汽管；11—筒形风帽

当为椭球形底时

$$V=V_1+V_2'=\frac{\pi}{4}D^2H_1+\frac{\pi}{4}D^2H_2' \tag{2-9}$$

式中　V_2'——椭球部分容积，m^3；

H_2'——椭球部分高度，m。

有效容积

$$V_{有}=\frac{\pi}{4}D^2(H_1-0.5)+\frac{\pi}{6}D^2H_2' \tag{2-10}$$

这里有效容积在人孔门边以下 500mm 计算。

(2) 结构尺寸

升气管截面积为液体蒸发面积的 1/50～1/30，糖化锅的直径与圆柱高度的关系为 $D/H=2$。加热面积根据传热学的内容，计算出加热部分的传热系数，再由醪液由 70℃升温到 100℃时所需的热量以及传热温度差，可计算出传热面积。

2.5　柠檬酸生产原料的液化

柠檬酸生产原料的液化是利用了黑曲霉糖化酶能力强的特点，即淀粉的液化由外加酶完成，而后继的糖化是发酵菌种（黑曲霉）自身完成，液化法分间歇法和连续法两种。

2.5.1　间歇法

间歇液化和液化后的灭菌都直接在生产罐内进行，工艺流程如下：

$$\text{薯干}\rightarrow\text{粉碎}\xrightarrow{\text{水}}\text{拌料桶}\rightarrow\text{网式过滤器}\rightarrow\underset{}{\overset{CaCl_2\text{，淀粉酶}\downarrow}{\text{发酵罐}}}\rightarrow\text{升温灭菌}\rightarrow\text{通风冷却}\rightarrow\text{接种}$$

薯干等原料先经锤式粉碎机粉碎后，要求通过 40 目筛子，称量薯干粉加 3.5～4 倍重量的水在搅拌桶内拌匀，经网式过滤器过滤后送入发酵罐。然后在搅拌下升温，同时加入 α-淀粉酶和 $CaCl_2$，两者均先用 50℃左右的热水溶化均匀，升温至 85～90℃维持 20～30min 进行液化，液化 20～30min 后，用碘液检测不显蓝色或微蓝色为止，液化完毕后，通入蒸汽灭酶灭菌，待冷却后，即可用于发酵。

2.5.2　连续液化法

其通常与连续灭菌系统相连，其工艺流程如图 2-16 所示。

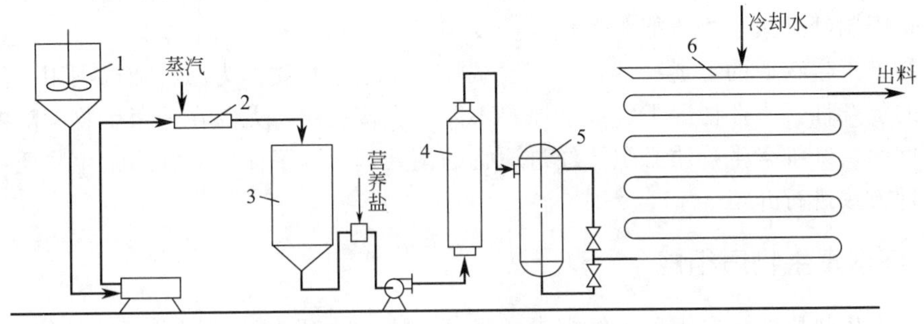

图 2-16　连续液化灭菌工艺流程

1—拌料桶；2—喷射加热器；3，5—维持罐；4—连消塔；6—喷淋冷却器

在液化设备中主要的设备为喷射加热器，其结构可参考图 2-10。原料同样经搅拌后，同时加入 α-淀粉酶，通过泥浆泵打入喷射加热器，与蒸汽混合升温至 80～85℃，控制进蒸汽压力维持在 0.3～0.4MPa，升温后进入维持罐，在其中保温 20～30min，完成液化。连续灭菌将在第 3 章详述。

2.6　纤维素类生物质原料处理

近年来，大力开发利用可再生生物质资源，减少化石能源消耗，保护生态环境，减缓全球气候变暖，共同推进人类社会可持续发展，已成为世界各国的共识。生物质作为生物质能的载体，主要来源于植物，是包括通过光合作用而形成的各种有机体的总称。生物质资源是人类最早用来获取能源的物质，作为一种可再生资源，其所含能量源自太阳能，也是唯一可再生的碳资源，可转化成常规的固态、液态和气态燃料以及其他化工原料或产品。据预测，在理想状况下，地球上生产生物质的潜力可达到现实能源消费的 180～200 倍。纤维素生物质主要指各种植物残体及其利用过程产生的固体废弃物，主要包括农作物纤维下脚料、森林和木材加工工业下脚料、工厂纤维和半纤维下脚料和城市废纤维垃圾等。利用这些可再生的纤维素生物质资源，可以开发生产出许多重要的化工产品和清洁能源。纤维素生物质主要包括以下特点。

ⅰ. 蕴藏量巨大。数量巨大、种类繁多的植物为人们提供了大量的纤维素生物质资源。地球上只要有阳光的照射，绿色植物的光合作用就可以进行，纤维素生物质就可以循环再生。

ⅱ. 具有普遍性、易取性。几乎不分国家和地区，随处存在，其来源广泛，易于获得，尤其是大量的农林废弃物提供了廉价易得的原料来源。

ⅲ. 具有清洁性。与化石矿物能源比较，它的硫含量和灰分都较少。如果能够科学合理的加以应用，纤维素生物质的使用不仅不会污染环境，还可以作为清洁能源，实现二氧化碳的“零排放”。

ⅳ. 纤维素生物质组分高、碳活性高、易燃。在400℃左右的温度下，大部分挥发组分可释放出来，而煤在800℃时才释放出30%左右的挥发组分。因此，将纤维素生物质转化成气体燃料较易实现。

ⅴ. 是可以储存与运输的能源，因此其使用范围较广，受地理环境的影响也相对较小，这对其加工转化以及连续使用带来了方便。

ⅵ. 能量密度较低，是低品味能源，且重量轻、体积大，这给原料的运输和储存带来不便。这也是限制纤维素生物质能源大规模开发利用的不利因素。

基于纤维素生物质的上述特性，人们尝试将纤维素生物质作为原料加以利用。然而，由于其结构的复杂性，多数情况下纤维素原料不能被直接利用，尤其在采用生物发酵的方式进行转化利用时，纤维素生物质必须要经过适宜的预处理。以下简要对纤维素生物质组成及常见的预处理方法进行介绍。

2.6.1 纤维素生物质组成

纤维素素生物质的主要组分为纤维素、半纤维素和木质素。不同种类的纤维素生物质，三种主要成分的比例不同。上述组成成分，由于化学结构的不同，其反应特性也不同。通常，纤维素是最大的组成部分，占纤维素生物质总质量的40%～50%，半纤维素大约占20%～30%，木质素约占20%～30%。因此，根据生物质的组成特性选择相应的能量转化方式十分重要。

纤维素是天然高分子化合物，是由很多D-吡喃葡萄糖彼此以β-1,4糖苷键连结而成的线形巨分子。纤维素大分子的葡萄糖基的连接都是β糖苷键连接。由于糖苷键的存在，使纤维素大分子对水解作用的稳定性降低。在酸或高温与水作用，可使糖苷键断裂，纤维素大分子降解。纤维素的化学组成主要由碳44.44%、氢6.17%、氧49.39%三种元素组成。纤维素的化学式为（$C_6H_{10}O_5$）$_n$，这里的n为聚合度，表示纤维素中葡萄糖单元的数目，其值一般在3500～10000，它的分子量可达几十万，甚至几百万。

半纤维素不像纤维素那样，仅有D-葡萄糖基相互以β（1-4）连接方式形成直链结构的均一聚糖的单一型式。半纤维素既可成均一聚糖也可成非均一聚糖，还可以由不同的单糖基以不同联接方式连接成结构互不相同的多种结构的各种聚糖，故半纤维素实际上是一群共聚物的总称。在植物细胞壁中，它位于许多纤维素之间，好像是一种填充在纤维素框架中的填充料。凡是有纤维素的地方，就一定有半纤维素。半纤维素分别含有一至几种糖基，如D-木糖基，D-甘露糖基与D-葡萄糖基或半乳糖基等构成的基础链，而其它糖基作为支链连接于此基础链上。通常大部分植物细胞壁模型中纤维素和半纤维素之间没有共价键作用，一般认为，半纤维素（如木聚糖）与纤维素微细纤维之间以氢键连接。半纤维素的某些部分可以相互作用，而其他部分却与纤维素紧密结合。

木质素简称木素，是一类由苯丙烷单元通过醚键和碳-碳键连接的复杂的无定形高聚物。由于木质素的结构非常复杂，至今还没有将各种木质素的详细结构研究清楚。近年来，已提出了十几种结构模型，尤其是通过计算机的辅助分析，提出的结构模型更趋合理。木质素和半纤维素一起作为细胞间质填充在细胞壁的微细纤维之间，在纤维素周围形成保护层，加固木化组织的细胞壁，也存在于细胞间层把相邻的细胞粘结在一起。木质化的细胞壁能阻止微生物的攻击，增加茎干的抗压强度。木质素中氧含量低，能量密度（27MJ/kg）比纤维素（17MJ/kg）高，水解中留下的木质素残渣常用作燃料。

2.6.2　酸水解法

酸水解可分为浓酸水解和稀酸水解两种方法。浓酸水解是纤维素在较低的温度下可完全溶解于 72%的硫酸、42%的盐酸和 77%～83%的磷酸中，导致纤维素的均相水解，转化成含几个葡萄糖单元的低聚糖，将此溶液加水稀释并加热一定时间，低聚糖即水解为葡萄糖，并得到较高的收率。

浓酸水解的过程通常在 100℃以下，这种温度条件下，单糖不会发生进一步分解，因此可以得到很高的单糖产率。浓酸水解时，纤维素生物质中的多聚糖首先受到酸的侵入而发生润胀，纤维素在硫酸浓度达到 50%～55%以上时开始润胀，而在盐酸中浓度达 37%以上时开始润胀，半纤维素在较低酸浓度时即会发生快速润胀。温度对多聚糖的润胀密切相关，一般纤维素在 22～25℃时润胀最大。木质素对多聚糖的润胀和溶解均有抑制作用。多聚糖的无限润胀即发生溶解。硫酸浓度高于 62%时，纤维素开始溶解，半纤维素在酸浓度高于 50%～55%时开始溶解。盐酸中，纤维素和半纤维素的溶解浓度分别为 39%和 35%～36%，纤维素在磷酸中溶解存在两个浓度范围，分别为 82%～84%和 92%～97%。浓酸水解的特点是纤维素生物质原料中的多聚糖首先形成易水解状态，然后在较低温度下转变为单糖，水解液的糖浓度和纯度均较高，且得率较大。整个过程能耗不大，可以在常压下进行。浓酸水解工艺中，酸浓度和温度是影响糖收率最重要的影响因素，酸固比（硫酸与纤维素原料的比例）也是必须考虑的重要因素之一。糖收率一般随着酸固比的增加而增加，而糖浓度却随着酸固比的增加而递减。高酸固比可以使反应更充分，酸固混合更均匀。但高酸固比意味着大的酸耗，也降低了水解液中的糖浓度，增加了后续工段的能耗。而当酸固比过小时，纤维素生物质浓硫酸混合时会出现溶胀和结块，甚至发生搅拌困难。阻止了酸向纤维颗粒内部的渗透，使转化不完全。在工业生产中，可在不会大幅度降低转化率的前提下适当降低酸固比。

20 世纪 70 年代至 80 年代，有关稀酸水解系统的模型和新工艺成为研究热点。进入 90 年代，新型的水解工艺和设备层出不穷。稀酸水解近年来已经成为纤维素生物质水解的主要方法之一。稀酸水解指用 10%以内的硫酸或盐酸等无机酸为催化剂将纤维素、半纤维素水解成单糖的方法，水解温度 100～240℃，压力高于液体饱和蒸气压，一般高于 10 个大气压。由于水解温度高，纤维素生物质稀酸水解后形成的单糖，能够随着反应时间的延长被继续转化，最终转入水解液中的有机复合物成分会变得非常复杂，水解的产物主要包括：碳水化合物-低聚糖和单糖（D-葡萄糖、D-甘露糖、D-半乳糖、D-木糖、阿拉伯糖、L-鼠李糖）；糖醛酸（D-葡萄糖醛酸和 D-半乳糖醛酸及其 4-O-甲酯）；呋喃衍生物（糠醛、5-羟甲基糠醛、5-甲基糠醛，及其缩聚产物）；有机酸（乙酸、甲酸、乙酰丙酸、α-酮戊二酸、马来酸、富马酸、琥珀酸等）。

稀酸水解相比于浓酸水解具有酸用量少，水解效率高的优点。但稀酸水解通常在较高的温度和压力下进行，故对设备的要求比较严格。近年来，随着材料技术发展，新型抗腐蚀、耐高温、高压材料的不断涌现，为稀酸水解法解决了设备材料的问题。另外在水解反应器上也取得了很大的突破，采取固定式、活塞流式、渗滤式、并流式和逆流式等水解反应器也取得了较好的结果。稀酸水解法是目前研究最广泛、最有效的木质纤维素预处理方法之一。与其他预处理方法相比，稀酸法不仅可以破坏原料中纤维素的晶体结构，使原料变得疏松；而且可以有效地水解半纤维素，节省了半纤维素酶的使用，从而使生物质原料得到充分利用。因此采用稀酸法作为酶水解的预处理工艺，可以将酸水解和酶水解两者有机结合起来，达到优势互补。

目前，一些新型的酸水解方法也成为研究的热点。极低酸水解法是以酸浓度为 0.1%以下的酸为催化剂，在较高温度下（200℃以上）进行纤维素生物质水解的方法。该方法具有：对设备腐蚀性小、污染小、反应废弃物处理成本较低的特点，是一种绿色化学工艺。但该法也存在：反应条件苛刻、生成产物较难控制、易产生影响后续发酵过程的降解物的一些不足。为了克服液体酸的不足，近年来人们尝试开发用固体酸代替液体酸的环境友好酸催化反应和工艺。固体酸是具有给出质子或接受电子对能力的固体。与液体酸相比，固体酸催化在工艺上容易实现连续生产，不存在产物与催化剂分离及对设备的腐蚀等问题。

2.6.3 酶水解法

纤维素生物质的酶水解就是利用微生物分泌的纤维素酶作为催化剂，使纤维素加水分解的过程。自 20 世纪 80 年代以来，由于分子生物学的发展及生物工程技术的兴起，纤维素酶的研究出现了新的前景。纤维素酶水解比酸水解有许多的优越性，如：设备简单，无需耐酸、耐压、耐热，可在常温下反应，水解副产物少，糖化得率高，不产生有害发酵物质，可以和发酵过程耦合。但是由于木质纤维素致密的复杂结构及纤维素结晶的特点，需要采用合适的预处理方法。

纤维素酶是指能够降解纤维素生成葡萄糖的一组酶的总称，是由三类起协同作用且具有不同催化反应功能的酶组成的多酶体系，根据其催化功能的不同将其分为：Cx 酶，又称葡聚糖内切酶、内切型纤维素酶（endo-1.4-β-D，glucanase，EC 3.2.1.4，来自真菌的简称 EG，来自细菌的简称 Len），这类酶作用于纤维素内部的非结晶区，随机水解 β-1，4 糖苷键，将长链纤维素分子截短，产生大量带非还原性末端的小分子纤维素。Cx 酶分子量介于 23～146 ku 之间；C1 酶，又称葡聚糖外切酶、外切型纤维素酶、纤维二糖水解酶（exo-1.4-β-D-glucanase，EC 3.2.1.91，来自真菌的简称 CBH，来自细菌的简称 Cex），这类酶作用于纤维素线状分子末端，水解 1，4-β-D 糖苷键，每次切下一个纤维二糖分子，故又称为纤维二糖水解酶（cellobiohydrolase），C1 酶分子量介于 38～118 ku 之间；β-葡萄糖苷酶（β-1.4-glucosidase，EC 3.2.1.21，简称 BG），这类酶一般将纤维二糖水解成葡萄糖分子，β-葡萄糖苷酶分子量约为 76 ku。这三类酶均具有专一性，但能相互协调，在这三类酶的协同作用下，将纤维素最终降解成为葡萄糖。

工业用的纤维素酶制剂中通常还含有许多半纤维素酶，包括木聚糖酶、木糖苷酶、甘露聚糖酶、甘露糖苷酶、阿拉伯糖苷酶、阿魏酸酯酶、淀粉酶和蛋白酶等。纤维素酶制剂可以分离纯化出几十种蛋白多半都与纤维素降解有关。单一的酶系组分不能独立完成对天然木质纤维素底物的最终降解，把天然木质纤维素底物降解为葡萄糖等单糖，必须在几类纤维素酶系组分的共同作用下才能完成。里氏木霉生产的纤维素酶虽然含有大量的外切葡聚糖酶，但是其酶系中的 β-葡萄糖苷酶的活性太低，从而抑制了它的内切和外切酶的活性，降低了纤维素的转化率和水解速度。实验证明，在里氏木霉纤维素酶中添加适量的β-葡萄糖苷酶可以大大提高纤维素酶降解纤维素的效率和速度，提高葡萄糖转化率。在纤维素酶水解过程中，高浓度的木聚寡糖会抑制纤维素酶的活性。而增加酶系中木聚糖酶和木糖苷酶的比例可以减少这种抑制，提高纤维素转化率。

影响纤维素分子降解的两个主要因素是纤维素晶体结构和其周围的木质素，破坏木质素保护层和改变纤维素的晶体结构都可促进纤维素的降解。因此，纤维素生物质在酶水解前，必须进行原料的预处理。目前，常见的纤维素原料的预处理方法包括化学法（碱处理、酸处理、氧化处理、有机溶剂处理、离子液体处理等）、物理法（机械粉碎、液态热水、热解法、高能辐射、微波处理等）、物理化学结合法（蒸汽爆破法、氨纤维爆裂法、CO_2爆裂法等）。

2.6.4　蒸汽爆破法

近年来，利用蒸汽直接进行纤维素生物质的水解的“蒸汽爆破法”备受关注。蒸汽爆破是在高温、高压下将原料用水或水蒸气处理一段时间后，立即降至常温、常压的一种方法。通过汽爆物料组分的化学分解、机械分裂和结构重排等多重作用，实现纤维素原料组分分离和结构变化，提高纤维素对酶和化学试剂的可及性。蒸汽爆破法的特点是：可有效分离出活性纤维，转化率高达 90%，并且不用或少用化学药品，对环境无污染 。能耗较低，可以间歇也可以连续操作，被视为提高木质生物资源酶可及性的有效手段之一。但蒸汽爆裂操作涉及高压装备，投资成本较高。连续蒸汽爆裂的处理量较间歇式蒸汽爆裂法有增加，但是装置更复杂，投资成本大为增加。

蒸汽爆破时，高压蒸汽渗入纤维内部，以气流的方式从封闭的孔隙中释放出来，物料在膨胀气体冲击波的作用下发生多次剪切变形运动，使纤维发生一定的机械断裂，同时物料内的高压液态水迅速暴沸形成闪蒸，对外做功，使物料从胞间层解离成单个纤维细胞。高温高压加剧了纤维素内部氢键的破坏和有序结构的重排，游离出新的羟基，增加了纤维素的吸附能力，也促进了半纤维素的水解和木质素的转化。在给定的汽爆处理压力下，木糖与葡萄糖达到最高得率所需要的预处理时间并不相同，并且木糖比葡萄糖先达到最高得率。类似的，木糖和葡萄糖的最高得率所需预处理温度（压力）也不同，通过这种差别实现了纤维素和半纤维素的分离。

影响蒸汽爆破预处理的因素有蒸爆处理强度、原料的预浸、物料大小以及物料湿度等。处理强度指饱和蒸汽温度和维压时间的协同效应，它对预处理效果有着直接的影响，利用饱和蒸汽对原材料进行预处理，能够增大残留固相物的内孔面积，使大部分半纤维素发生自水解，这些都有助于提高后续纤维素酶的酶解率。原料预浸也有利于蒸汽爆破的效果。预浸的主要目是：提高水蒸气的渗入强度，软化纤维，减少汽爆的处理强度，减少还原糖的降解。常用的预浸处理试剂是碱液（$NaOH$、Na_2CO_3，$NaHCO_3$，Na_2SO_3）、水及稀酸溶液。碱液能使纤维素发生较大程度的润胀，半纤维素部分脱乙酰基并部分渗出，纤维素新羟基的形成可以提高对水的吸附。稀硫酸作为预浸试剂，有利于提高半纤维素的水解和木质素醚键的断裂。水也是一种润胀剂，许多非纤维素组分可溶于水。物料大小与物料湿度对蒸汽爆破效果也有着重要的影响。粒径小的物料表面积大，传热阻力小，在同等处理强度下，高压蒸汽渗透速率快，受热程度较均匀。但粒径过小并不适宜进行蒸汽爆破预处理，这是因为受热程度太过剧烈会导致更多木糖和阿拉伯糖的降解以及糠醛等抑制物的产生，而且过小的物料颗粒粉碎时能耗大。增加物料湿度，有利于蒸爆物料充分溶胀，避免局部过热引起的碳水化合物降解和抑制物的产生。但湿度过高（>30%）会降低蒸爆的效果。这是因为多余的水分子会占据原料内部的空隙，阻止高压蒸汽的渗入，不利于爆破处理，类似于原料的孔隙度对蒸汽爆破的影响。另外，不同种类的纤维原料，因其化学组分中纤维素、木质素、半纤维素及其他组分的含量不同导致水蒸气渗入纤维内部的程度不一样以及纤维中纤维素黏结程度的差异，这都影响蒸汽爆破处理的效果。此外，单独使用汽爆技术对木质纤维素原料进行预处理时，难以达到预定效果，往往需要采用不同方法的组合。常见的组合蒸爆技术是先采用机械破碎，再进行蒸爆处理，然后用酸或碱处理。还有机械破碎-蒸汽爆破-有机溶剂处理法、机械破碎-蒸汽爆破-离子液体处理法、机械破碎-蒸汽爆破-湿氧处理法等。组合蒸爆技术能针对不同的木质纤维素原料，综合几种单一预处理方法的优点，可实现纤维组分的分离和木质素的脱除，显著提高酶水解效率。

第3章 工业培养基的配制与灭菌

3.1 培养基的配制

3.1.1 培养基的类型

培养基是按照微生物生长和繁殖或积累代谢产物所需要的各种营养物质，用人工的方法配制而成的营养基质。不同微生物其细胞组成不同，所需的营养基质不同，而且培养微生物的目的不同，营养物质的来源也不同，所以对培养基的配制要求就不同。培养基成分和配比合适与否，对微生物生长发育、物质代谢、发酵产物的积累以及生产工艺都有很大的影响。良好的培养基配比可以充分发挥菌种的生物合成能力，以达到良好的生产效果；相反，若培养基成分、配比或原料不合适，则菌种生长及发酵的效果较差，所以在发酵工业生产上必须重视培养基的组成。

由于微生物种类不同，所需的培养基也有所不同，即使同一菌种，出于使用目的不同，对培养基的要求也完全不一样。依培养基物质的来源，培养基可分为合成培养基、天然培养基和半合成培养基。根据使用目的又可分为基础培养基、增殖培养基、鉴别培养基、选择培养基等。根据状态划分为固态、半固态、液体培养基。在生产中又分为孢子、种子和发酵培养基等。

3.1.1.1 根据营养物质的来源不同分类

① 天然培养基　天然培养基是利用含有丰富营养的天然有机物质制成的培养基质，又称为综合培养基。天然培养基配制方便，营养丰富，而且经济，适合于异养微生物生长。常用的物质有牛肉膏、酵母膏、麦芽汁、豆芽汁、马铃薯、胡萝卜、麸皮、玉米粉、花生粉等。但天然培养基的缺点是它们的具体成分不清楚，不同的生产单位或同一单位不同批次所提供的成分也不稳定，因而不适合某些实验的要求。

② 合成培养基　指利用已知成分和数量的化学药品配制而成的培养基。这类培养基适合于定量工作的研究，重复性好，但一般微生物在合成培养基上生长缓慢。

③ 半合成培养基　是指以天然有机物为碳源、氮源和生长因子，并适当加入一些化学药品而配制成的培养基。这种培养基在生产和实验室中使用，大多数微生物都能在此类培养基上生长。

3.1.1.2 按培养基的用途分类

① 基础培养基　营养要求相似的微生物，所需要的营养除几种外，绝大多数是共同的。

因此可制成这些微生物营养所共同需要的一种培养基，即基础培养基。然后根据这些微生物中某些菌株的特殊要求，在基础培养基中补加该菌株所需的一种或几种特殊物质。例如细菌营养缺陷型菌株用的基础培养基成分见表 3-1。

表 3-1 细菌营养缺陷型菌株用的基础培养基成分

K_2HPO_4	30 g	KH_2PO_4	10 g
NH_4NO_3	5 g	Na_2SO_4	1 g
$MgSO_4 \cdot 7H_2O$	100 mg	$CaCl_2$	5 mg
$FeSO_4 \cdot 7H_2O$	10 mg	$MnSO_4 \cdot 4H_2O$	10 mg
水	1000 g		

配好后放置冰箱中备用，使用时把基础培养液稀释 10 倍，并加入 1% 葡萄糖，然后依据该菌的营养缺陷型加入一定量（如 5μg/ml）所缺陷的生长素，调整 pH 值，灭菌使用。

② 增殖培养基 增殖培养基是根据欲分离的微生物对营养的要求而专门设计的一种培养基。此培养基适合某种微生物生长而不适合其他微生物生长，因而能达到分离某些微生物的目的。增殖培养基又称为加富培养基，此培养基一般是在普通培养基内加入某些特殊的营养物质，使某种微生物在其中生长比其它微生物迅速，逐渐淘汰掉其他各种微生物。例如，纤维素酶生产菌种筛选所用的增殖培养基成分见表 3-2。

表 3-2 纤维素酶生产菌种筛选所用的增殖培养基成分

K_2HPO_4	2 g	$(NH_4)_2SO_4$	1.4 g
$MgSO_4 \cdot 7H_2O$	0.3 g	$CaCl_2$	0.3 g
$FeSO_4 \cdot 7H_2O$	5 mg	$MnSO_4$	1.6 mg
$ZnCl_2$	1.7 mg	$CoCl_2$	2 g
纤维素粉	20 g	琼脂	20 g
水	1000 g	pH	5.5

若不加纤维素粉和琼脂，把上述培养液装入试管后，再放入一条 4～5cm 长，0.5 cm 宽的滤纸条，滤纸条一部分露出液面，就成为滤纸条培养基。这里纤维素粉或滤纸条作为唯一碳源，不能利用纤维素作为碳源的微生物便不能于其中生长繁殖。增殖培养基的选择性是相对的，在这种培养基中生长的微生物并非一个纯种，而是营养要求相同的一类微生物。但出于它们对环境的要求不一样，如好气性、温度、渗透压等，因此利用增殖培养基分离和培养微生物时，必须同时考虑培养基的组分和培养条件两方面的因素，才能达到预期的效果。

③ 鉴别培养基 在普通培养基中加入某种试剂或制品，微生物经培养产生某种代谢产物，可与培养基中特定的试剂或药品产生某种明显的特征变化来区分微生物，这种培养基称为鉴别培养基，例如区分大肠杆菌和产气好气杆菌可采用伊红-甲基蓝培养基，见表 3-3。

表 3-3 伊红-甲基蓝培养基成分

蛋白胨	10g	2%水溶伊红液	20mL
K_2HPO_4	2g	0.325% 水溶甲基蓝液	20mL
乳糖	10g	琼脂	15g
蒸馏水	1000g		

其中，伊红为酸性染料，甲基蓝为碱性染料。当大肠杆菌或产气好气杆菌分解乳糖生酸时，细菌带阳电，所以染上伊红。大肠杆菌呈紫黑色且有金属光泽，菌落小；而产气好气杆菌呈灰棕色，菌落大，湿润。不分解乳糖的细菌则不着色，有时因产碱性物质较多，细菌带阴电，染上甲基蓝，因而成为蓝色菌落。

④ 选择培养基　这是根据某些微生物对一些物理、化学物质的抗性而设计的一种培养基，在培养基内加入某种化学物质以抑制不需要菌的生长，而促进某种需要菌的生长，这样一类的培养基称为选择培养基，采用适宜的选择培养基能自混杂有多种微生物的基质内分离和鉴定所需的微生物。如在分离放线菌时，于培养基中添加 10% 数滴酚，可抑制细菌和霉菌的生长，在培养基中加有 1：（2000～5000）浓度的结晶紫，能抑制大多数革兰氏阳性细菌的生长，在分离酵母菌和霉菌时，在培养基中加氯霉素、青霉素等可以抑制细菌的生长。

3.1.1.3　按培养基的状态分类

根据培养基的状态分为固体、半固体和液体培养基。固体培养基一般是在液体培养基中加入某种胶凝剂，如琼脂，明胶等，使之转为固体形式。半固体培养基中则含少量的凝固剂，一般常用的凝固剂有琼脂、明胶和硅胶三种，较理想的凝固剂应具备以下几点：

ⅰ. 不被微生物液化分解和利用；

ⅱ. 在微生物生长温度范围内能保持固体状态；

ⅲ. 凝固剂的凝固温度对微生物无害；

ⅳ. 凝固剂不会因培养基灭菌而被破坏；

ⅴ. 透明度好，黏着力强，且配制方便，价格低廉。

从以上这些条件在目前所知的凝固剂以琼脂最理想，其常用浓度为 1.3%～2%，熔点 96℃，凝固点为 40℃。

3.1.1.4　按生产上的用途分类

① 孢子培养基　孢子培养基是供菌种繁殖孢子的一种常用的固体培养基。这种培养基的要求是能使菌体迅速生长，产生较多优质孢子并不易引起菌种发生变异。

② 种子培养基　种子培养基是供孢子发芽、生长以及大量繁殖菌丝体，并使菌体长得粗壮，各种有关的初级代谢酶的活力提高。

③ 发酵培养基　发酵培养基是供菌种生长、繁殖和合成产物。它既要使种子接种后能迅速生长达到一定的菌丝浓度，又要使长好的菌体能迅速合成所需的产物，因此发酵培养基的组成除有菌体生长所必需的元素和化合物外，还要有产物所需的特定元素、前体和促进剂等。

3.1.2　培养基的配制原则

配制培养基的详细方法可查阅有关实验手册，但目前还不能完全从生化反应的基本原理来判断和计算出适合某一菌种的培养基配方。尽管用于发酵工业的培养基配制缺乏一定的理论性，但近百年来发酵工业的不断发展和相关学科的发展，为我们提供了丰富的经验和理论依据，在配制时应注意以下原则。

（1）营养成分的恰当配比

培养基一般包括碳源、氮源、无机元素和生长素，以满足微生物生长的需要，但各组分要有适当的比例。其中培养基中碳氮比对微生物生长繁殖和产物合成的影响极为明显，若氮源过多，会使菌体生长过于旺盛，pH 值偏高，不利于代谢产物的积累；氮源不足，则菌体生长过慢，从而影响产量。若碳源供应不足，则易引起菌体的衰老和自溶。碳氮比不当会影响菌体的生长，而且直接影响产物的形成。微生物在不同的生产阶段，对碳氮比的最适要求也是不一样的，一般工业发酵培养基的碳氮比约为100：0.2～2.0，但在谷氨酸发酵中，碳氮比要相对高些达100：15～21，若碳氮比为100：0.5～2.0，则只长菌体而不合成谷氨酸，所以不同菌种、不同发酵产物所要求的碳氮比是不同的，即使同一菌种在不同的阶段其碳氮比值也是不同的。这要经过生产实践的不断摸索，以求得到恰当的比例。无机元素中，磷、硫、镁、钾的需要量较大，常以盐类的形式供给。微量元素在一般使用的牛肉膏、蛋白胨等中含有，除特别需要，一般不另外供给。

（2）控制培养基的pH值

因为各类微生物生长的最适pH值不尽相同，为了满足培养微生物的要求，必须控制培养基中的pH值，一般来讲，霉菌和酵母适于微酸性，放线菌和细菌适于中性或微碱性，为此培养基配好后，若pH值不符合要求，必须加以调整。有些微生物在生长和代谢过程中，由于营养物质的利用和代谢产物的形成，会改变体系的pH值。为了维持培养基的pH值，应以菌体对各营养成分的利用速度来考虑培养基的组成成分，同时一般应加入缓冲剂。例如培养某些产酸菌如乳酸菌，常于培养基中加$CaCO_3$，它能中和乳酸菌产生的酸。值得注意的是，经过高压灭菌后会使pH值有所改变，必须经过实验确定培养基灭菌前应调节的pH值。

（3）培养基成分的浓度

培养基中各成分的含量往往是根据经验和摇瓶或小罐实验结果来决定的，但在大规模工业发酵时要综合考虑。如红霉素摇瓶发酵时提高基础培养基中的淀粉含量能够延缓菌丝自溶，提高发酵单位。但在大规模发酵时，由于淀粉含量过高不仅成本增加且使发酵液黏稠而影响氧的传递，进而影响红霉素的生物合成和后工段的处理。因此在抗生素发酵生产中往往使用“稀配方”，因为它既能降低成本，灭菌容易，且使氧传递容易而有利于目的产物的生物合成。如果营养成分缺乏，则可通过中间补料的方法予以弥补。

（4）应选价廉，易获得的原料，且保证原辅材料质量的稳定性

在配制培养基时，选的原料应价廉，且宜得到。但其中在选择培养基所用的有机氮源时，特别要注意原料的来源、加工方法和有效成分的含量以及储存方法。有机氮源大部分为农副产品，其中所含的成分受产地、加工、储存等的影响较大，常会引起产量的波动。因此，在配制培养基时，如原料有变化，应事先进行试验，一般不得随意更换原料。

3.1.3 培养基的选择

不同微生物所需要的培养基成分不同，不同发酵生产所要求的原料也不同，因此应根据具体情况，从微生物对营养要求的特点和生产工艺的要求，选择合适的培养基，使之既满足微生物生长的需要，又能获得优质高产的产品。

（1）从微生物的特点选择培养基

工业生产上主要有细菌、酵母菌、霉菌和放线菌四大类微生物。四大类微生物最常用的培养基配方见表3-4。

（2）液体和固体培养基的选择

培养基有液体和固体两种形式。在液体培养基中，营养物质以溶质状态溶解于其中，使微生物能更充分接触和利用原料，因而能更好地积累代谢产物。在发酵工业中多采用液体深层发酵，它不仅发酵效率高，产量高，而且操作方便，便于机械自动化以及降低劳动强度。在菌种选育工作中，也常用液体培养基进行振荡和静止培养。固体培养基常用于菌种保藏，纯种分离、菌落特征鉴定、活细胞计数等方面。工业生产上常采用一些固体培养基来制取孢子。

表 3-4 四大类微生物的典型培养基

微生物类型		常用培养基名称	培养基成分/%				培养基pH值
			碳源	氮源	无机盐类	生长素	
细菌	自养菌	空气中 CO_2	$(NH_4)_2SO_4$ 0.04	粉状硫 1 $MgSO_4$ 0.05 KH_2PO_4 0.4 $FeSO_4$ 0.001 $CaCl_2$ 0.025	—	2.0～4.0	
	异养菌	肉汁培养基	牛肉膏 0.5	蛋白胨 1.0	NaCl 0.5	牛肉汁中已有	7.0～7.2
放线菌		淀粉培养基(即高氏培养基)	可溶性淀粉 2.0	KNO_3 0.1	K_2HPO_4 0.05 NaCl 0.05 $MgSO_4$ 0.05 $FeSO_4$ 0.001	—	7.0～7.2
		马铃薯浸汁	葡萄糖 2.0	鲜马铃薯 20.0	—	汁中已有	自然pH
酵母菌		麦芽汁 米芽汁 豆芽汁	汁中已有	汁中已有	汁中已有	汁中已有	自然pH
霉菌		察氏培养基	蔗糖 3.0	$NaNO_3$ 0.3	K_2HPO_4 0.1 KCl 0.05 $MgSO_4$ 0.05 $FeSO_4$ 0.001	—	4.0～6.0
		麦芽汁 米曲汁 马铃薯汁 豆芽汁	汁中已有	汁中已有	汁中已有	汁中已有	自然pH

(3) 从生产实践和科学试验的不同要求选择

在生产和实践中，常常对常用的培养基加以变动，以达到预期目的。因为培养基的成分能够影响到微生物的酶系统，这样能改变原有代谢途径与代谢产物。例如把纤维素分解菌培养在含有葡萄糖的培养基中，由于微生物是首先利用培养基中最易利用的营养成分，所以就易丧失分解纤维素的能力。故在筛选纤维素酶的菌种时，必须要以纤维素为唯一碳源。在工业生产中，从菌种保藏、种子扩大培养到发酵生产，各阶段的目的要求也不尽相同。种子培养基的目的主要是使菌体大量增殖，故种子培养基要求营养丰富且完全，总浓度略稀，而发酵培养基除需要维持菌体生长外，还要合成预定的发酵产物，所以，其中碳源物质含量较种子培养基高。当产物为含氮物，则氮源物质也应增加供应。此外，发酵培养基还应考虑便于操作，不影响产品提炼和质量等因素。

3.1.4 影响培养基质量的因素

影响培养基质量的因素众多，主要有以下几个方面。

① 原材料质量的影响 在配制原则中已经提到原材料质量的重要性，由于原材料质量随产地、加工方式、储藏等条件易波动，这势必影响其内在质量，从而影响到培养基的质量。

② 水质的影响 配制培养基必须以水为介质。在发酵工业所用的水有井水、地表水、自来水、蒸馏水等。井水、地表水、自来水因地质、采水季节及环境不同而不同，造成水质的不同，从而影响到培养基的质量，有的国家为了避免水质变化对抗生素发酵产生影响，提出了配制抗生素工业培养基的水质要求：浑浊度＜2.0，色级＜25，pH6.8～7.2，电导率500～1500$\mu\Omega$/cm，总硬度100～230mg/L，铁离子0.1～0.4mg/L，蒸馏残渣＜150mg/L

和无臭无菌等。

③ 灭菌的影响　灭菌是影响培养基质量的一个重要因素。目前大多数工业发酵培养基都采用实罐灭菌，进行灭菌时，营养物质的破坏程度增大，糖类在高温灭菌时容易破坏，特别是还原糖和氨基酸，肽类和蛋白质等有机氮源共同加热时，易发生化学反应形成5-羟甲基糠醛和棕色的类黑精，磷酸盐和碳酸钙之间也发生反应，形成不溶于水的磷酸盐，如

$$Na_2HPO_4 + CaCO_3 \rightleftharpoons CaHPO_4 + Na_2CO_3$$

④ 其他因素　除了上述的因素外，影响培养基质量的因素还有培养基的pH值与黏度。前面叙及pH值对菌体的代谢影响很大，另外菌体在培养过程中也会带来pH值的变化。所以可通过调节培养基的配比来维持pH值的稳定。黏度在发酵过程中会造成溶氧的减少，影响传质、传热的效果，所以培养基的黏度的影响也是造成培养基质量优劣的一个重要因素。

3.2　培养基的灭菌

大多数工业发酵都要保持纯种培养，这就需要有一套能够适用于工业生产的灭菌技术和防止染菌的技术。在工业生产中，不仅斜面、培养基以及发酵罐、管道等必须灭菌除去各种杂菌，而且需氧发酵中通入的空气也须经过除菌处理。只有这样，才能确保生产不受杂菌污染。随着抗生素工业发酵技术的不断发展，逐渐形成了一整套保持纯种培养的灭菌和染菌防治技术。尽管造成工业微生物发酵染菌的原因错综复杂，但大多数原因通过仔细观察和认真分析是可以找到的。以下将对培养基的灭菌机理，流程和有关计算进行介绍。

3.2.1　培养基灭菌的方法

在工业生产中，培养基的灭菌是保证生产正常进行的重要环节。工业发酵生产中普遍采用的培养基灭菌法为高压蒸汽灭菌法，它指的是用高压蒸汽加热培养基进行灭菌的方法。蒸汽灭菌后没有毒性物质遗留，且蒸汽来源容易，温度高，成本低廉，操作方便，故适于大规模的工业生产灭菌应用。此外，常压蒸汽灭菌也在一些工业上得到应用，因为在低于80℃情况下许多细菌的营养细胞以及酵母和霉菌细胞就会被杀死；在实验室中，X射线、β射线、紫外线、超声波辐射以及过滤、离心、静电等方法都可用于培养基的灭菌，但对于无菌程度要求高的工业化发酵生产，加压蒸汽灭菌是最好的方法。

图3-1　高压蒸汽灭菌锅示意图

在实验室通常使用密闭的高压蒸汽锅灭菌，它与工业生产中加压蒸汽灭菌的原理相似。高压蒸汽灭菌锅外形结构如图3-1所示。

高压蒸汽灭菌锅是由铁、铝、不锈钢等金属制成的圆柱形或长方形容器，能承受一定的压力，有立式，卧式和手提式三种。常用的灭菌压力为0.1MPa（表），温度121℃，维持15～20min，在这种条件下，可杀死各种微生物与芽孢。在工业生产中，培养基所用的数量很大，不可能用实验室的方法来对培养基进行灭菌。工厂中常用的灭菌有分批（间歇）灭菌法和连续灭菌法。

3.2.2　培养基灭菌的原理

工业生产中常用的灭菌方法为加压蒸汽灭菌法。其原理是借助于蒸汽释放的热能使微生物细胞中的蛋白质、酶和核酸分子内的化学键，特别是氢键遇到破坏而引起不可逆的变性导致微生物死亡。

（1）微生物的热致死原理

在一定温度下，微生物受热致死作用遵循分子反应速度方程，即一定温度下微生物减少的速率与任一瞬间残存的菌数成正比，这称之为热致死对数残留定律，以方程表示为：

$$\frac{\mathrm{d}N}{N}=-k\mathrm{d}t\text{（负号表示活菌数减少）} \tag{3-1}$$

式中　k——反应速度常数，也称为灭菌速度常数，s^{-1}；

N——活菌个数；

t——受热时间（灭菌时间），s。

在一定温度下，将上式积分，并整理后得：

$$t=2.303\frac{1}{k}\lg\frac{N_0}{N_s} \tag{3-2}$$

式中　N_0——灭菌开始时，污染的培养基中杂菌的个数；

N_s——经灭菌时间 t 后，残存活菌数。

$-\mathrm{d}N/\mathrm{d}t$ 为灭菌过程中菌数的瞬时减少，它与该瞬间残留的活菌数 N 成正比。即为灭菌过程中活菌数的减少随残留菌的数量减少而递增。若要求灭菌后绝对无菌，即 $N_s=0$，则从上式可以看出灭菌时间将为无穷大，这在实际上是不可能的，故培养基灭菌后，以培养基中残留一定活菌数 N_s 计算，一般取 $N_s=10^{-3}$，即每千批灭菌允许有一次存在一个活菌。图 3-2 为典型的死灭曲线。

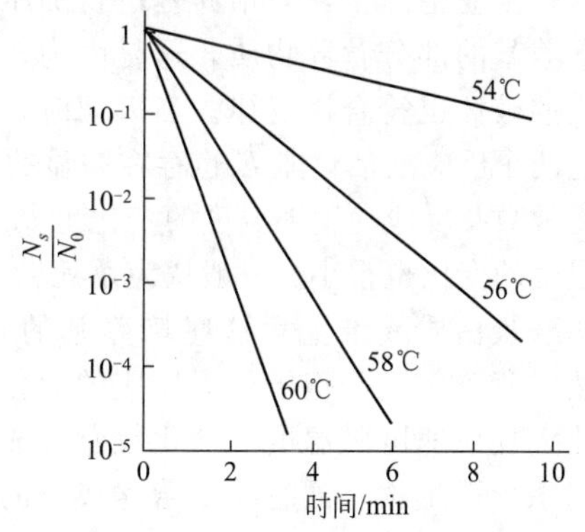

图 3-2　典型的死灭曲线（大肠杆菌）

从图中可以看出：随时间的延长，活菌数呈对数减少。以上公式可以计算出理论所需的灭菌时间。举例如下：现有一只 15000L 发酵罐，装料 10000L。已知该培养基含细菌芽孢 10^5个/mL，该芽孢在 120℃灭菌速度常数 k 为 $0.03s^{-1}$。工艺上允许为 1000 批灭菌后存在一个活菌，求在 120℃下灭菌需维持的时间。

按式（3-2）求得：

培养基中总菌数　　$N_0=10^5\times10000\times1000=10^{12}$个

灭菌后菌数　　$N_s=10^{-3}$

火菌速度常数　　$k=0.03s^{-1}$

因此：　　$t=1152s=19.2\text{min}$

所以该培养基在 120℃灭菌应维持近 20min。

但由于在分批灭菌时升温至 120℃和冷却过程也能杀死部分微生物，因此实际的维持时间可比计算所得的时间略少些。

90%死灭时间：所定条件为活的微生物 90%死灭所需的时间 D，也称 1/10 衰减时间。

由式（3-2）得：　　$D=2.303\frac{1}{k}\lg\frac{100}{100-90}=\frac{2.303}{k}$

当反应物的浓度为单位浓度时，则反应速度常数在数值上等于反应速度，故反应速度常数 k 的大小可表示微生物对热的抵抗能力的强弱，也说明微生物死灭的难易。k 值愈小，说明该微生物愈耐热。细菌孢子的 k 值比营养细胞和霉菌孢子小得多，所以细菌孢子耐热的抵抗力大大高于营养细胞。

（2）灭菌温度对微生物死亡反应速度常数的关系

在化学反应中，其他条件不变，反应速度常数和温度的关系可用阿累尼乌斯（Arrhenius）方程表示为：

$$\frac{\mathrm{d}\ln k}{\mathrm{d}T}=\frac{E}{RT^2} \tag{3-3}$$

式中　k——菌死亡反应速反常数，s^{-1}；

T——绝对温度，K；

E——反应所需的活化能，J/mol；

R——气体常数，$R=8.314$，J/(mol·K)。

当 E 为常数时积分，并整理得

$$k=A\mathrm{e}^{-\frac{E}{RT}} \tag{3-4}$$

式中　A——阿累尼乌斯常数，s^{-1}。

从上式可以看出，反应速度与 $-E/RT$ 组成的指数成正比，即 k 与 T 成正比，即灭菌温度愈高，灭菌速度常数 k 愈大，因此采用高温灭菌，时间较低温短。

（3）高温短时灭菌的原理

工业生产中，对培养基进行加压蒸汽灭菌时，除杀死培养基中的杂菌外，同时也破坏了培养基的部分营养物质，这是因为，不仅杂菌的热致死速度符合对数残留定律，而且营养物质的破坏也符合该定律。当灭菌时，两种反应都在进行，但二者的反应速度却不相同。另外，这两个反应的活化能 E 也存在明显的差异，由式（3-3）可知：在活化能大的反应中，反应速度常数及反应速度随温度的变化也大。反之，如果某一反应的活化能非常小，该反应的速度随温度的变化也很小。一般认为杀死营养细胞和孢子的活化能 E 为 209.35～418.7kJ/mol。而酶、蛋白质或维生素这些培养基的营养成分的破坏活化能 E 为 8.374～83.74kJ/mol。显然，营养细胞和孢子死灭反应的活化能较营养成分破坏反应的活化能大，这意味着，微生物死灭反应速度随温度的变化较营养成分破坏速度快得多。在培养基灭菌时，提高温度可短时间杀死微生物，同时减少营养成分的破坏，这就是高温短时灭菌的原理。表 3-5 列出了不同温度下达到同一灭菌要求时所需的灭菌时间和营养物质的破坏情况。

表 3-5　不同温度和灭菌时间对培养基营养的破坏情况

温度/℃	灭菌时间/min	营养成分破坏量/%
100	400	99.3
110	30	67
115	15	50
120	4	27
130	0.5	8
140	0.08	2
150	0.01	<1

3.2.3 影响培养基灭菌的因素

影响培养基灭菌的因素很多。其中包括水分、pH、菌含量、培养基成分、状态、不同微生物生长阶段、灭菌的温度及时间等，在具体加热灭菌时应考虑到上述因素的影响，给予适当的调整。

（1）水分的影响

微生物热死的原因是由于菌体蛋白的凝固，而蛋白质凝固的温度与水分密切相关。从表 3-6 可知，在一定范围内，细胞含水分越多，则蛋白质凝固温度越低，微生物细胞含水分多也就容易受热凝固而丧失生命活力。

表 3-6　卵蛋白凝固时水分与温度的关系

水分/%	凝固温度/℃	水分/%	凝固温度/℃
50	56	6	145
25	78～80	0	167～170
18	80～90		

（2）芽孢和孢子对灭菌的影响

芽孢和孢子对热的耐受性要比营养细胞强，有人认为这是由于芽孢或孢子内含吡啶二羧酸，从而增加了它对热的耐受性。此外孢子和芽孢内蛋白质含量少，较营养细胞低也是它耐热力强的又一原因。从图 3-3、图 3-4 对比可以看出，芽孢或孢子要比营养细胞对热的耐受性强。所以，培养基灭菌的要求，应以杀死芽孢为标准，大多数细菌芽孢的杀死温度和时间见表 3-7。

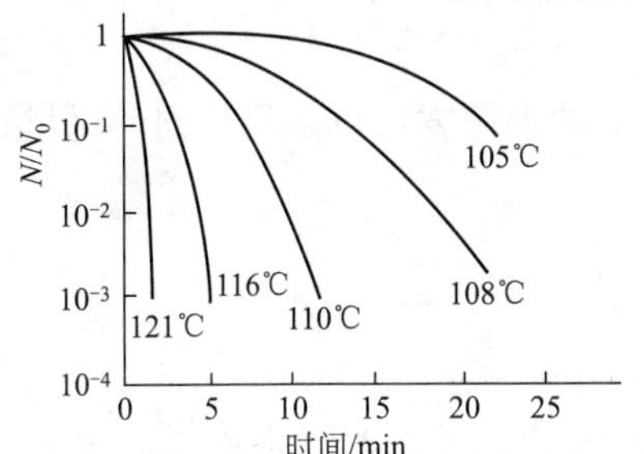

图 3-3　芽孢杆菌（FS7954）的芽孢死亡速率

N：表示活芽孢在任一时间的个数；

N_0：表示活芽孢的原始个数

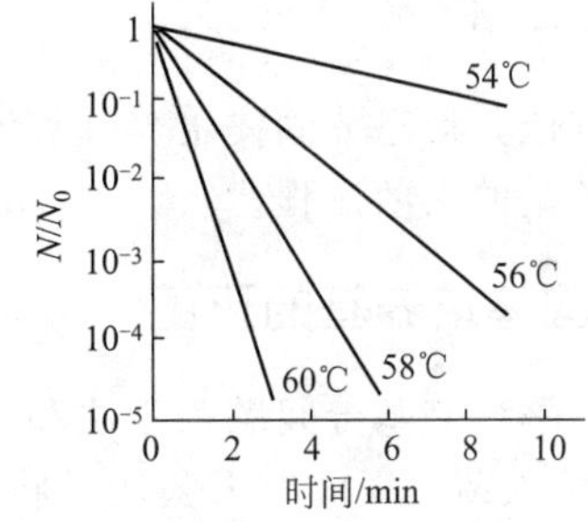

图 3-4　大肠杆菌（E. coli）营养细胞的死亡速率

N：表示营养细胞在任一时间的个数；

N_0：表示营养细胞的原始个数

表 3-7　大多数细菌芽孢的杀死温度和时间

温度/℃	100	110	115	121	125	130
时间/min	1200	210	51	15	6.4	2.4

（3）pH 值对灭菌的影响

pH 值对培养基的灭菌有直接的影响，大多数微生物在酸性和碱性条件下比在中性溶液中易受热死亡，培养基酸碱度越大，所需的灭菌温度越低，时间也短。表 3-8 列出在酸性条件下 pH 值与灭菌时间的关系。

（4）培养基中微生物数量对灭菌的影响

由前面微生物热致死对数残留定律可知，初始微生物越多，则灭菌所需的时间也越长。从表 3-9 中可看出这个关系。所以对于微生物含量较多的培养基，灭菌的时间要长一些。

表 3-8 pH 值和灭菌时间的关系

温度/℃	孢子数/(个/ml)	pH6.1	pH5.3	pH5.0	pH4.7	pH4.5
		灭菌时间/min				
120	10000	8	7	5	3	3
115	10000	25	25	12	13	13
110	10000	70	65	35	30	24
100	10000	720	340	180	150	15

表 3-9 培养基中孢子数目与灭菌时间的关系

每毫升培养基中孢子数	9	9×10^2	9×10^4	9×10^6	9×10^8
105℃灭菌所需时间/min	2	14	20	36	48

(5) 培养基成分对灭菌的影响

培养基中脂肪、糖分和蛋白质含量越多，微生物的热死速度就越慢。这是因为这些有机物质在细胞外面形成一层薄膜，保护细胞抵抗不良环境。酶制剂发酵培养基中天然有机物质如蛋白质和碳水化合物等含量较高，因此灭菌操作更加要求严格。

除了上述几点外，培养基的状态对灭菌也有较大的影响，通常固体培养基要比液体培养基灭菌时间长。不同阶段培养的微生物对灭菌也有大的影响，一般老细胞对不良环境的抵抗力比年轻的细胞大。

3.3 培养基灭菌流程

培养基依其形态分固体培养基和液体培养基，它们的灭菌方法也不尽相同，这里重点介绍液体培养基的灭菌流程。

3.3.1 固体培养基的灭菌

固体发酵培养基分间歇灭菌法和连续灭菌法。

① 间歇灭菌法　间歇灭菌法是将固体原料配好混匀后，放入蒸煮锅内，利用蒸汽在常压或加压的情况下对物料蒸煮，在常压灭菌时，一边开着蒸汽一边将混匀的原料平铺入锅内，由于固体原料的不均匀性，在铺料时，尽可能保持平整输送，使蒸汽透气均匀，以防止局部灭菌不彻底的现象。采用此法进行灭菌不仅劳动强度大，而且设备利用率低，故不易大型化。

② 连续灭菌法　连续灭菌是将固体原料配好后送入螺旋输送机中，利用它来进行物料的输送，同时物料在输送过程中得以混匀，在底部分段通入蒸汽进行加热灭菌，从而在运行的过程中实现连续灭菌。利用该法较间歇法劳动强度低，且易控制，易大规模生产。

3.3.2 液体培养基的灭菌

随着微生物工业的发展，液体深层发酵越来越广泛地应用于发酵产品，所以液体培养基的灭菌就具有重要的意义，液体培养基的灭菌也分为间歇灭菌和连续灭菌。

3.3.2.1 实罐灭菌（分批灭菌）

在进行实罐灭菌时，先将输料管内的污水排尽并冲洗干净，再将配制好的培养基用泵打到发酵罐或种子罐，然后开动搅拌器进行灭菌，其操作过程大致分以下几个步骤。

① 培养基预热　灭菌时，培养基需先加热至80～90℃进行预热，这一操作可利用发酵罐中的夹套来实现。它的优点足可避免直接通蒸汽进入发酵罐，易产生大量的冷凝水使培养基稀释，另外蒸汽直接导入还易造成泡沫的急剧上升而引起物料外溢。预热的方法是先将各排气阀打开，将蒸汽引入夹套或蛇管进行预热，待罐温升至80～90℃，将排气阀逐渐关小。

② 培养基灭菌　培养基预热后，可进行灭菌。这时蒸汽可通过进气口、进料口、取样口等直接导入罐内，至罐温上升至120～130℃，罐压在0.1MPa左右，保温30min。灭菌时应注意：各路蒸汽进口的进汽要顺畅，防止短路逆流，这时罐内的液体培养基要剧烈翻腾，以达到均一的灭菌温度，排汽量不易过大，以节约蒸汽用量。灭菌即将结束时，应立即引入无菌空气以保持罐内正压，然后打开冷却水通过夹套和蛇管进行冷却，这样可避免罐压迅速下降产生负压而抽吸外界空气。注意在引入无菌空气时，罐内压力必须低于过滤器，否则培养基将倒流入过滤器内，灭菌时总蒸汽压力不低于0.30～0.35MPa（表压），使用压力不低于0.20MPa（表压）。

3.3.2.2　培养基的连续灭菌

对于液体培养基的灭菌，在罐容大于10 m^3时，大多可采用连续灭菌法。连续灭菌具有如下的优点：可提高产量，与分批灭菌相比培养液受热时间短，缩短了发酵周期，营养成分破坏少；培养基灭菌彻底，质量稳定；蒸汽负荷均衡，锅炉利用率高，操作方便，设备利用率高，适于自动控制。

在进行培养基连续灭菌时，一船要进行种子罐或发酵罐的空消，空罐灭菌一般维持罐压0.15～0.20MPa，罐温125～130℃，时间30～45min。灭菌时要求总蒸汽压力不低于0.30～0.35MPa，使用压力0.25～0.30MPa，灭菌后为避免罐压急速下降造成负压，要等到经过连续灭菌的无菌培养基输入罐内后，才可以开冷却水冷却。

（1）喷淋冷却连续灭菌　连消塔-喷淋冷却连续灭菌流程见图3-5。

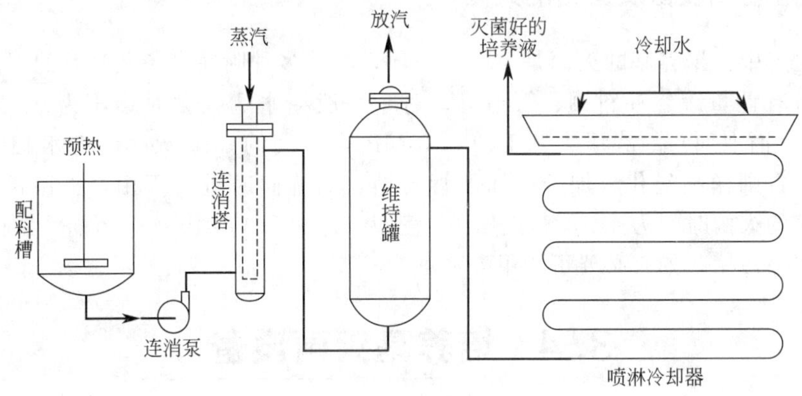

图3-5　连消塔-喷淋冷却连续灭菌流程

① 培养基预热　培养基配好后在配料槽中混匀并同时通入蒸汽加热到60～75℃，这样可避免在进入连消塔时，因料液温度与蒸汽温度相差过大而产生水汽的撞击声。

② 连续灭菌　料液预热后，用连消泵泵入连消塔内，连消塔的主要作用是使高温蒸汽与料液迅速混合，并使料液温度很快提高到灭菌温度。连续灭菌温度一般以126～132℃为宜。

③ 维持灭菌　由于连消塔时间较短，仅仅靠这么短的时间不足以灭菌彻底。因此，由连消塔出来后再进入一维持罐，利用维持罐使料液在灭菌温度下保持5～7min，以达到灭菌的目的。罐压力一般维持在0.4MPa左右。

④ 冷却　生产上通常采用冷却水喷淋冷却器，即冷却水在排管外由上向下喷淋，从而使料液逐渐冷却，一般料液冷却到40～50℃后，输送到空消好的种子罐或发酵罐内。

(2) 喷射加热连续灭菌

喷射加热连续灭菌流程如图3-6所示。蒸汽直接喷入培养液，培养液温度急速上升至预定值，然后由维持段管子来维持一定时间从而达到灭菌彻底。灭菌后培养液通过一膨胀阀进入真空冷却器急速冷却。此流程可避免过热和灭菌不彻底现象，注意的是真空系统要求严格密封，以免重新污染。

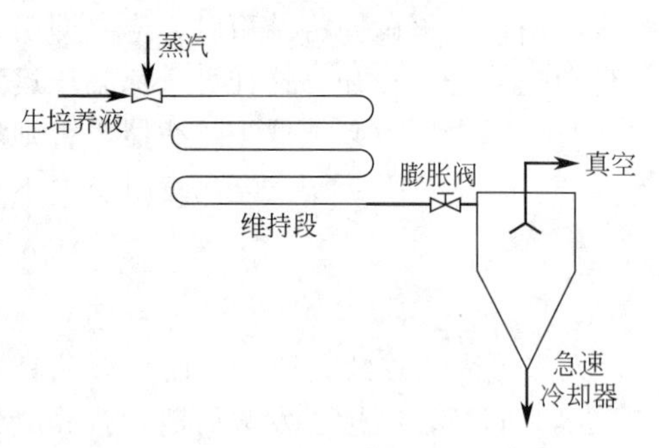

图3-6　喷射加热连续灭菌流程

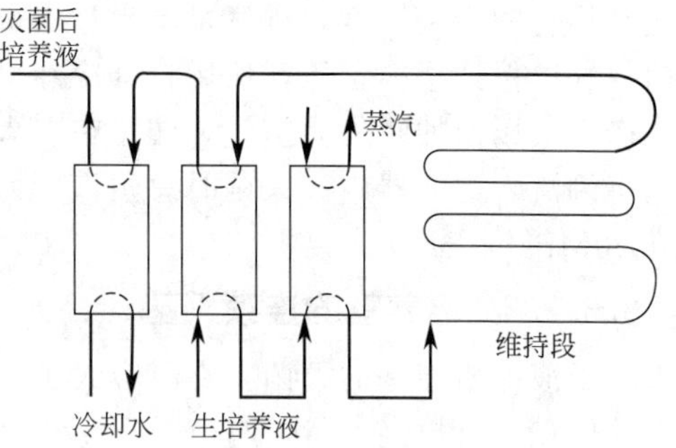

图3-7　薄板换热器连续灭菌流程

(3) 薄板换热器连续灭菌

薄板换热器连续灭菌流程如图3-7所示。该流程可节约蒸汽及冷却水的用量。培养基在设备中同时完成预热、灭菌及冷却过程。蒸汽加热段使培养液的温度升高，经维持段保温一段时间．然后经过薄板换热器冷却，节省了蒸汽和冷却水的用量，但灭菌的时间却相对延长了。

3.3.3　发酵附属设备及管路的灭菌

在工业生产中，培养基的灭菌是重要的一环，涉及多种附属设备及管路的灭菌。其中发酵罐附属设备有计量罐、补料罐、管道等。对于一般糖水罐灭菌时罐压为0.1MPa，时间30min，油罐（消泡剂）的罐压为0.15～0.18MPa，时间约1h，灭菌时糖水翻腾良好，温度不易过高，否则糖易炭化。加糖、加油管与糖、油罐同时进行灭菌，灭菌保温1 h。接种、补料管路的灭菌时间为1 h，蒸汽压力一般为0.3～0.35MPa。灭菌前，罐内均需用水清洗干净，清除污垢，如有必要可用甲醛消毒。

3.4　培养基灭菌设备

培养基的灭菌分间歇式灭菌和连续灭菌两种方法，但它们所涉及的设备不尽相同，间歇式灭菌一般为培养基直接在发酵罐中灭菌，它没有其他复杂的设备；而连续灭菌则牵涉设备较多，本节着重介绍连续灭菌的有关设备。

3.4.1　连消塔

从上节的喷淋连续灭菌的流程中看到，连消塔是培养液高温短时连续灭菌的主要设备，它与维持罐组成了连续灭菌系统。连消塔分套管式和汽液混合式两类，其结构见图3-8和图3-9。

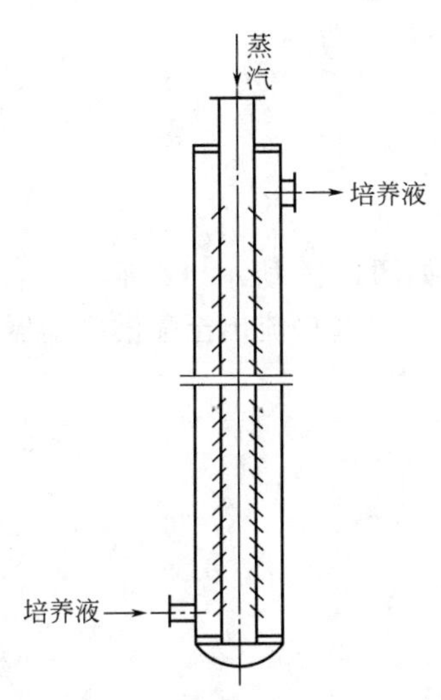

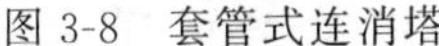
图 3-8　套管式连消塔

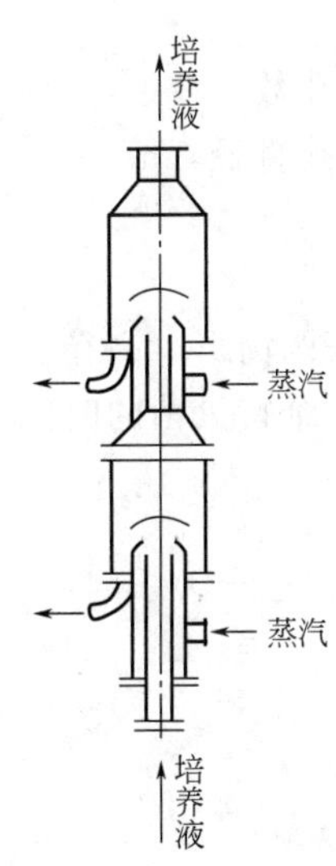

图 3-9　混合式连消塔

套管式连消塔的作用过程为：培养液由连消塔下部外侧进入，由内外两管间向上流动，蒸汽由中间管上部通入，在管上开有小孔，小孔向下倾斜 45°，便于蒸汽进入，小孔的间距在进口处较大，随着深入孔距渐缩，这样可使蒸汽均匀加热，同时为防止蒸汽喷孔被堵塞，孔径不宜太小，一般取 6mm。料液在套管内被小孔喷出的蒸汽加热到 110～130℃，由外管上部侧面流出，从而完成这一过程。

图 3-9 为一混合式连消塔。料液由下端进入，加热蒸汽由侧面进入后成环形加热物料，上升的料液被圆形挡板阻挡，使之折向四周上升，加强了加热效果，料液继续上升被第二次加热，完成灭菌，由上出口流出。

培养液在套管间流动，其流速为 u 为：

$$u=\frac{G}{3600\times0.785(D^2-d^2)} \tag{3-5}$$

式中　u——培养液流速，m/s；

G——培养液流量，m^3/h；

D——外管内直径，m；

d——内管外直径，m。

则塔高

$$H=\tau u \tag{3-6}$$

式中　H——塔高，m；

τ——火菌时间，培养液停留时间，s。

内管蒸汽喷孔总面积和孔数计算：根据蒸汽消耗量等于从小孔喷出的蒸汽量得

$$F=\frac{V}{3600u} \tag{3-7}$$

式中　F——蒸汽喷孔的总面积，m^2；

u——蒸汽喷孔的速度，m/s；

V——加热蒸汽消耗量，m^3/h。

则加热蒸汽喷孔数 n 为：

$$n=\frac{F}{0.785d_1^2} \tag{3-8}$$

式中　n——喷孔数；

d_1——喷孔直径，m。

3.4.2 维持罐

维持罐为长圆筒形，高径比为2～4，为凸形封头，如图3-10所示。料液由进料口进入，自下由上运动，维持灭菌的时间一般为8～25min，然后由出料口流出至喷淋冷却器。

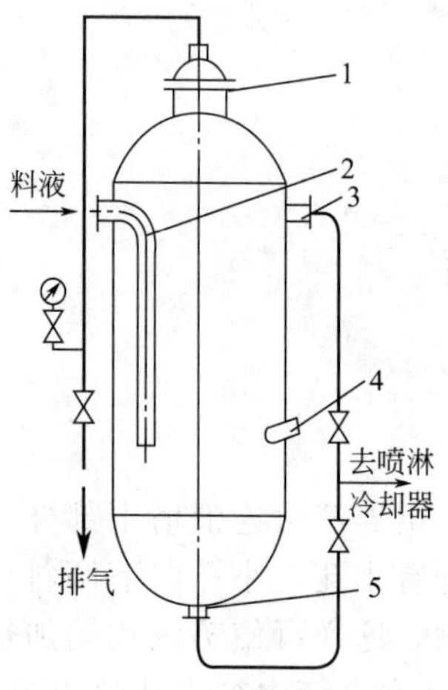

图3-10　维持罐

1—人孔；2—进料管；3—出料管；4—温度计插管；5—排尽管

维持罐的容积按下式计算：

$$V=\frac{G\tau}{60\varphi} \tag{3-9}$$

式中　V——维持罐容积，m^3；

G——料液体积流量，m^3/h；

τ——维持时间，min；

φ——装料系数，0.85～0.90。

在维持罐壳体上一般包有保温材料，能够减少热损失，有效地进行灭菌。

第4章 空气处理工艺和设备

好氧发酵和微生物在繁殖培养过程中都需要一定量的氧，通常以空气为氧源。发酵要求纯种培养，因此供给的空气要求无菌。但空气中存在大量杂菌，一般为$10^3 \sim 10^4$个杂菌/m^3空气，如果这些杂菌随着空气进入培养液，在适宜条件下，它们会迅速大量繁殖，消耗大量的营养物质，并产生各种代谢产物，干扰甚至破坏预定发酵的正常进行，使发酵产品的效价降低，产量下降，甚至造成发酵彻底失败等严重事故。因此在发酵供气前，必须进行空气除菌，空气除菌是好氧发酵工程中的一个重要环节。

发酵过程中氧需要量大，氧的利用率较低，所以需要净化的空气量较大。通风量的大小直接影响微生物的生长、繁殖和发酵。发酵所需的空气除了要求空气本身“无菌”外，还要求把空气中可能带的润滑油、析出的水分除去，达到无菌、无灰尘、无杂质、无油、无水等几项指标。

4.1 空气除菌

4.1.1 通风发酵对无菌空气的要求

4.1.1.1 空气中微生物的分布

空气（即大气）是一种气态物质的混合物，除氧和氮外，还含有惰性气体、二氧化碳和水蒸气等。此外，尚有悬浮在空气中的灰尘，灰尘的含量在很大程度上因地区、气候的不同而异，一般城市多于农村或山区，夏天多于冬天，特别是气候温和湿润的地区，空气中的细菌往往比较多。据统计，大城市每立方米空气的含菌数约为3000～10000个。由于各地空气所悬浮的微生物及比例各不相同，数量也随条件的变化而异，一般设计时以含量为（$10^3 \sim 10^4$）个/m^3进行计算。

细菌的大小一般只能以其直径或长、宽来估计。球菌的直径一般为0.5～2μm，杆菌的长一般为1～5μm，宽一般为0.5～1μm。现将空气中常见杂菌的大小列于表4-1。

杂菌在空气中很少单独游离存在，球菌常以一定形式结合在一起，大部分杂菌附着在烟灰、微滴等粒子上。

表 4-1　空气中常见杂菌的大小

菌种	细胞/μm		孢子/μm	
	长	宽	长	宽
金黄色小球菌		0.5～1.0		
产气杆菌	1.0～2.5	1.0～1.5		
蜡样芽孢杆菌	8.1～25.8	1.3～2.0		
普通变形杆菌	1.0～3.0	0.5～1.0		
巨大芽孢杆菌	2.0～10.0	0.9～2.1	0.9～1.7	0.6～1.2
霉状分枝杆菌	1.6～13.6	0.6～1.6	0.8～1.8	0.8～1.2
枯草杆菌	1.6～4.8	0.5～1.1	0.9～1.8	0.5～1.0
酵母菌	5～19	3～5		2.5～3.0
病毒	0.0015～0.28	0.0015～0.225		

4.1.1.2　发酵对空气无菌程度的要求

发酵过程中通过除菌处理，使空气中的含菌量降低到一个极限百分数，从而控制发酵污染概率降至极小，这种经处理的空气即称为“无菌空气”。对于各种不同的发酵过程，所用菌种的生长能力强弱、生长速度的快慢、发酵周期的长短、培养物的营养成分和 pH 值的差异对所用的无菌空气的无菌程度有不同的要求。如酵母培养过程，因它的培养基以糖源为主，有机氮比较少，它能利用无机氮源，要求的 pH 较低，在这样的 pH 值下，一般细菌较难繁殖，而酵母的繁殖速度又较快，在繁殖过程中能抵抗少量的杂菌影响，因而对无菌空气的要求不如氨基酸、液体曲、抗生素那么严格。而氨基酸与抗生素发酵因周期长短的不同，对无菌空气的要求也不同。总的来说，影响因素比较复杂，需要根据具体的情况而定出具体的工艺要求。一般按染菌概率为 10^{-3} 来计算，即 1000 次发酵周期所用的无菌空气只允许通过 1～2 个杂菌。

虽然一般悬浮在空气中的微生物，大多是能耐恶劣环境的孢子或芽孢，繁殖时需要较长的调整期，但是在阴雨天气或环境污染比较严重时，空气中也会悬浮大量的活力较强的微生物，它进入培养物获得良好条件后，只要很短的调整时间，即可进入对数生长期而大量繁殖。一般细菌繁殖一代只需 20～30min，如果只进入细菌，则繁殖 15h 后，可达到 10^9 个，这样大量的杂菌就必使发酵受到严重干扰或失败，故计算是以进入 1～2 个杂菌即作为失败依据的。

4.1.1.3　空气含菌量的测定

要准确测定空气中的含菌量来决定过滤设备或确定经过过滤的空气含菌量（或无菌程度）是比较困难的，一般采用培养法或光学法测定其近似值。

① 培养法　将被检样品作一系列稀释后，取一定量体积（0.1～1.0mL）的稀释液涂布于盛有固体培养基的培养皿内，在一定温度下培养一段时间，每一个活细胞发育成一个菌落，因此，计算培养皿内菌落数就可以推算出活细胞的总数。此法较灵活，缺点是通常有较大的误差。

② 光学法　可采用粒子计数器，它是利用微粒对光线散射作用来测量粒子的大小和含量。测量时以一定速度将试样空气通过检测区，同时用聚光透镜将光源来的光线聚成强烈光束射入检测区，在检测区内，空气试样受到光线强烈照射，空气中的微粒把光线

散射出去，由聚光透镜将散射光聚集投入光电倍增管，将光转化成电讯号。粒子的大小与讯号峰值有关，粒子的数量与讯号脉冲频率有关，讯号经自动计数器计算出粒子的大小和数量，显出读数。当测量微粒浓度太大时，会因粒子重叠而产生误差，这时空气浓度需要稀释。

这种仪器可以测量空气中含有直径 0.35～0.5μm 微粒的各种浓度，测量比较准确，但它只是微粒观念，不能测量空气中活细菌的数目。

此外，还有计算器法，这是一种直接在显微镜下计算细菌的方法。

4.1.2　空气除菌方法

空气除菌就是除去或杀灭空气中的微生物。破坏生物体活性的方法很多，如辐射杀菌、加热杀菌、化学药物杀菌都是将有机体蛋白质变性而破坏其活力；而静电吸附和介质过滤的方法是把微生物的粒子用分离方法除去。

工业发酵所需的无菌空气要求高、用量大，故要选择运行可靠、操作方便、设备简单、节省材料和减少动力消耗的有效除菌方法。各种空气除菌方法简述如下。

4.1.2.1　辐射杀菌

从理论上来说，声能、高能阴极射线、X 射线、γ 射线、β 射线、紫外线等都能破坏蛋白质活性而起杀菌作用，但具体的杀菌机理研究比较少。使用较多的是紫外线杀菌，紫外线波长为（2537～2650）$\times 10^{-10}$ m 时杀菌效力最强，它的杀菌力与紫外线的强度成正比，与距离的平方成反比。紫外线通常用于无菌室等空气对流不大的环境下杀菌。但杀菌效率较低，杀菌时间较长，一般要结合甲醛蒸气消毒或苯酚的喷雾等来保证无菌室较高的无菌程度。

4.1.2.2　热杀菌

热杀菌是有效的、可靠的杀菌方法，但是如果采用蒸汽或电热来加热大量的空气，以达到杀菌目的，则需要消耗大量的能源和增设大量的换热设备，这是十分不经济的。

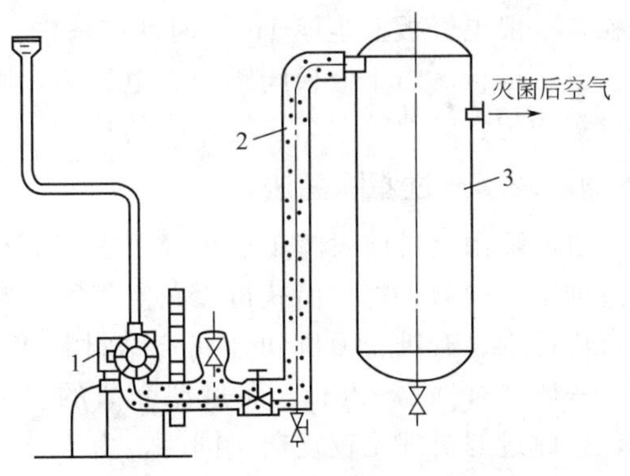

图 4-1　热杀菌流程图

1—压缩机；2—保温层；3—储罐

利用空气压缩时放出的热量进行保温杀菌比较经济，其实用流程如图 4-1 所示。空压机入口的空气温度为 21℃，出口温度为 187～198℃，压力为 0.7MPa。从压缩机出口到空气储罐一段管道加保温层进行保温，使空气达到高温后保持一段时间，保证微生物死亡。为了延长空气的高温时间，防止空气在储罐中走短路，最好在储罐内加装导筒。采用热杀菌装置时还应装有空气冷却器，并排除冷凝水，以防止在管道设备死角积聚而形成杂菌繁殖的场所。在进入发酵罐前应加装水分过滤器以保证安全。但采用这种系统，压缩机的能耗会相应增大，压缩机的耐热性能需要增加，其零部件也要采用耐热材料制作。

4.1.2.3　静电除菌

静电除尘法已广泛使用，这种方法的除尘效率不很高，一般在 85%～99%之间，但它的能耗小，使用得当每处理 1000m^3 的空气每小时只需电 0.2～0.8kW，空气的压头损失小，设备也不大。常用于洁净工作台、洁净工作室所需无菌无尘空气的第一次除尘，配合高效过滤器使用。

静电除尘是利用静电引力吸附带电粒子而达到除菌除尘的目的。悬浮于空气中的微生物，其孢子大多带有不同的电荷，没有带电荷的微粒在进入高压静电场时都会被电离变成带电微粒，但对于一些直径很小的微粒，它所带的电荷很小，当产生的引力小于或等于气流对微粒的拖带力或微粒布朗扩散运动的动量时，微粒就不能被吸附而沉降，所以静电除尘法对于很小的微粒除菌除尘效率较低。

静电除尘装置按其对菌体微粒的作用可分成电离区和捕集区，如图 4-2 所示。电离区是一系列等距、平行且接地的极板，极板间带有用钨丝或不锈钢构成的放电线，叫离化线。当放电线接上 10kV 的直流电压时，它与接地极板之间形成电位梯度很强的不均匀电场，空气通过时它所带的细菌微粒通过电离区后则被电离而带正电荷。

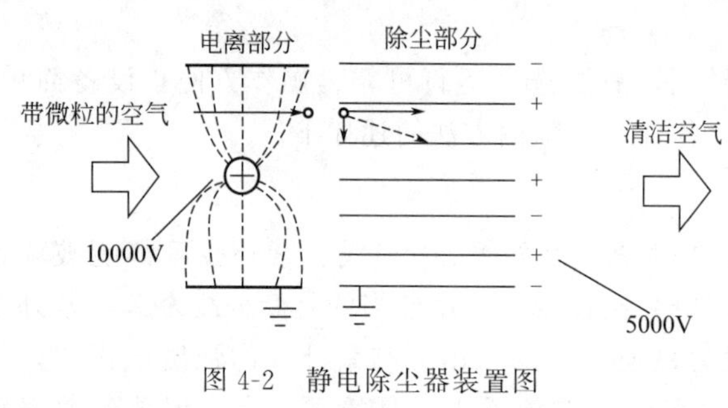

图 4-2　静电除尘器装置图

捕集区由高压电极板与接地电极板组成，两种极板交替排列，平行于气流方向，它们的间隔很窄。在高压电极板上加上 5kV 直流电压，极板间形成一均匀电场，当气流与被电离的微粒流过时，带正电荷的微粒受静电场库仑力的作用，产生一个向负极板移动的速度，这个速度与气流的拖带速度合成一个倾向负极板的合速度向极板移动，最后吸附在极板上。当捕集的微粒积聚到一定厚度时，则极板间的火花放电加剧，极板电压下降，微粒的吸附力减弱，甚至随气流飞散，这时除菌效率很快下降。要保持高的除菌效率，应定期清洗微粒，一般电极板上尘厚 1mm 时就应清洗。通常是采用喷水管自动喷水清洗，洗净干燥后重新投入运行。由于极板间距小、电压高，则要求极板很平直，安装间距均匀，才能保证电场电势均匀、除菌效率高、耗电少的特点。

4.1.2.4　过滤除菌法

过滤除菌是目前发酵工业中经济实用的空气除菌方法，它是采用定期灭菌的介质来阻截流过的空气中微生物，而获得无菌空气的。常用的过滤介质有棉花、活性炭或玻璃纤维、有机合成纤维、有机、无机和金属烧结材料等。由于被过滤的空气气溶胶中微生物的粒子很小，一般只有 0.5～2μm，而过滤介质的材料一般孔隙直径都大于微粒直径的几倍到几十倍，因此过滤机理比较复杂。同时，由于空气在压缩过程中带入的油雾和水蒸气冷凝的水雾影响，使过滤的因素变化更多。

4.2　空气过滤除菌原理

使空气通过高温灭菌的介质过滤层，将空气中的微生物等颗粒阻截在介质层中，而达到除菌的目的，这是目前国内外发酵工业所广泛使用的空气除菌方法。常用的过滤介质多是棉花、活性炭、超细玻璃纤维、石棉滤纸及烧结材料等，称为深层过滤介质。这类介质的孔径大小不一，但一般都比细菌大，其过滤原理显然不是按面积过滤，而是一种滞留现象。根据目前的研究，这种滞流现象是由多种作用机制构成的，主要有惯性碰撞、阻拦、布朗运动、重力沉降、静电吸引等。至于哪一种作用机制为主，则随条件而变化。

4.2.1 惯性碰撞滞留作用

当微生物等颗粒随气流以一定速度流动，在接近纤维时，气流碰到纤维而受阻，空气就改变运动方向绕过纤维继续前进，但微生物等颗粒由于具有一定的质量，在以一定速度运动时如遇到纤维，则会因惯性作用而离开气流继续前进并碰在纤维表面上，由于摩擦、粘附作用被滞留在纤维表面上，这就是惯性碰撞滞留作用。

图 4-3 为带颗粒气流通过单一纤维界面的假想模型。当气流为层流时，气体中的颗粒随气流作平行运动，接近纤维表面时，气流改变方向，绕过纤维而前进，但在气流宽度 b 以内的颗粒，由于惯性作用，未能及时改变运动方向，继续前进而与纤维碰撞（虚线所示）被阻截，在 b 宽度以外的颗粒绕过纤维随气流前进。因滤层由无数多纤维组成，对颗粒的碰撞几率为无穷多，故形成过滤除菌作用。

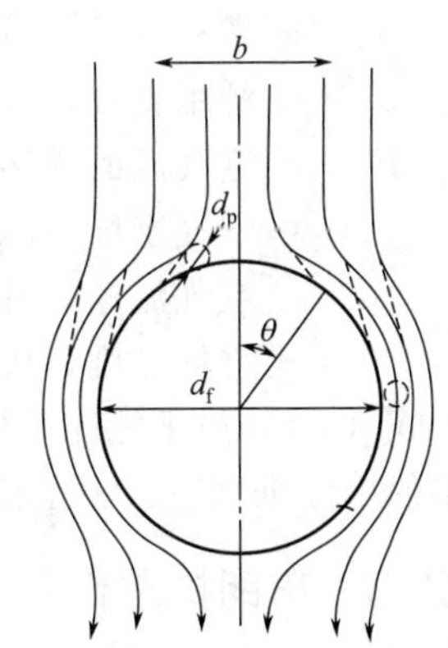

图 4-3　单一纤维空气流线模型

纤维能滞留微粒的宽度区间 b 与纤维直径 d_f 之比称为单纤维的惯性碰撞捕集效率，用 η_1 表示，即：

$$\eta_1=b/d_f \tag{4-1}$$

实践证明，η_1 是惯性力的无因次准数 Φ 的函数，$\eta_1=\mathrm{F}(\Phi)$，而 Φ 与纤维直径、颗粒运动速度（气流速度）有关，以下式表示：

$$\Phi=\frac{C\rho_p d_p^2 v}{18\mu d_f} \tag{4-2}$$

式中　v——颗粒（即空气）运动速度，m/s；

ρ_p——颗粒密度，kg/m^3；

d_p——颗粒直径，m；

d_f——纤维直径，m；

μ——空气黏度，Pa·s；

C——气体在表面滑动的克宁汉姆（Uuningham）修正系数。

可见，在一定条件下，捕集效率随气流速度增加而增大，当然，气流速度过大，也会将颗粒带走而捕集效率下降。相反，当气流速度小时，颗粒因运动速度小而惯性也小，颗粒脱离气流被捕集的可能性也就小。如果气流速度小至颗粒的惯性力不足以使颗粒脱离气流时，颗粒就不与纤维碰撞而被捕集，即 $\eta_1=0$，此时气流的速度称为临界速度，以 v_c 表示。空气临界速度 v_c 与纤维直径 d_f、颗粒直径 d_p 和颗粒密度 ρ_p 以及气体的物理性质有关。

根据 Langmuir 的研究，对于柱状纤维介质，当 $\Phi=1/16$ 时，$\eta_1=0$，此时的空气流速正是临界速度 v_c，故把 $\Phi=1/16$，$v=v_c$ 代入式（4-2）可得计算 v_c 的公式如下：

$$v_c=1.125\frac{\mu d_f}{C\rho_p d_p^2} \tag{4-3}$$

在临界速度以下时，颗粒的惯性冲击可以略去不计。

4.2.2 阻拦滞留作用

当气流速度降到临界速度以下时，微粒不再由于惯性碰撞而被滞留。但是微粒质量极小，在气流速度很低时仍然紧跟气流运动，这样，当气流绕过纤维时，在纤维周边形成一层边界滞流层，层内因气流速度更慢而使微粒缓慢接近纤维，并与之接触，由于摩擦及粘着作用而被滞留，这就是阻拦作用。

从图 4-3 可见，位于 $\theta=\pi/2$ 并离纤维表面 $d_p/2$ 处的空气流线是流线中所挟带的颗粒通过圆柱状纤维时被阻拦的极限条件。单个纤维对微粒的阻拦效率 η_2 可由下式表示：

$$\eta_2=\frac{1}{2(2-\ln Re)}\left[2(1+R)\ln(1+R)-(1+R)+\frac{1}{1+R}\right] \tag{4-4}$$

式中 R——微粒与纤维直径之比，即 $R=d_p/d_f$；

d_p——颗粒直径，m；

d_f——纤维直径，m；

Re——空气流的雷诺数，$Re=d_f v\rho/\mu$；

ρ——空气密度，kg/m^3；

v——空气流速，m/s；

μ——空气黏度，Pa·s。

式（4-4）虽不能完善地反映各参数变化过程纤维截留微粒的规律，但对于 $v \leqslant v_c$ 时计算得的单纤维截留效率是比较接近实际的。

4.2.3 布朗扩散作用

很小的微粒（如直径<1μm 的菌体）在流动速度很慢的气流中由于进行一种不规则的直线运动（布朗扩散）而与纤维接触附着于纤维表面而被捕集，这种作用机制叫做扩散。它只能在气流速度很慢和很小的纤维间隙才起作用，但此种情况下可大大增加阻拦滞流作用，因为当这些微粒离开了它们所处的位置中心时就可能被阻集在纤维表面上。如果微粒的位置移动 $2x_0$，则在式（4-4）中以 $2x_0$ 代替 d_p，就可计算出由于扩散作用而导致的微粒阻集效率 η_3：

$$\eta_3=\frac{1}{2(2-\ln Re)}\left[2\left(1+\frac{2x_0}{d_f}\right)\ln\left(1+\frac{2x_0}{d_f}\right)-\left(1+\frac{2x_0}{d_f}\right)+\frac{1}{1+\frac{2x_0}{d_f}}\right] \tag{4-5}$$

$$\frac{2x_0}{d_f}=\left[1.12\times\frac{2(2-\ln Re)D_B}{vd_f}\right]^{1/3} \tag{4-6}$$

式中 D_B——微粒的扩散率，m^2/s，$D_B=CKT/(3\pi d_p)$；

K——波尔曼（Boltzmann）常数，$K=1.38\times10^{-23}$；

T——绝对温度，K；

d_p——微粒直径，m。

4.2.4 重力沉降作用

当微粒所受重力大于气流对它的拖带力时，微粒就沉降。对于小颗粒，这种机制只有在气流速度很低时才起作用。在空气介质过滤除菌方面，这种作用是可以不考虑的。

4.2.5 静电吸附作用

当气流通过介质滤层时，由于摩擦作用而产生诱导电荷，特别是纤维表面和树脂处理的纤维表面产生电荷更显著。当菌体所带电荷与介质所带电荷相反时，就产生静电吸引作用。各种微生物所带电荷不同，Humphrey 曾测出枯草杆菌孢子有 70%带 1～60 负电单位，15%带 5～14 正电单位，其余为电中性。还有实验证明，带电的细菌比中性细菌更有效地被捕集，这说明静电吸附是存在的。但关于介质过滤除菌机制中静电吸附作用的捕集效率的定量数据还未见报道。

综上所述，就纤维过滤器而言，重力沉降作用可排除不计，因为被阻集的微粒很小（直径约为 1μm 左右）；静电吸附作用也可以不予考虑，因为目前尚无定量的数据足以表明它在纤维过滤器的总捕集效率中所占有的分量。所以，可认为重力沉降效率 $\eta_4 \approx 0$、静电吸附效率 $\eta_5 \approx 0$，若假定 η_1、η_2、η_3 的数值彼此互不影响，则单个纤维的捕集 η 可用下式表示：

$$\eta = \eta_1 + \eta_2 + \eta_3 \tag{4-7}$$

采用玻璃纤维填充的滤垫进行空气除菌的实践经验表明，在计算 η 值时，由于微粒的惯性碰撞而得到的阻集效率 η_1 往往可以忽略不计（$\eta_1 = 0$）。

当 Re 的数据值在 $10^{-4} \sim 10^{-1}$ 范围时［此时有 $1/(2-\ln Re) \propto Re^{1/6}$］，通过数学处理，可将式（4-4）及式（4-5）简化如下：

$$\eta_2 \propto R^2 Re^{1/6} \tag{4-8}$$

$$\eta_3 \propto S_c^{-2/3} Re^{-11/18} \tag{4-9}$$

其中：　　　$S_c = \mu / \rho D_B$

由此可以看出，$R = d_p / d_f$ 的几何比率和微粒的扩散率 D_B 对提高 η_2（源于阻截）及 η_3（源于扩散）的数据来说都很重要。

在空气过滤除菌过程中，五种除菌作用同时存在，由于菌体颗粒大小不同和气流速度不同，总是其中一种或几种除菌原理起主导作用。过滤器的捕集效率如图 4-4 所示，从图中可以看出，捕集曲线分两部分，当空气流速很低时，以扩散、静电吸引、重力沉降起支配作用，随着空气流速增大，捕集效率 η 缓慢降低，但是当气流速度增加到一定界限值即临界速度后，捕集效率随空气流速进一步增加而急速增大，除菌原理以惯性冲击和阻截作用为主。

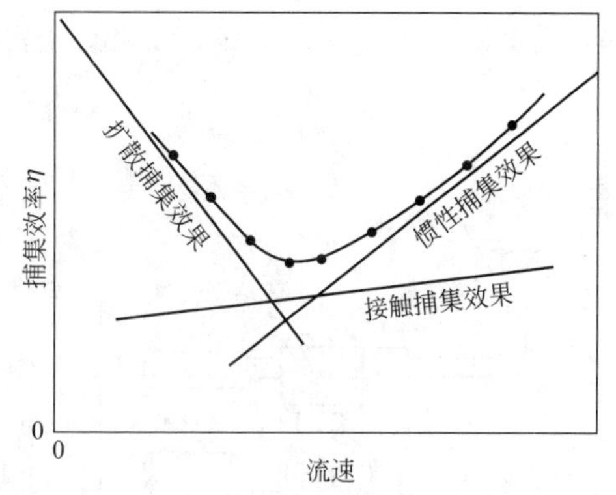

图 4-4　过滤器的捕集原理

4.3　空气过滤除菌工艺要求与流程

4.3.1　空气过滤除菌工艺要求

供给发酵用的无菌空气，需要克服过滤介质阻力、发酵液静压力和管道阻力，一般使用空压机。对空气造成污染的来源有两个方面，一是从大气中吸入的空气常常有灰尘、沙土、细菌等；二是在压缩过程中，还会有空压机的润滑油或管道中的铁锈等杂质。空气经压缩，一部分动能转换成热能，出口空气的温度在 120～160℃之间，起到一定的杀菌作用，但在空气进入发酵罐前，必须先行冷却。而冷却出来的油、水又必须及时排出，严防带入空气过滤器中，否则会使过滤介质受潮，失去除菌性能。空气在进入空气过滤器前，要先经除尘、除油、除水，再经空气过滤器除菌，制备无菌空气进入发酵罐，供菌体生长与发酵产物生成的需要。

ⅰ. 首先将进入空压机的空气进行粗滤，滤去灰尘、沙土等固体颗粒。这样有利于空压机的正常运转，提高空压机的寿命。

ⅱ. 将经压缩后的热空气冷却，并将析出的油、水尽可能地分离掉。常采用油水分离器与除雾器相结合的装置。

ⅲ. 为防止往复压缩机产生脉动，流程中需设置一个或数个储气罐。

ⅳ. 空气过滤器一般采用两台总过滤器（开一备一）和每个发酵罐单独配备分过滤器相结合的方法，就可以达到无菌。

4.3.2 空气过滤除菌流程

发酵工业工厂所使用的空气除菌流程，随各地的气候条件不同而有很大的差别。典型的空气过滤流程有如下几种。

4.3.2.1 空气压缩冷却过滤流程

空气压缩冷却过滤流程如图 4-5 所示，这种流程比较简单，它由压缩机、储罐、空气冷却器和过滤器组成。适用于气候寒冷、相对湿度很低的地方或相应的季节。由于空气的温度低，经压缩后它的温度也不会升高很多，特别是空气的相对湿度低，空气中的绝对湿含量很小，虽然空气经压缩到工艺要求的压力，并冷却到进入培养、发酵设备所要求的温度（一般为 35℃），但最后空气的相对湿度还能保持在 60%以下，这就能保证过滤设备的过滤除菌效率，满足微生物培养、发酵的无菌空气要求。

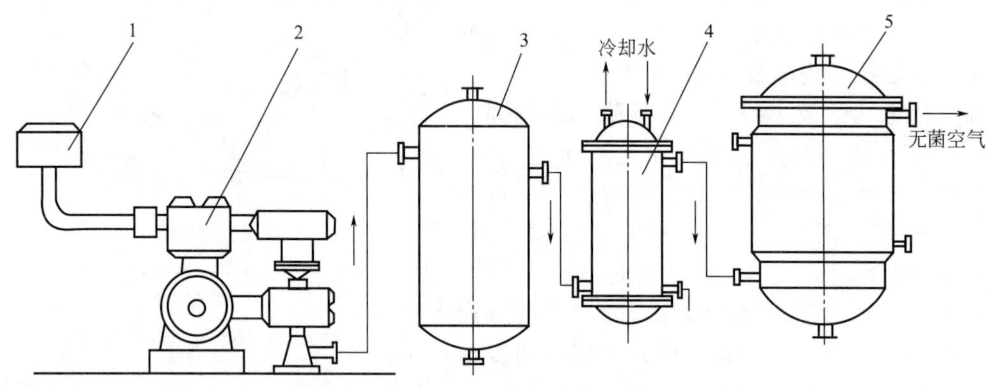

图 4-5 空气冷却过滤流程

1—粗过滤器；2—压缩机；3—储罐；4—冷却器；5—总过滤器

空气温度、相对湿度低到多少，才采用这种流程，需根据湿含量的计算来确定。例如将空气压缩到 0.4MPa，冷却后温度为 35℃，当空气相对湿度为 100%时，空气吸入温度应小于 4℃；吸入空气相对湿度 80%时，空气温度应小于 12℃，这样情况下基本符合要求。这种流程在使用涡轮式空气压缩机或无油润滑的情况下效果是好的，但采用普通空气压缩机时，可能会引起油污污染过滤器，这时就需加丝网分离器将油污分离。

4.3.2.2 两级冷却、分离、加热的空气除菌流程

两级冷却、分离、加热的空气除菌流程如图 4-6 所示。这是一种比较完善的空气除菌流程，它可适应各种气候条件，能充分地分离空气中含有的水分使空气达到低的相对湿度后进入过滤器，提高过滤效率。两次冷却、两次分离油水的好处是，能提高传热系数，节约冷却用水，油、水、雾分离得比较完全。经第一次冷却后，大部分的水、油都已结成较大的雾滴，且雾滴浓度比较大，故适宜用旋风分离器分离。第二冷却器使空气进一步冷却后析出一部分较小的雾滴，宜采用丝网分离器分离，这样发挥丝网能够分离较小直径的雾滴和分离效果高的作用。丝网分离后的加热器，是为了降低空气中的相对湿度，保证过滤器不潮湿设立的，为了节省热能，可以利用压缩机刚出来的热空气作为加热器的加热介质。

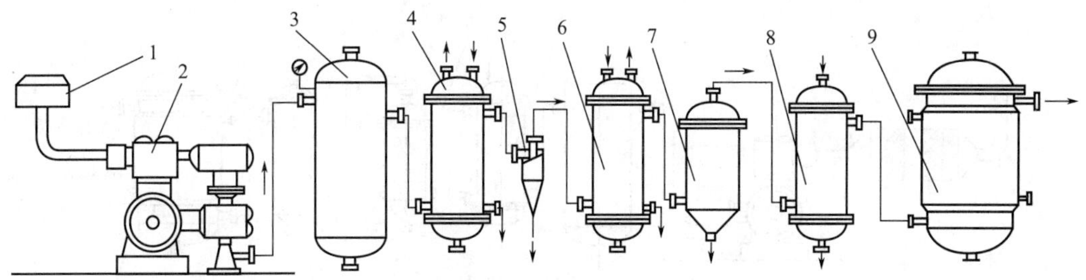

图 4-6　两级冷却、加热除菌流程图

1—粗过滤器；2　压缩机；3—储罐；4,6—冷却器；5—旋风分离器；
7—丝网分离器；8—加热器；9—过滤器

若采用低温的地下水，可采用串联来减少冷却水用量。在没有低温地下水时，第二级可采用冰水冷却。通常第一级冷却到 30～35℃，第二级冷却到 20～25℃。除水后，空气的相对湿度还是 100%，可用加热的办法把空气的相对湿度降到 50%～60%。

此流程尤其适用于潮湿的南方地区，其他地区可根据当地的空气性质等情况，对流程的设备作适当的增减。

4.3.2.3　冷热空气直接混合式空气除菌流程

冷热空气直接混合式空气除菌流程见图 4-7。此流程适用于中等湿含量的地区，其特点是，可省去第二冷却分离设备和空气再加热设备，流程比较简单，冷却水用量较少，利用压缩空气的热量来提高空气温度。压缩空气从储罐分成两部分流出，一部分进入冷却器，冷却至较低的温度，经分离器分离水、油雾后与另一部分未处理过的高温压缩气体混合。要求控制混合后的空气参数为：温度 30～35℃，相对湿度 50%～60%，混合后的空气进入过滤器过滤。但此流程的空气冷却温度和空气分配比的关系随所吸入空气的参数而变化，需根据具体的计算来调节。

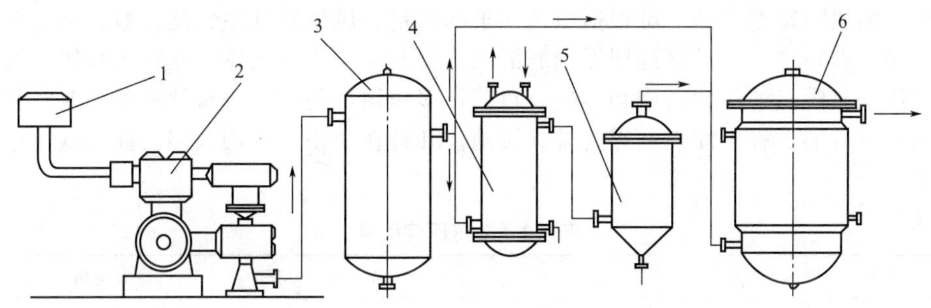

图 4-7　冷热空气直接混合式空气除菌流程

1—粗过滤器；2—压缩机；3—储罐；4—冷却器；5—丝网分离器；6—过滤器

4.3.2.4　高效前置过滤除菌流程

高效前置过滤除菌流程如图 4-8 所示，它的特点是无菌程度高。它利用压缩机的抽吸作用，使空气先经中效高效过滤后，进入空气压缩机。经高效前置过滤后，空气的无菌程度已经相当高，再经冷却、分离进入主过滤器过滤后，空气的无菌程度就更高，以保证发酵的安全。高效前置过滤器采用泡沫塑料（静电除菌）、超细纤维纸为过滤介质，串联使用。

以上四种除菌流程是根据目前使用的过滤介质的过滤性能，结合环境条件，从提高过滤效率的角度来设计的。随着科学的发展，高效过滤介质的出现，新的除菌方法的应用，对除

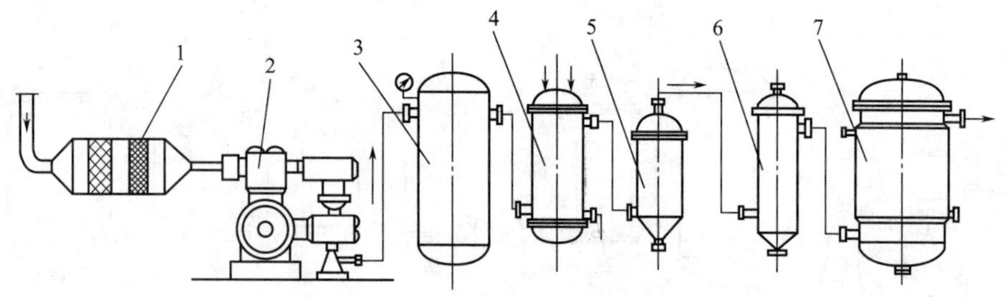

图 4-8 高效前置过滤除菌流程

1—高效过滤器；2—空压机；3—储罐；4—冷却器；5—丝网分离器；6—加热器；7—过滤器

菌流程的不断改进，将会产生新的、简单、高效的空气过滤流程。

目前，提高过滤除菌效率的主要措施如下。

ⅰ. 减少进口空气的含菌数即加强生产环境卫生管理，减少环境空气中的含菌量；提高空气进口位置（高采风口），减少进口空气含菌量；加强压缩机前的预处理。

ⅱ. 设计和安装合理的空气过滤器。

ⅲ. 降低进入总过滤器的空气相对湿度，保证过滤介质在干燥环境下工作。可以采取以下几个措施：无油润滑的空压机；加强空气的冷却和除油除水；提高进入总过滤器的空气温度，降低其相对湿度等。

4.4 空气处理设备

空气处理设备是按空气除菌流程中所提出的要求而选择的。由于能完成同一任务的设备类型有多种，这里只讨论空气处理设备的原则和计算方法。

4.4.1 空气压缩机

空气压缩机为定型产品，可根据工艺要求的风量、风压及其他性能参数，从空气压缩机的产品目录中选择定购，最好选用无油润滑的往复式压缩机或涡轮式空气压缩机，因为这两种类型的压缩机没有油污的污染和影响。目前许多味精厂还是使用有油润滑的空气往复式压缩机，而在其后的流程中加强油雾的排除设施。几种在中小厂使用较多的往复式压缩机的型号见表 4-2。

表 4-2 常用压缩型号

型号	输气量/(m^3/min)	出口压力/MPa	电机功率/kW
2L-20/8	20	0.8	130
3L-10/8	10	0.8	75
3L-15/3	15	0.3	75
3L-20/3.5	20	0.35	100
4L-20/8	20	0.8	130
4L-40/2～3.2	40	0.2～0.32	130

4.4.2 空气储罐

空气储罐的作用是消除压缩机排气脉动，维持稳定的空气压力。储罐的体积配套可按下面的经验公式计算：

$$V=(0.1\sim0.2)W \tag{4-10}$$

式中　V——储罐的容积，m^3；

　　　W——压缩机的排气量，m^3/min。

当压缩机的排气压力较高时，储罐的容积可以较小。一般空气压缩机都选配有空气储罐，其规格见表 4-3。

表 4-3　储罐规格

风量/(m^3/min)	风压/MPa	气缸级数	压缩机功率/kW	储罐容积/m^3	储罐规格(直径×高)/(mm×mm)
3	0.4	1	14.5	0.5	ϕ650×1600
6	0.4	1	28.5	1	ϕ900×1450
3	0.8	2	19	0.5	ϕ700×1450
6	0.8	2	37	1	ϕ1000×1450
10	0.8	2	60	2	ϕ1100×2400
20	0.8	2	120	4	ϕ1300×3050
30	0.8	2	176	5	ϕ1400×3000
50	0.8	2	270	8	ϕ1500×4250
100	0.8	2	570	12	ϕ1800×4400

储罐的结构很简单，是一个装有安全阀、压力表的空罐（筒形容器），见图 4-9（a）。有些工厂在罐内加装冷却蛇管，利用空气冷却器排出的冷却水进行冷却，提高冷却水的利用率，带冷却盘管的空气储罐见图 4-9（b），空气进入储罐后，沿着导向螺旋向下作旋转运动，与管中的冷却水进行热交换，同时由于旋转速度较快，油水在旋转过程中已经得到分离或部分分离。在要求高的场合，也可在空气出口处增设汽液过滤网，以提高分离效果。

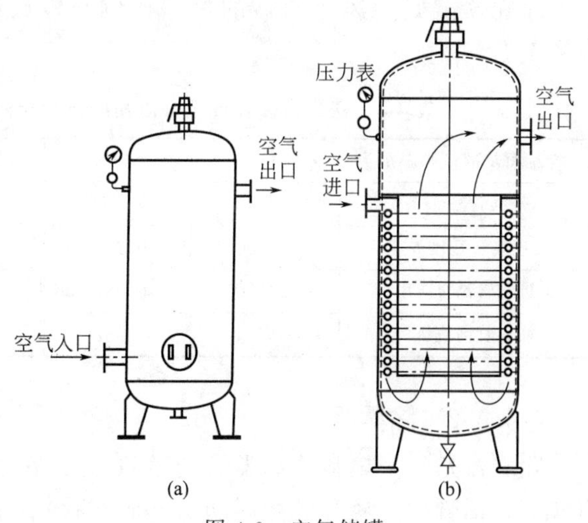

图 4-9　空气储罐

4.4.3　空气冷却器

可作为空气冷却器的热交换设备种类很多，但设计时应根据空气冷却过程的特点进行考虑，空气的传热系数很低，不采取恰当的措施来提高它的传热系数，将会大大增加传热面积。一般空气除菌流程中常用的空气冷却器类型有：立式列管式热交换器、沉浸式热交换器、喷淋式热交换器等。提高空气传热系数的最好办法是增加空气的流速，当选择列管式热交换器时，若水质条件许可（杂质少，不容易形成积垢），可安排空气在管内做成多程流动，提高空气流速。若水质条件不许可，可安排空气在管外，同时用多加折流板的办法来提高空气流速。对于喷淋式和沉浸式冷却器，在设计时须保证一定的空气流速，一般选择的空气流速为 5～10m/s。

4.4.4 气液分离器和除雾器

4.4.4.1 气液分离器

气液分离器是分离空气中被冷凝成雾状的水雾和油雾粒子的设备，一般采用旋风式分离器。常用的两种旋风分离器的结构和各部分尺寸关系如图 4-10 所示。

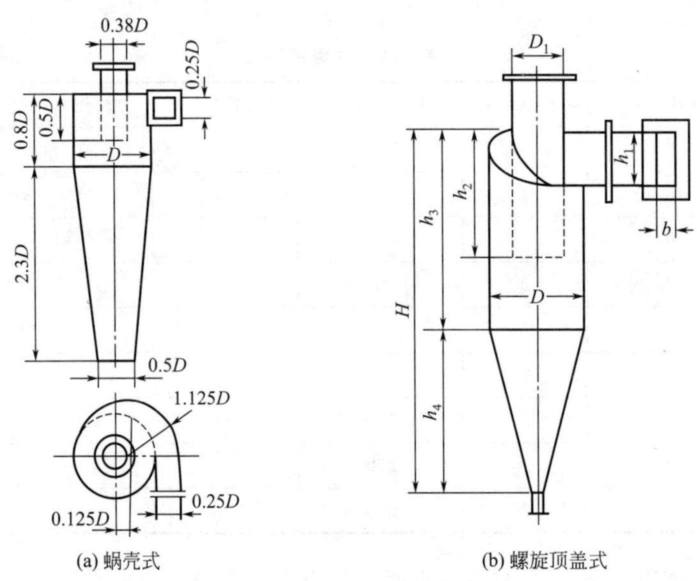

图 4-10 旋风分离器

螺旋顶盖式旋风分离器的尺寸比例与螺旋面及空气进口倾斜角有关，具体关系见表 4-4。

表 4-4 螺旋顶盖式旋风分离器的尺寸比例与螺旋面及空气进口倾斜角关系

螺旋面及进口倾斜角	15°	11°	螺旋面及进口倾斜角	15°	11°
排气管径 D_1	$0.55D$	$0.6D$	圆筒高度 h_3	$2.2D$	$2.08D$
进气管宽度 b	$0.2D$	$0.26D$	圆锥高度 h_4	$2.0D$	$2.0D$
进气管高度 h_1	$0.5D$	$0.48D$	总高 H	$4.56D$	$4.38D$
插入管高度 h_2	$1.75D$	$1.56D$			

4.4.4.2 除雾器

除雾器是一个填料分离器，起着进一步净化气体的作用。填料分离器所采用的填料有焦碳、活性炭、瓷环、金属切屑（成丝状）、金属丝网、塑料丝网等。它们的分离效率随它们的表面积增大而增大，对于瓷环，比表面积（单位体积填料所具有的表面积）为 87.5～204m^2/m^3。对于 0.1～0.4mm 直径的丝网，比表面积可达 1000～2000m^2/m^3。因此，要达到一定的分离效果，采用瓷环填料的分离设备就要做得比较庞大，而丝网分离器就可大大缩小。由于丝网的表面间隙小可除去较细的雾状颗粒（可达 5μm），分离效率可达 98%～99%，且阻力损失不大，但对于雾珠浓度很大的场合，会因雾沫堵塞孔隙而增大阻力损失。

目前我国生产的丝网规格很多，常用的有不锈钢丝和塑料丝，丝的直径通常是 0.1×

0.4mm，也有扁平规格的如 0.1×0.4mm，织成丝网的宽度为 100～150mm，丝网孔径为 20×80 目，作为气液分离器多用 ϕ0.25×40 目的不锈钢丝网，使用时将丝网卷成圆形套进分离器圆筒内，如图 4-11 所示。

所用丝网的高度有按分离效率计算的，但这方法比较复杂，一般只按商品丝网宽度规格选取，常用高度为 150mm，分离器圆筒直径的大小可按式（4-19）进行计算，u 为空截面空气流速，取为丝网间隙中空气实际流速的 75%。空气的实际流速可取值为经验公式（4-11）计算出的最大值，这最大值称为容许气速。

$$U_{容}=K\sqrt{\frac{\rho_L-\rho_G}{\rho_G}} \tag{4-11}$$

式中　$U_{容}$——容许气速，m/s；

ρ_L——雾沫液体的密度，kg/m^3；

ρ_G——空气的密度，kg/m^3；

K——经验系数。

K 值的选取与空气中雾沫微粒的浓度、液体的表面张力和黏度、丝网的比表面积等因素有关，K 大了会增加空气的阻力损失，一般选用 0.067 进行设计计算，下式是阻力计算的经验公式。

$$\Delta p=34.1u_s\rho_G \tag{4-12}$$

式中　Δp——阻力损失，Pa；

u_s——空截面空气流速，m/s；

ρ_G——空气的密度，kg/m^3。

如果用瓷环或不锈钢切屑为填料设计除雾器，器内气体流速可取 1～3m/s，根据气体流量及选定的气体流速，可设计除雾器的结构尺寸，其结构如图 4-12 所示。

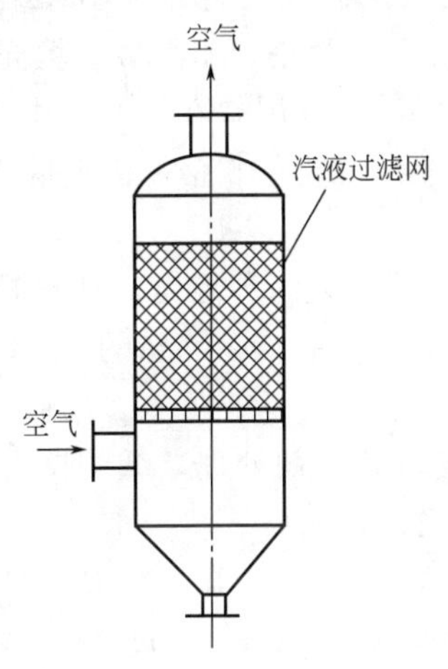

图 4-11　丝网除雾器

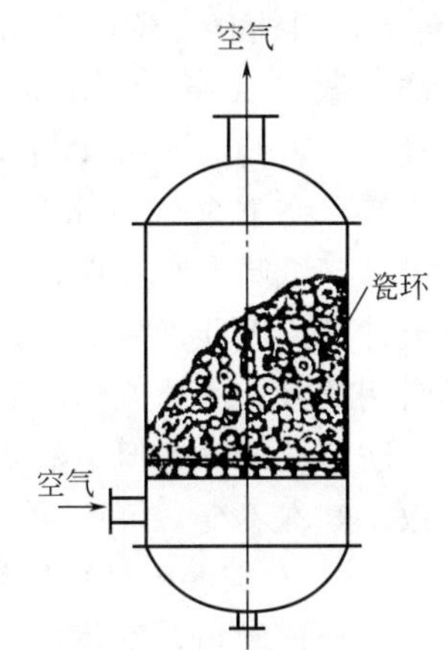

图 4-12　瓷环除雾器

4.4.5　空气过滤器

在空气除菌流程中，过滤器是关键设备，过滤器的效果对于空气净化质量有决定性的作用。因此，设计合理、高效的空气过滤器具有重要意义。

4.4.5.1　常用过滤介质

过滤介质是过滤除菌的关键，它的好坏不但影响到介质的消耗量、过滤过程动力消耗、操作动力强度、维护管理等，而且还决定设备的结构、尺寸，还关系到运转过程的可靠性。因此，对空气过滤介质不仅要求除菌效率高，还要求能用高温灭菌、不易受油水沾污而降低除菌效率、阻力小、成本低、来源充足、经久耐用及便于调换操作。常用的空气过滤介质有：棉花、活性炭、玻璃纤维、超细玻璃纤维纸、石棉滤板、烧结材料过滤介质及新型过滤介质（也称绝对过滤介质）等。

① 棉花　棉花直径一般为16～21μm，长度2～3cm。用作空气过滤介质时，以纤维细长的非脱脂新鲜棉花为好。因为脱脂纤维容易吸湿而降低过滤效率。填充密度一般为150～200kg/m^3。棉花作为过滤介质的缺点是阻力大，容易受潮，受潮后的棉花阻力更大，因此，国内、外已基本不使用。

② 活性炭　活性炭具有表面积大，吸附性强等优点。一般使用ϕ3×10mm～15mm的圆柱状活性炭，粒子间隙大，故阻力小，仅为棉花的1/2；但是除菌效率差，仅为棉花的1/3，因此，一般都是夹装在两层棉花中间使用，以降低滤层阻力，通常上、下层棉花和中层活性炭用量各占1/3，填充密度在400～450kg/m^3。

活性炭的好坏决定于它的强度和表面积。表面积小，则吸附性能差，过滤效率低；强度不足，则很容易破碎，堵塞孔隙，增大气流阻力。

③ 玻璃纤维　作为散装充填过滤器的玻璃纤维，一般直径为8～19μm不等。纤维直径越小越好，但纤维越小，其强度越低，很容易断碎而造成堵塞，增大阻力。因此充填系数不宜太大，一般采用6%～10%，其阻力损失一般比棉花小。如果采用硅硼玻璃纤维，则可得较细直径（0.5μm）的高强度纤维。

玻璃纤维充填的最大缺点是：更换过滤介质时将造成粉末飞扬，使皮肤发痒，甚至出现过敏现象，因此国内基本上不用。

④ 超细玻璃纤维纸　以质量较好的无碱玻璃，用喷吹法制成的直径很小纤维。一般直径为1～1.5μm，国外有直径0.5μm的硅硼玻璃纤维。由于直径小，不易散装填充，因而采用造纸的方法，做成0.25～0.3mm厚的纤维纸，使用时将3～6层叠在一起。由于丝径小，纸的网格孔径也小，约为5μm以下，比棉花装填后的孔径小10～15倍，因此除菌效率高。据测定，在干燥状态下对0.5μm以上的颗粒过滤效率在99.999%以上。

超细纤维玻璃纸具有吸湿性，不疏水，当被水湿后，就失去滤菌能力，且潮湿后强度很差，易被气流冲破。因此，一般需经疏水处理。常用的疏水剂有2%～5%的2124酚醛树脂酒精溶液，采用沉浸、涂抹或喷洒处理，可提高机械强度，但还不能防水。用硅酮（5%有机硅）处理，防潮性能好，但不能防油。据报道用5%皮革处理剂处理，纸的拉力强度大大增加，过滤效率基本不变，可达99.997%，但过滤阻力增加。

⑤ 石棉滤板　石棉滤板是采用纤维小而直的石棉20%和80%纸浆纤维混合打浆抄制而成。由于纤维直径比较粗，纤维间隙比较大，虽然滤板厚3～5mm，但过滤效率还是比较低，只适宜用于分过滤。其特点是湿强度较大，受潮时也不容易穿孔或折断，能耐受蒸汽反复杀菌，使用时间较长，通过石棉滤板的气流速度一般取0.01～0.04m/s，用于过滤0.5μm以上的颗粒，它的过滤效率可达99.6%以上。

⑥ 烧结材料过滤介质　烧结材料过滤介质种类很多，有烧结金属（蒙乃尔合金、青铜等）、烧结陶瓷、烧结塑料等。制造时用这些材料微粒粉末加压成型后，处于熔点温度上粘结固定，但只是粉末表面熔融粘结而保持粒子的空间和间隙，形成了微孔通道，一般孔隙都在10～30μm之间，具有微孔过滤的作用。

⑦ 新型过滤介质（绝对过滤介质）　随着科学技术的发展和严格发酵条件的需要，已研

究出一些新的过滤介质，它的微孔直径在 0.45μm 以下，小于一般菌体，对微生物及 0.5μm 以上的颗粒能完全过滤，称为绝对过滤。这种过滤对于病毒、噬菌体类等直径特别小的微生物，仍然可以通过。使用绝对过滤膜还需要同时采用粗过滤器，先把大粒子滤去，以减少负荷，也可防止大粒子堵塞滤孔。当然，这种绝对过滤由于孔径特别小，对空气阻力很大。这种绝对过滤介质的生产比较困难，国内、外已有商品出售。这种滤纸的材料有硝酸纤维脂类、聚四氟乙烯等。

总之，目前的过滤介质性能还很不完善，有待进一步研究改进，争取创造出更多的、新的、高效的过滤介质。

评价一种过滤介质，主要衡量指标是过滤效率 η，而 η 又是过滤常数 K 和过滤层厚度 L 的函数，K 值越大，L 可以变得越小，同时对于过滤压力降 Δp 是越小越好，因而把 $KL/\Delta p$ 值作为综合性能指标来评价。现有几种介质性能如图 4-13 所示。

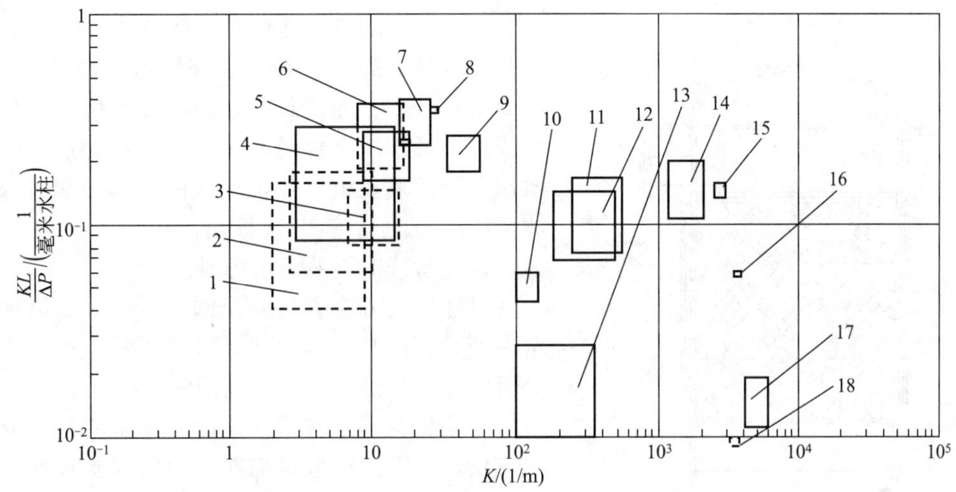

图 4-13　各种过滤介质性能比较图

1，2—圆柱形活性炭；3—碎活性炭；4—尼龙纤维；5—聚四氯乙烯；$d=19$ 微米；6—维尼龙；7—聚四氯乙烯；$d=20$ 微米；8—玻璃棉；9—棉花；13—金属过滤板；10，11，12，14，15，16，17，18—不同孔径的聚乙烯醇过滤板

4.4.5.2　空气过滤器的结构

在除菌流程中，为了保护压缩机，一般设有粗过滤器；为了除菌彻底，通常分设二级过滤除菌。第一级称为总过滤器，距离用气车间较远。第二级称为分过滤器，安装在用气车间用气设备的旁边，一般是一个用气设备配置一个专用的分过滤器，这样可使发酵生产更加安全可靠。

粗过滤器的结构形式通常用布袋式和填料式两种。总过滤器常用深层棉花（活性炭、玻璃纤维）总过滤器。分过滤器的种类有：带分离网的过滤板或超细纤维纸分过滤器；不带分离网的纤维纸分过滤器，这种过滤器有平板式纤维纸过滤器、管式过滤器、棉花纤维夹活性炭分过滤器、金属微孔薄膜管式分过滤器。

在一些要求过滤阻力很小、过滤效率比较高的场合，采用的是接迭式低速过滤器。

（1）粗过滤器

目前我国发酵工厂中把粗过滤器安装在空气压缩机前使用，主要是捕集较大的灰尘颗粒，防止其进入压缩机而造成磨损，同时也可以起到减轻总过滤器负荷的作用，要求粗过滤器的过滤效率要高，阻力要小，若阻力大则会增加空气压缩机的吸入负荷和降低空气压缩机的排气量。通常用布袋式和填料式两种粗过滤器。

采用布袋过滤结构最简单，只要将滤布缝制成与骨架相同形状的布袋，绷紧缝于焊在进气管的骨架上，并缝紧所有会造成短路的空隙。它的过滤效率和阻力损失要视所选用的滤布结构情况和过滤面积而定，布质结实细微则过滤效率高，但阻力大。最好采用毛质绒布，效果较好。另气流速度越大，阻力越大，且过滤效率也低。一般设计时按空气流速在 2～2.5$m^3/(m^2 \cdot min)$ 进行计算过滤器的过滤面积，这时空气阻力约为 588～1176Pa，滤布要求定期换洗以减小阻力损失和提高过滤效率。

填料式粗过滤器（一般用油浸铁丝网、玻璃纤维或其他合成纤维等）过滤效果稍比布袋过滤好，阻力损失也比较小，但结构比较复杂，占地面积比较大，内部填料需经常洗换才能保持一定的过滤作用，操作比较麻烦，填料过滤器有定型产品，如箱式填料除尘器等，可按需要选购。

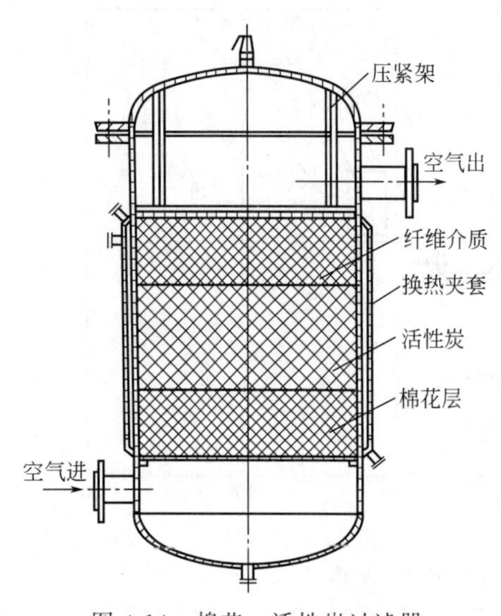

图 4-14　棉花、活性炭过滤器

（2）深层棉花（活性炭、玻璃纤维）总过滤器

总过滤器的结构如图 4-14 所示，器身为一立式圆筒形，上、下连接封头，内部充填散装的棉花纤维或玻璃纤维或夹装活性炭作为过滤介质。过滤介质用上下两块孔板压住，空气由底部切线进入，过滤后的空气由上部出口排出。出口不宜安装在顶盖，以免检修时拆装管道困难。

过滤器上方应安装安全阀、压力表，以保证安全生产，罐底装有排污孔，以便经常检查空气冷却是否完全、过滤介质是否潮湿等情况。

采用棉花纤维和活性炭时，通常将过滤介质分成三层，上下两层敷设棉花、中间层敷设棒状活性炭（ϕ3mm×5～10mm），加入活性炭的目的是为了减小过滤层的阻力并可吸附空气中的有害物质，填充物在过滤器内按下面排序安装：

孔板→金属网→纱布→棉花→纱布→活性炭→纱布→棉花→纱布→金属网→孔板

具体的装法如下：在过滤孔板上放上金属丝及织品（纱布），然后装入过滤层体积 1/4 的棉花，再放纱布，接着放滤层 2/4 左右的活性炭，再放纱布，纱布上装 1/4 滤层的棉花，棉花上罩纱布及金属丝，最上面是孔板。有些厂为了减小过滤阻力，提高过滤效率，减小棉花用量，其装法是：最下层装的棉花为总过滤层体积的 1/20，中间装入 3/4（15/20）的活性炭，上层装 1/5（4/20）棉花，这样装法经使用，过滤效果也不错，符合一级过滤的要求。

一般过滤器装入介质的填充密度，棉花可为 150～200kg/m^3，玻璃棉可为 200～260kg/m^3，活性炭为 400～450kg/m^3。

安装介质时要求紧密度均匀，压紧要一致。压紧装置形式有多种，可以在周边固定螺栓压紧，还可以利用顶盖的密封螺栓压紧，其中利用顶盖压紧比较简便，装好过滤层孔板后加上压紧支架顶盖。由于棉花压缩距离比较大，故先用几条长螺栓把棉花层压下，再换装短螺栓密封顶盖法兰。但这样压紧不一定各向均匀，随装填情况而有变化，特别是遇棉花受潮收缩或活性炭局部下沉，加上气流不均匀的冲击，则造成各部位压力不平衡，孔板倾斜，局部压不紧的棉花松动，甚至翻动，使空气走短路而影响和破坏过滤效果。有些为了防止这种事故，在压紧装置上加装缓冲弹簧，弹簧的作用是保持在一定的位移范围内保持对孔板的一定压力，可以防止滤层松动事故，效果良好，其结构如图 4-14 所示。

为了在用蒸汽灭菌时进行保温和灭菌后烘干纤维，过滤器外部装有通蒸汽的夹套。但目前很多工厂却不用夹套，因为灭菌时用夹套保温并无必要，而单用夹套通蒸汽的加热方法来烘干过滤介质，对于大型过滤器来说，中心部分实际上是烘不干的，所以通常采用以空气吹干的方法。再者，用夹套通蒸汽来烘干介质，使用时温度也要十分小心控制，温度过高（超过 100℃），则容易使棉花焦化而局部丧失过滤效能，甚至会产生烧焦着火的危险事故。

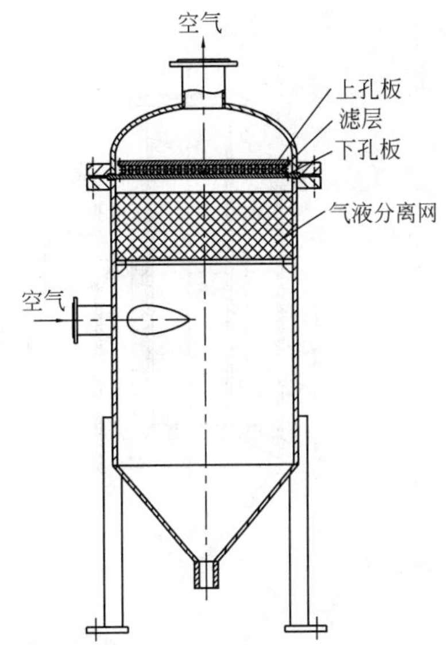

图 4-15　带分离网的分过滤器

（3）分过滤器

① 带分离网的过滤板或超细纤维纸分过滤器　带分离网的薄层滤板或超细玻璃纤维纸的分过滤器的结构如图 4-15 所示。

它由筒身、顶盖、滤层、夹板和缓冲层（分离网）构成。要过滤的空气从筒身中部切线方向进入，空气中有水油雾，则可在缓冲层中稍加过滤而沉于筒底由排污管道排出，空气经缓冲层通过下孔板经薄层介质过滤后，从上孔板进入顶盖排气孔排出。缓冲滤层可装填棉花、玻璃纤维或金属丝网等，顶盖法兰压紧过滤孔板并用垫片密封，上下孔板用螺栓连接来压紧滤板和密封周边。为了使气流均匀进入和通过过滤介质，在上下孔板都应先铺上 30～40 目的金属丝网和织物（纱布），使过滤介质（滤板或滤纸）均匀受力，夹紧于中间，周边要加橡胶圈密封，切勿让空气走短路。过滤孔板既要承受压紧滤层的作用，也要承受滤层上下两边的压力差，故强度一定要足够，孔板的开孔直径一般为 ϕ6～10mm，孔的中心距为 10～20mm。

② 不带分离网的纤维纸分过滤器　这种分过滤器又分平板式纤维纸过滤器和管式过滤器。

平板式纤维纸过滤器除了器内不带缓冲层（分离网）外，其他结构完全同上面叙述的带分离网的分过滤器的型式，有关计算也相同。平板式过滤器过滤面积局限于圆筒的截面积，当过滤面积要求较大时，则设备直径很大。

管式过滤器如图 4-16 所示，其过滤面积要比平板式大很多。但卷装滤纸时要防止空气从纸缝走短路，这种过滤器的安装和检查比较困难。为了防止孔管密封的底部死角积水，封管底盖要紧靠滤孔。

③ 棉花纤维夹活性炭分过滤器　这种结构的分过滤器在构造上与棉花纤维夹活性炭的空气总过滤器相同，只是结构尺寸相对较小，其设计见空气总过滤器部分叙述。

④ 金属微孔薄膜管式分过滤器　近几年，在味精厂空气处理系统中出现了一种新型的空气过滤设备——金属微孔过滤器，如图 4-17 所示。这种过滤器的过滤介质是烧结金属（蒙乃尔合金，青铜等），制造时用这些金属微粒粉末加压成型后，处于熔点温度下粘结固定，但只是粉状表面熔融粘结而保持粒子的空间和间隙，形成了微孔通道（孔隙 5～15μm），具有微孔过滤的作用。

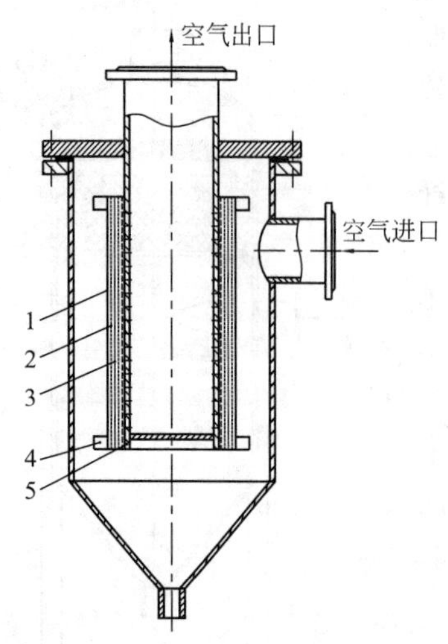

图 4-16　管式过滤器

1—铜丝网；2—麻布；3—滤纸；4—扎紧带；5—滤筒

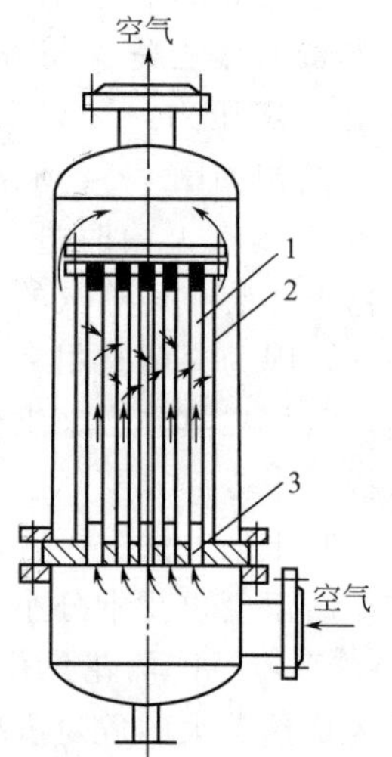

图 4-17　金属微孔过滤器

1—金属微孔管；2—固定支柱；3—滤层网

（4）接迭式低速过滤器

在一些要求过滤阻力很小、过滤效率比较高的场合，如洁净工作台、洁净工作室或自吸式发酵罐等，都需要设计、生产一些低速过滤器来满足它们的需要。超细纤维纸的过滤特性是气流速度越低，过滤效率越高，这样可以设计一种过滤面积很大的过滤器，其滤框（滤芯）结构和过滤器安装结构如图 4-18 所示。为了将很大的过滤面积安装在较小体积的设备内，可将长长的滤纸接折成瓦楞状，安装在棱条支撑的滤框内，滤纸的周边用环氧树脂与滤框粘结密封。滤框有木制和铝制两种规格，需要反复杀菌的应采用铝制滤框，使用时将滤框用螺栓固定压紧在过滤器内，底部用垫片密封。

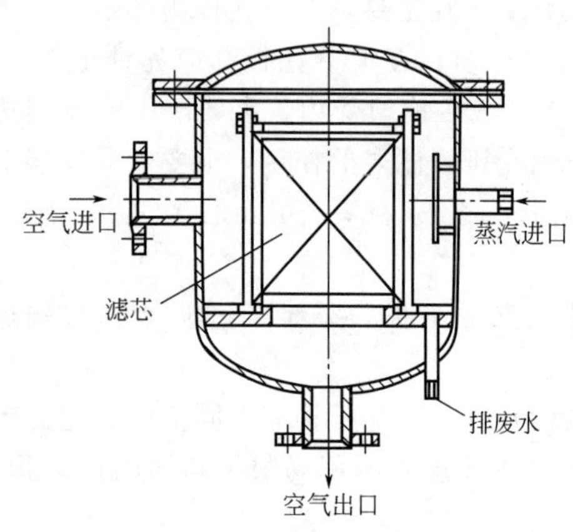

图 4-18　接迭式过滤器

在选择过滤器时，应按通过空气的体积流量和流速进行计算。一般选择流速在 0.025m/s 以下，这时空气通过的压力损失约为 200Pa。超细纤维的直径很小，间隙很窄，容易被微粒堵塞孔隙而增大压力损失。为了提高过滤器的过滤效率和延长过滤器滤芯的使用寿命，一般都加中效过滤设备，或采用静电除尘配合使用。目前我国一般采用玻璃纤维或泡沫塑料的中效过滤器配合使用，这样较大的微粒和部分小微粒被中效过滤器滤去，以减少高效过滤表面的微粒堆积和堵塞过滤网格现象。当使用时间较长、网格堵塞、阻力增大到 400Pa 时，就应更换新的滤芯。

这种过滤器的周边粘结部分，常会因粘结松脱而产生漏气，丧失过滤效能，故要定期用烟雾法检查。

4.4.5.3　空气过滤器的计算

（1）过滤效率（捕集效率）

空气过滤器中的过滤不是面积过滤，属于深层介质过滤，是无数层纤维将空气中的微生物等颗粒滞留在介质中，从而延长了空气中微粒的停留时间。在一段使用时间内，能将微生物等颗粒阻截在介质中，得到高的过滤效率，但这还不是过滤效率 100% 的绝对无菌。随着使用时间的延长，介质层中的微粒不断堆集，微粒穿过的几率不断增加。但对于间歇发酵，至少要在整个发酵期间，不使空气中的杂菌漏入而引起染菌，发酵终了后或定期必须对过滤器进行灭菌。所以，过滤器的作用实际上是延长了空气中微粒的停留时间。

假设空气中原来的微粒数 N_1、经过滤后空气中残留的微粒数为 N_2，则穿透率 P 定义为：

$$P=\frac{N_2}{N_1} \tag{4-13}$$

穿透率是经过滤后空气中剩留的颗粒数与原有颗粒数之比。

衡量过滤设备过滤能力的指标是过滤效率。过滤效率 η 是指被过滤器捕集到的颗粒与原有的（过滤前）颗粒之比，即

$$\eta=\frac{N_1-N_2}{N_1}=1-\frac{N_2}{N_1}=1-P \tag{4-14}$$

实践证明，空气过滤器的过滤效率主要与微粒的大小、过滤介质的种类和规格（纤维直径）、介质的填充密度、过滤介质层厚度以及所通过的空气速度等因素有关。

（2）对数穿透定律

在研究空气过滤器的过滤规律时，先排除一些复杂的因素作几个假定：

ⅰ. 过滤器中过滤介质每一纤维的空气流态并不因其他邻近纤维的存在而受影响；

ⅱ. 空气中的微粒与纤维表面接触后即被吸附，不再被气流卷起带走；

ⅲ. 过滤器的过滤效率与空气中微粒的浓度无关；

ⅳ. 空气中微粒在滤层中的递减均匀，即每一纤维薄层除去同样百分率的菌体。这样，空气通过单位滤层后，微粒浓度下降与进入空气微粒浓度成正比。取滤床厚度中一段微小长度（图 4-19）分析，则有下式：

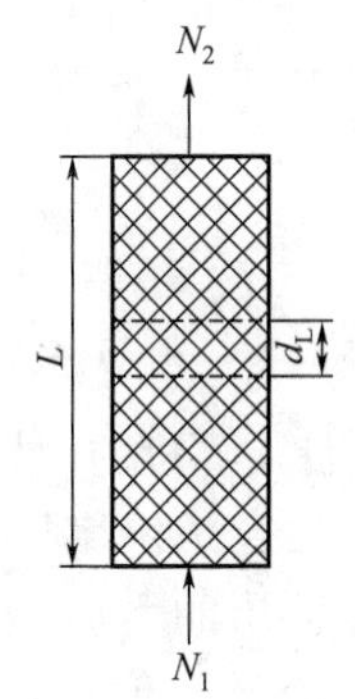

图 4-19　滤层分析示意图

$$-\frac{dN}{dL}=K'N \tag{4-15}$$

式中　N——到达滤层某一厚度的颗粒数；

$-\frac{dN}{dL}$——单位滤层长度的颗粒减少数（dN 为减小值，所以取负）；

K'——过滤常数。

将上式分离变量后积分：

$$-\int_{N_1}^{N_2}\frac{dN}{N}=K'\int_0^L dL$$

得

$$\ln\frac{N_2}{N_1}=-K'L \quad 或 \quad \lg\frac{N_2}{N_1}=-KL \quad \left(K=\frac{K'}{2.303}\right) \tag{4-16}$$

式（4-16）叫做“对数穿透规律”，可用来计算滤层的厚度 L，式中的过滤常数 K 与很多因素有关，一般通过实验求得。对于 ϕ16mm 的棉花，当充填系数 $\alpha=8\%$时，测得在各种空气流速下的 K 值如表 4-5 所示。

表 4-5　棉花纤维的 K 值

空气流速/(m/s)	0.05	0.10	0.50	1.0	2.0	3.0
K 值/(1/cm)	0.193	0.135	0.1	0.195	1.32	2.55

当采用 $d=14\mu m$ 经糠醛树脂处理过的玻璃纤维以枯草杆菌作实验时测得的 K 值如表 4-6 所示。

表 4-6　14μm 玻璃纤维的 K 值

空气流速/(m/s)	0.03	0.15	0.30	0.92	1.54	3.15
K 值/(1/cm)	0.567	0.252	0.193	0.394	1.50	6.05

为了实验和计算方便，可以采用过滤效率为 0.9 时的滤层厚度 作为对比基准：

$$\eta_{90}=\frac{N_1-N_2}{N_1}=1-\frac{N_2}{N_1}=0.9$$

即

$$\left(\frac{N_2}{N_1}\right)=0.1$$

则：

$$\lg\left(\frac{N_2}{N_1}\right)_{90}=-KL_{90}=\lg 0.1=-1$$

当任何 $\lg\frac{N_2}{N_1}$ 的值与 $\lg\left(\frac{N_2}{N_1}\right)_{90}$ 相比时，$\dfrac{\lg\frac{N_2}{N_1}}{\lg\left(\frac{N_2}{N_1}\right)_{90}}=\dfrac{-KL}{-KL_{90}}=\dfrac{L}{L_{90}}$

即：

$$\lg\frac{N_2}{N_1}=-\frac{L}{L_{90}} \tag{4-17}$$

式 (4-17) 与 $\lg\frac{N_2}{N_1}=-KL$ 比较，可得 $1/L_{90}=K$，即可理解为常数 K 是过滤效率为 90% 时所需滤层厚度的倒数。这样在一系列的 L_{90} 实验数据基础上，设计新过滤器时，计算方便。

对数穿透定律是以四点假定为前提推导出来的。实践证明，对于较薄的滤层是符合的，但随着滤层的增加，产生的偏差就增大，空气在过滤时，微粒含量沿滤层而均匀递减，故 K 值是常数。但实际上，当滤层较厚时，递减就不均匀，即 K 值发生变化，滤层越厚，K 值变化就越大，这就是对数穿透定律与实际有些偏差，但到目前为止，还没有找到比这更加完善的能提供实际计算应用的对数穿透规律表达式，实际计算还是用上述在四个假定前提下推导出来的式子，而将计算结果作为主要参考数值加以适当的调整。

对数穿透定律表达式说明介质过滤不能长期获得 100% 的过滤效率，即经过滤的空气不是长期无菌，只是延长空气中带菌微粒在过滤器中滞留的时间。过滤介质使用时间长，滞留的带菌微粒就有可能穿过。所以过滤器必须定期灭菌。

(3) 空气过滤器的计算

空气过滤器的主要尺寸是过滤器的直径 D 和有效过滤的高度 L，及最后定出的整个过滤器的高度尺寸。

① 滤层厚度 L 的计算　过滤器的有效过滤介质厚度（高度）L 的确定，一般是在实验数据的基础上，按对数穿透定律进行计算，即：

$$L=-\frac{1}{K'}\ln\frac{N_2}{N_1}=\frac{1}{K'}\ln\frac{N_1}{N_2} \tag{4-18}$$

或

$$L=-\frac{1}{K}\lg\frac{N_2}{N_1}=\frac{1}{K}\lg\frac{N_1}{N_2}\quad (K'=2.303K)$$

式中　L——滤层厚度，cm；

K——过滤常数，1/cm，可查表 4-2、表 4-3；

N_1——过滤前微生物的颗粒数；

N_2——过滤后微生物的颗粒数。

② 过滤器直径 D 的计算　过滤器的直径可以根据空气流量及流速求出：

$$D=\sqrt{\frac{4V}{\pi u}} \tag{4-19}$$

式中　D——过滤器直径，m；

V——气体流量，m^3/s，(操作状态下)；

u——气体流速，m/s，可按表 4-7 选取。

表 4-7　通过过滤介质的流速范围

介质材料	棉花	大的活性炭	玻璃纤维
流速 u/(m/s)	0.05～0.15	0.05～0.3	0.05～0.5

③ 过滤器的其他尺寸　过滤器的其他尺寸如上下封头的高度等，可以根据过滤器的主要尺寸（过滤器的直径 D 和有效过滤的高度 L）及结构要求来确定。

④ 总过滤器的数量　作为空气总过滤器，由于它处理的空气量大，常需要定期灭菌消毒，为了不影响发酵的连续进行，一般是一套除菌流程配备二台同样大小的空气总过滤器，以便轮换使用。

（4）过滤压力降

空气通过滤层与介质摩擦产生压力降（Δp）是一种能量损失，其值随滤层厚度、空气流速、过滤介质的性质、填充情况而变化，可用下面经验公式计算：

$$\Delta p=CL\frac{2\rho u^2\alpha^m}{\pi d_f} \tag{4-20}$$

式中　Δp——过滤压力降，Pa；

L——过滤层厚度，m；

ρ——空气密度，kg/m^3；

α——介质填充系数；

u——空气实际在介质间隙中的流速，m/s，$u=u_s/(1-\alpha)$；

u_s——过滤器空罐空气流速，m/s；

d_f——纤维直径，m；

m——实验指数：棉花介质 $m=1.45$；19μm 玻璃纤维 $m=1.35$；8μm 玻璃纤维 $m=1.55$；

C——阻力系数（是雷诺数 Re 的函数）。通过实验得出：当以棉花作过滤介质时，$C\approx100/Re$；当以玻璃纤维作过滤介质时，$C\approx52/Re$。

第5章 生化反应器

5.1 概述

生化反应器是为生物化学反应提供的满足其工艺生产条件的容器，人们习惯将其称为发酵罐。生化反应器是发酵工业常用设备中最重要、应用最为广泛的设备，它提供了一个适合微生物生命活动和生物代谢的场所，可以说它是整个发酵工业的心脏。它和其他设备的最大差别就是对纯种培养的要求高，工艺操作上的任何一点疏漏造成染菌，都会使生化反应失败，造成不可挽回的经济损失。

由于微生物分为嫌气（厌氧）和好气（好氧）两大类，因此提供微生物生存和代谢的生产设备也就不同。例如，酒精、啤酒和丙酮丁醇溶剂等发酵产品，其发酵设备因不需供氧，所以设备结构就较为简单；而像谷氨酸、柠檬酸、抗生素和酶制剂等产品，在发酵过程中需不断通入无菌空气，设备需要搅拌装置、空气分布装置等，结构就复杂。

不论是嫌气还是好气发酵设备，除了满足微生物生化反应所必需的工艺要求外，还要考虑操作是否方便、材质要求、加工制造、维修要求等因素。

发酵工业生产上应用的发酵设备其型式种类繁多，体积大小不一，但近年来，国内外发酵设备已趋向大体积发展，大型生化反应器具有生产效率高、投资少、生产成本和管理成本低等优点。

5.1.1 生化反应器的类型

各种不同类型的生化反应器都可用于大规模的生物过程，它们在设计、制造和操作方面的精密程度，取决于某一产品的生物化学过程对反应器的要求。生化反应器的分类有以下几种。

① 按照微生物生长代谢需要分类　这种方法将反应器分为好氧型和厌氧型两类。它们的主要差别在于对氧气的需要是否，前者需要强烈的通风搅拌，后者则不需要通风搅拌。如抗生素、氨基酸、酶制剂等产品的发酵是在通风搅拌反应器中进行的，而酒精、啤酒、乳酸等产品的发酵过程是不通氧的。

② 按照反应器的设备特点分类　可分为机械搅拌反应器和非机械搅拌反应器。其主要区别在于是否为液体循环流动提供机械搅拌（能量）。这两类反应器是采用不同的手段使器内的气、液、固三相充分混合，从而满足微生物生长和产物形成对氧的需求。

③ 按操作方式分类　可分为间歇发酵反应器和连续发酵反应器。间歇发酵系统是非稳定态的过程，发酵工艺条件随底物的消耗和产物的形成而变化，发酵结束时要把全部料液放

出。连续发酵时，底物连续不断地加入到反应器内，同时产物连续不断地流出反应器。

④ 按反应器的容积分类　一般认为 $0.5m^3$ 以下的属于实验室反应器；$0.5\sim5m^3$ 的属于中试反应器，$5m^3$ 以上的属于生产规模的反应器。

5.1.2　生化反应器的特征

生化反应器具有以下特征。

① 大型化　发酵液中产物浓度很低，如单细胞蛋白为 3%～5%，青霉素 1%～3%，酒精一般不超过 10%。产物浓度低，其提取费用就高。为了提高反应器的生产效率，常常加大反应器的体积。国内抗生素发酵罐一般为 $50\sim100m^3$，味精发酵罐 $50\sim200m^3$，目前的酒精发酵罐体积可达 $3000\sim4000m^3$。

② 制造费用高　纯种培养要求高，增加了设备和管道严密性的难度，所以发酵罐的制造费用比较高。

③ 罐体材料要求高　周期性的采用蒸汽灭菌，加上不同产品要求的酸碱度不同，就对发酵罐的材料提出一些特殊的要求。

④ 检测仪表要求高　发酵过程要控制温度、压力、pH、溶氧等参数，发酵罐上的检测传感器和自动控制仪表已经广泛采用，已成为必不可少的辅助设备。这些仪器的耐蒸汽灭菌的稳定性、可靠性、准确性的要求很高。

5.1.3　生化反应器的基本要求

为了使生化反应顺利进行，生化反应器必须满足以下几个基本要求。

ⅰ. 发酵罐应具有适宜的高径比。发酵罐的高度与直径之比一般为 1.7～4，罐身高径比越大，氧的利用率越高。

ⅱ. 发酵罐能承受一定的压力。虽然发酵过程一般在常压下进行，但由于发酵罐在消毒时要承受一定的蒸汽压力，因此要求发酵罐本身要有一定的强度。

ⅲ. 发酵罐的通风装置能使气液充分混合，保证发酵液所需要的溶解氧。

ⅳ. 发酵罐应具有足够的传热面积。在消毒和微生物生长代谢过程中需要吸收或放出大量的热量，为了控制发酵生产不同阶段所需要的温度，应装有足够的传热面积。

ⅴ. 发酵罐内应尽量减少死角，避免藏污积垢，灭菌能彻底，避免染菌。

ⅵ. 发酵罐的密封应当可靠，尽量减少泄漏和染菌。

5.2　厌氧发酵和设备

厌氧发酵在发酵过程中不需要提供氧气，最具代表性的是酒精和啤酒产品的发酵。其发酵设备因不需供氧，所以设备结构要比通气搅拌发酵设备简单。本节主要介绍酒精和啤酒发酵设备。

5.2.1　酒精发酵设备

5.2.1.1　酒精生产过程

酒精生产有化学合成法和生物发酵法两种。化学合成法是以石油工业中石油裂解产生的乙烯作为原料加水合成为酒精，由于该法生产出的酒精含有较多杂质等缺陷，其应用受到限制，因此我国酒精生产以发酵法为主。生物发酵法是以植物淀粉为原料，经过粉碎、蒸煮、糖化、发酵、蒸馏提纯，从而得到高纯度的酒精。

粉碎后的原料经过蒸煮、糖化过程，得到可供发酵的葡萄糖，这个过程称为淀粉的糖化过程（水解过程），反应式如下：

$$(C_6H_{10}O_5)_n + nH_2O = nC_6H_{12}O_6$$

经过水解得到的葡萄糖在酒精酵母作用下，经过发酵得到酒精，转化过程如下：

$$C_6H_{12}O_6 = 2CH_3CH_2OH + 2CO_2 + Q$$

发酵醪液经过蒸馏或精馏分离，得到纯度较高的工业酒精或食用酒精产品。

5.2.1.2 酒精发酵罐的结构

欲使酒精酵母将糖转化为酒精，并使转化率较高，则在正常情况下除满足酒精酵母生长和代谢的必要工艺条件外，还需要一定的生化反应时间，在此生化反应过程中还将释放出一定量的生物热，若该热量不及时移走，必将直接影响酵母的生长和代谢产物的转化率。因此，酒精发酵罐的结构必须首先满足上述工艺要求，此外从结构上，还应考虑有利于发酵液的排出、设备的清洗、维修以及设备制造安装方便等问题。

在酒精发酵过程中，为了回收二氧化碳气体所带出的部分酒精和综合利用二氧化碳气体，目前酒精发酵罐均采用钢制密闭式钢结构。

钢制密闭式酒精发酵罐的钢板厚度视发酵罐的容积不同而异，一般采用 4～8mm 钢板制造。罐身呈圆柱形，罐身直径与高度之比一般为 1∶1.1，上盖和下底为圆锥形，罐内装冷却蛇管，蛇管数量一般取每立方米发酵醪不少于 0.25m^2 的冷却面积，也有采用在罐顶用淋水管或淋水围板使水沿罐壁流下，达到冷却发酵醪的目的，对于容积较大的发酵罐，这两种形式可同时采用，如图 5-1 所示。若采用罐外壁喷洒冷却的方法，为避免发酵车间积水和潮湿，影响车间的卫生和操作，要求在罐体下部沿罐体四周装有集水槽，废水由集水槽出口排入下水道。对地处南方的酒精厂，因气温较高，故应加强冷却措施。有的工厂在发酵罐底部设置吹泡器，以便进行搅拌醪液，使发酵均匀。

发酵罐罐顶设有 CO_2 排出管、料液和酒母输入管，发酵罐底部设有醪液排出管，大型发酵罐的顶部和侧面还设有人孔，以便进入设备内部进行检修或清洗设备。

随着生产技术进步和生产管理水平的不断提高，酒精发酵罐的体积越来越大。图 5-2 所示

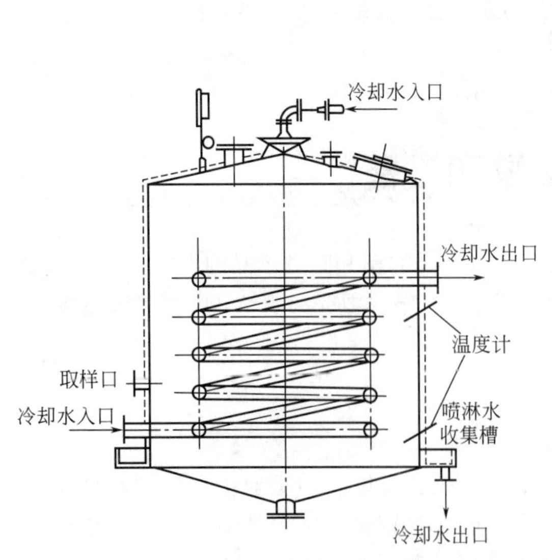

图 5-1 酒精发酵罐结构示意图

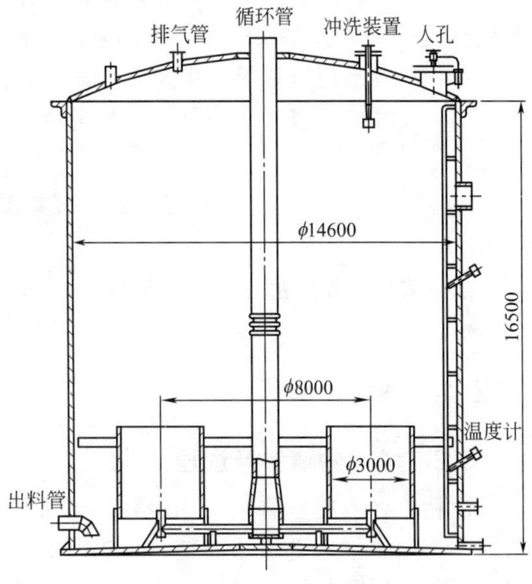

图 5-2 2700m^3 大型酒精发酵罐

的酒精发酵罐是某企业年产 30 万吨燃料乙醇的酒精发酵设备，体积达 $2700m^3$，为防止固形物沉淀，在罐底设置了液体喷射装置，通过循环泵的循环，使发酵醪循环起来，既防止了固形物的沉淀，又促使了发酵醪的流动，提高了混合效果，从而提高了传质和传热效果。罐温通过单独设置的外部热交换器进行控制。

酒精发酵罐的内部清洗，过去均由人工操作，不仅劳动强度大，而且 CO_2 气体一旦未彻底排除，工人入罐清洗会发生窒息事故。近年来，酒精发酵罐已逐步采用水力喷射洗涤装置，从而改善了工人的劳动强度，也提高了操作效率。大型发酵罐采用这种水力洗涤装置尤为重要。

发酵罐水力洗涤器如图 5-3 所示。它是由一根两头装有喷嘴的洒水管组成，两头喷水管有一定的弧度，喷水管上均匀地钻有一定数量的小孔，喷水管安装时呈水平，喷水管借活络接头和固定供水管相连接，它是借喷水管两头喷嘴以一定的喷水速度而形成的反作用力，使喷水管自动旋转，在旋转过程中喷水管内的洗涤水由喷水孔均匀喷洒在罐壁上，从而达到自动洗涤的目的。

这种水力洗涤器在水压力不大的情况下，水力喷射强度和均匀度都不理想，以致洗涤不彻底，大型发酵罐尤其显著。因此，对大型发酵罐可采用高压的水力喷射洗涤装置，如图 5-4 所示，它由水平喷水管和垂直喷水管组成，在垂直喷水管上按一定的间距均匀地钻有 $\phi 4 \sim 6mm$ 的小孔，孔与水平呈 20°角。水平喷水管借活络接头，上端和供水总管、下端和垂直喷水管相连接，洗涤水压为 0.6～0.8MPa，水流在较高压力下，由喷水管两端的喷嘴出口处喷出，使喷水管以 48～56r/min 的转速自动旋转，并以极大的速度喷射到罐壁各处，而垂直的喷水管也以同样的水流速度喷射到罐体四壁和罐底，约 5min 就可完成洗涤作业。洗涤水若用废热水，还可提高洗涤效果。

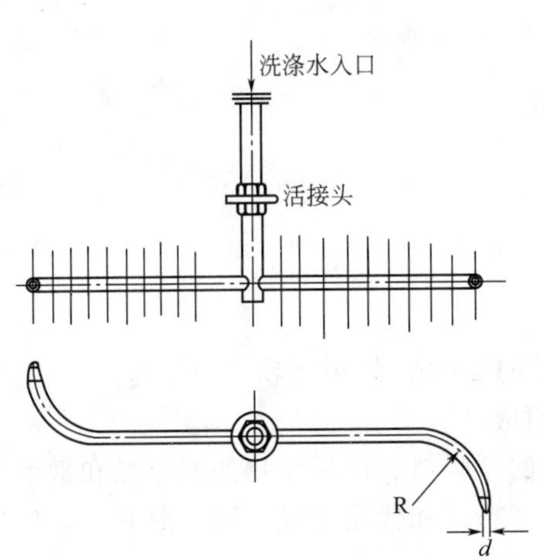

图 5-3 发酵罐水力洗涤器

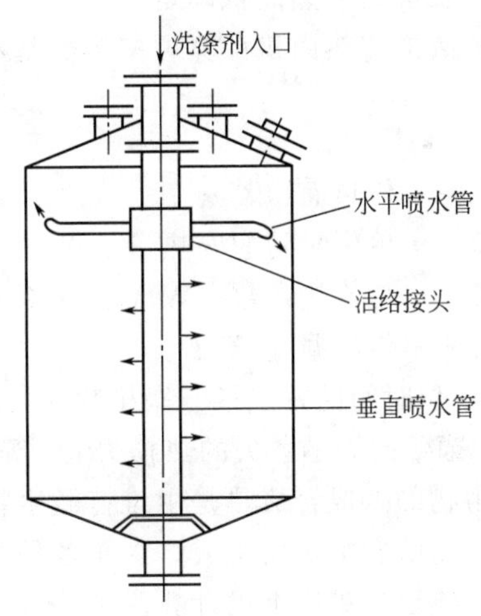

图 5-4 水力喷射洗涤装置

5.2.1.3 发酵罐的计算

(1) 发酵罐容积和数量确定

目前酒精发酵还是以间歇生产为主，对于间歇发酵的酒精发酵罐数量 N 可由式 (5-1) 确定：

$$N=\frac{VT}{24V_0}+(1\sim 2) \tag{5-1}$$

式中　V——每天进入发酵工段的醪液体积，m^3；

T——每只发酵罐的工作时间（包括进料、放料及清洗等时间），h；

V_0——单只发酵罐的醪液装料体积（有效容积），m^3。

每个酒精厂的发酵罐数量或装料体积要综合考虑确定。数量太多，发酵罐体积就小，每天装罐或放罐数量就多，增加了每班生产人员的工作量；数量太少，说明发酵罐的体积过大，造成装料时间和放料时间过长，反而降低了生产效率。发酵罐体积确定的原则是：根据糖化醪生产情况，单台发酵罐一般在8～10h内加满醪液即可。

（2）发酵罐几何尺寸确定

如果单只发酵罐的装料系数为φ，则每只发酵罐的全体积可按式（5-2）计算：

$$V_T=\frac{V_0}{\varphi} \tag{5-2}$$

式中　V_T——单只发酵罐的全体积，m^3；

φ——装料系数，一般取$\varphi=0.85\sim0.90$。

带有锥形顶盖和锥形底结构的圆柱形发酵罐全体积可按式（5-3）计算：

$$V_T=\frac{\pi}{4}D_i^2\left(H+\frac{h_1}{3}+\frac{h_2}{3}\right) \tag{5-3}$$

式中　D_i——圆柱形罐体的内径，m；

H——罐体圆柱部分的高度，m，一般取$H=(1.1\sim1.5)D_i$；

h_1——锥形罐顶的高度，m，一般取$h_1=(0.05\sim0.1)D_i$；

h_2——锥形罐底的高度，m，一般取$h_2=(0.1\sim0.4)D_i$。

根据发酵罐的全体积V_T和高径比H/D_i等参数，即可确定发酵罐的各部分结构尺寸。

（3）发酵罐换热面积确定

发酵罐的传热面积计算可按传热基本方程式（5-4）来确定：

$$F=\frac{Q}{K\Delta t_m} \tag{5-4}$$

式中　F——传热面积，m^2；

Q——单位时间的发热量，W；

K——总传热系数，$W/(m^2\cdot℃)$；

Δt_m——传热温差，℃。

① 单位时间的发热量　微生物在发酵过程中总的发热量Q由生物合成热Q_1、蒸发热损失Q_2和罐壁向周围散失的热损失Q_3等三部分所组成。

微生物的生成合成热是由维持微生物生命活动的呼吸热、促进生物的繁殖热和微生物形成代谢产物的发酵热所组成。由于各种微生物的生理特征和代谢途径不同，故对于微生物的生物合成热至今难以准确计算。

对于酒精、啤酒等嫌气发酵的发酵热，一般按发酵最旺盛时期单位时间糖度降低的百分数来计算。通常以消耗1kg麦芽糖发酵放出的热量（约650kJ）为计算基准。但是近年来据资料报道，在100g麦汁中可发酵糖实际的发酵热量为41.86kJ，因此消耗1kg麦芽糖发酵放出的实际热量为418.6kJ。如果发酵液不进行冷却，则发酵温度可升高10℃。

代谢气体带走的蒸发热量Q_2与糖液浓度、发酵程度有关，除间接测定外，目前也难以具体计算，一般计算时可取Q_1的5%～6%。

罐壁向周围空间散发的热损失Q_3可由对流和辐射传热计算，具体计算可参阅有关资料。

所以单位时间的总传热量可按式（5-5）计算：

$$Q=Q_1-Q_2-Q_3 \tag{5-5}$$

② 总传热系数　总传热系数 K 按式（5-6）计算：

$$K=\frac{1}{1/\alpha_i+1/\alpha_o+\sum R_i} \tag{5-6}$$

式中　K——总传热系数，$W/(m^2 \cdot ℃)$；

α_i——换热管（蛇管）内的对流传热系数，$W/(m^2 \cdot ℃)$；

α_o——换热管（蛇管）外的对流传热系数，$W/(m^2 \cdot ℃)$；

$\sum R_i$——传热热阻（包括管内、管外污垢热阻和管壁热阻），$(m^2 \cdot ℃)/W$。

管内冷却介质的对流传热系数 α_i 可以根据冷却介质、流体的流动情况和管径计算。对蛇管结构、以水为冷却介质的对流传热系数可按式（5-7）简化计算：

$$\alpha_i=1.163A\frac{(\rho u)^{0.8}}{d_i^{0.2}}\left(1+1.77\frac{d_i}{R}\right) \tag{5-7}$$

式中　A——常数，冷却水温为20℃左右时，可取 $A=6.45$；

ρ——冷却水的密度，kg/m^3；

u——蛇管内水的流速，m/s；

d_i——蛇管的内径，m；

R——蛇管的弯曲半径，m。

发酵罐内由于发酵液温度场的不均匀性、不同时期发酵液的浓度和组分不同以及代谢气体逸出致使液体的扰动情况较为复杂，换热管外壁的对流传热系数 α_o 精确计算比较困难，计算时一般根据生产经验数据或直接测定为基础。对酒精发酵而言，计算时一般取 α_o 为 $640\sim750W/(m^2 \cdot ℃)$。

③ 传热温差　传热温差 Δt_m 可由式（5-8）计算：

$$\Delta t_m=\frac{(t_F-t_1)-(t_F-t_2)}{\ln\frac{t_F-t_1}{t_F-t_2}} \tag{5-8}$$

式中　t_F——发酵醪液的温度，℃；

t_1，t_2——冷却水的进、出口温度，℃。

5.2.2　啤酒发酵设备

啤酒是以优质大麦为主要原料、啤酒花为香料，经糖化发酵而制造的含有二氧化碳气体和少量酒精（3%～6%）的饮料，主要生产原料为水、大麦和酒花等。啤酒营养极其丰富，在发酵过程中，大麦的蛋白质转化为人所需要的多种氨基酸。据测定，优质啤酒中含有氨基酸近20种，还含有丰富的维生素以及磷、钾、钙、铁等。啤酒的产热量极高，一瓶啤酒可产热量400～700大卡，故啤酒有“液体面包”之称。啤酒助消化健胃之功效，特别是酒花内的酵素能穿透淀粉团粒，对粘性食物如年糕、粽子、元宵等的消化能力极强。

5.2.2.1　啤酒的酿造过程

根据不同的酿造要求，对经过筛选的大麦进行干燥、焙焦，去根除杂，储藏待用。然后是糖化，利用酸或酶水解粉碎后的大麦芽，把大麦中的淀粉和蛋白质变成酵母可以利用的糖和氨基酸，过滤后添加酒花进行煮沸形成定型麦汁，麦汁呈金黄色，有甜味，最后再回旋沉淀除去麦汁中的固形物。利用冷却器冷却至发酵温度，麦芽汁输送到初级发酵罐中，再加入一定量的新鲜酵母，发酵过程要持续 5～10 天，然后“清”啤酒（也称嫩啤酒）被注入后熟罐，进一步净化和老化 1～2 周，经过过滤和灌装，并压入二氧化碳，成为市售啤酒（熟啤酒）。

整个啤酒发酵过程分为主发酵和后发酵两个阶段。第一阶段为前发酵阶段（主发酵阶段），在这一阶段中主要原料消耗基本完毕，即发酵基本结束，并分离啤酒酵母，这时的啤酒口感和风味比较差，称之为嫩啤酒；第二阶段为后发酵阶段，也叫贮酒阶段，主要作用是完成嫩啤酒的继续发酵，并饱和二氧化碳，促进啤酒的稳定、沉清和成熟，根据生产工艺要求，此阶段要保持比前发酵更低的温度要求。

近年来，随着人们对啤酒的认识和喜好的提高，啤酒的市场需要越来越大，因此啤酒发酵设备向大型化发展，迄今为止，使用的大型发酵罐容量已达 1500 吨。设备大型化后啤酒的质量更加均一，生产管理成本低，同时也降低了设备投资。由于发酵罐容量的增大，要求清洗设备也有很大的改进，为了降低工人劳动强度、提高效率，大都采用 CIP (clean in place) 自动清洗系统（即物料管道设备的在线清洗系统，利用离心泵强制循环达到清洗目的）。

5.2.2.2 啤酒发酵设备

为了适应大规模生产的需要，近年来世界各国啤酒工业在传统生产的基础上做了较大改进，各种形式的新型啤酒发酵罐应运而生。常见的大容量啤酒发酵罐有圆筒体锥底罐、联合罐、朝日罐和塔式发酵罐等结构形式。我国在 20 世纪 70 年代末，开始采用室外锥形圆筒形锥底发酵罐。

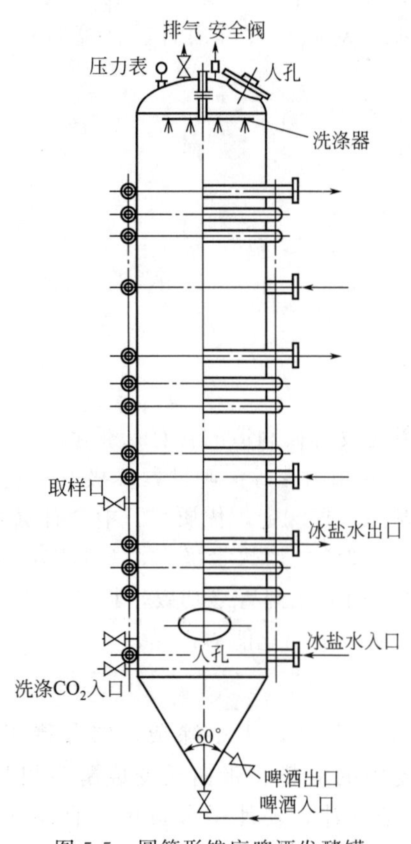

图 5-5　圆筒形锥底啤酒发酵罐

(1) 圆筒形锥底发酵罐

圆筒形锥底啤酒发酵罐结构如图 5-5 所示。罐体为圆柱形筒体，罐顶为碟形封头，罐底为锥形结构，罐壁外设冷却夹套或盘管（可分为 2～4 段），冷却装置外设 20cm 厚的聚氨酯或聚苯乙烯泡沫保温层，罐内部安装 CIP 自动清洗系统。罐底装有麦汁进入接管、熟啤酒排出接管和酵母泥排出管等结构。

这种设备一般置于室外，大型发酵罐的直径为2～5m、高度为 10～20m，容量 40～600m^3 不等，最大罐可达 1000m^3 以上，目前国内常用的是 150m^3。夹套内通入 20%～30%的冰酒精或 30%的乙二醇水溶液，也可直接通入液氨（直接蒸发）循环使用。筒体部分的高径比一般为 2～6，锥底部分的锥角为 70°～120°，但也有认为采用小于 70°的好，有利于酵母的排出，建议采用锥角 60°。发酵罐的装料系数可达 85%～90%，设备利用率高。

已灭菌的新鲜麦汁与酵母由底部进入罐内，发酵最旺盛时使用全部冷却夹套，以维持适宜的发酵温度，前发酵时冷媒温度一般控制在－4℃，后发酵储酒阶段一般控制在－3～－2℃。最终沉淀在锥底部的酵母，可由锥底阀门放出，部分酵母留作下次使用，二氧化碳气体由罐顶排出。罐身和罐顶上装有人孔，以便维修发酵罐内部。罐顶装有压力表、安全阀和玻璃视镜。为了在啤酒后熟过程中饱和二氧化碳，故在罐底装有净化的二氧化碳充气管，二氧化碳则通过充气管上的小孔吹入发酵液中。

圆筒形锥底发酵罐，广泛采用不锈钢板或复合不锈钢板材料制造，也可采用碳钢制造，但内部须喷涂防腐蚀树脂涂料，亦有采用铝制材料。但必须注意，黑色的或有色的相异金属管道和铝罐不能直接接触，这是由于电偶的形成会加速铝制品的损坏。

该罐可单独用于前发酵或后发酵，也可将前发酵和后发酵合并在一罐内完成。这种发酵罐的优点在于发酵周期短、生产灵活，能适合各种类型的啤酒生产，在室外进行密闭生产且不受外界环境影响，同时也不需要建设大型厂房。

(2) 联合罐

联合发酵罐最早出现在美国，后来在日本得到推广，并称之为“Uni—Tank”，意即单灌或联合罐。这种罐具有较浅锥底的大直径（高径比 1∶1～1∶3）结构，能在罐内进行机械搅拌，并具有冷却装置。联合罐在生产上的用途与锥形罐相同，即可用于前、后发酵，也可用于多罐法及一罐法生产。因而它适合多方面的需要，故又称通用罐。

联合罐构造如图 5-6 所示。主体为由钢板制成的圆柱体，上顶为椭圆形封头或蝶形封头，下底为带有足够锥度以便于除去酵母的罐底。联合罐基础是一钢筋混凝土圆柱体，其上部的形状是按照罐底的锥度来确定，有若干个铁锚均匀地埋入基础圆柱体壁中，并与罐焊接。圆柱体与罐底之间填入坚固结实的水泥砂浆。罐中上部设有一段双层冷却板，采用乙二醇溶液或液氨冷却，传热面积要保证发酵液的开始温度为 13～14℃情况下，在 24h 内能使其温度降低 5～6℃。由于夹套在罐体的中上部，当上部酒液冷却后，密度增大，沿罐壁下降，底部酒液从罐中心上升，形成对流，使罐内温度均匀。为了加强罐内流动，以便提高冷却效率及加速酵母的沉淀，在罐中央内安设一 CO_2 喷射环管，环管上钻有孔径 1mm 以下的孔，环管高度应恰好在酵母层之上。当 CO_2 在罐中央向上喷射时，引起了啤酒的运动，结果使酵母聚集于底部的出口处，同时啤酒中的一些不良挥发组分也被注入的 CO_2 带着逸出。罐顶部设有 CIP 清洗系统，出酒管由一个浮球带动，滤酒时可使上部清液先流出。灌顶装有安全阀，必要时装真空阀。

(3) 朝日罐

朝日罐又称朝日单一酿槽，1972 年日本朝日啤酒公司试制成功的前发酵和后发酵合一的室外大型发酵罐，如图 5-7 所示。

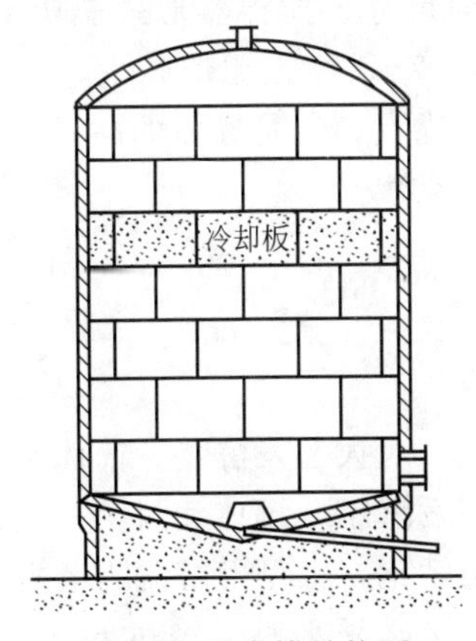

图 5-6　联合罐结构图

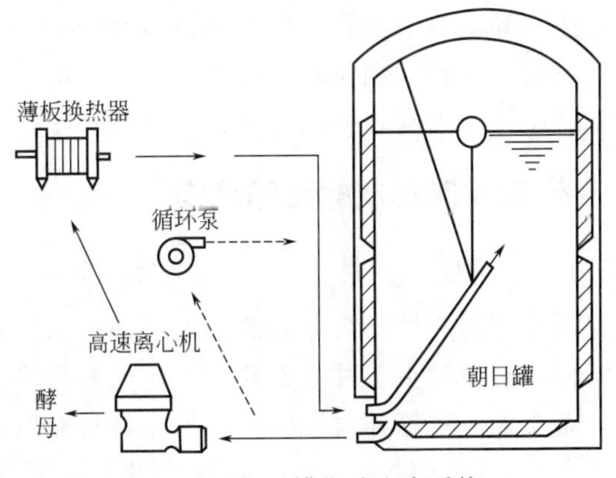

图 5-7　朝日罐发酵生产系统

朝日罐是用 4～6mm 的不锈钢板制成的斜底圆柱形发酵罐，其高度与直径比值为 1∶1～2∶1，外部设有冷却夹套，冷却夹套包围罐身与罐底，外面用泡沫塑料保温，内部设有带转轴的可动排液管，用来排除酒液，并有保持酒液中 CO_2 含量均一的作用，该设备在日本和世界各国广泛采用。利用朝日罐进行一罐法生产，具有啤酒成熟期短、容积装料系数大（可达 96%左右）、设备利用率高、发酵液损失少和设备投资低等优点。

朝日罐与锥形罐具有相同的功能，但生产工艺不同。它的特点是利用离心机回收酵母、利用薄板换热器控制发酵温度、利用循环泵把发酵液抽出又送回。这三种设备互相结合，解决了前、后发酵温度控制和酵母浓度的控制问题，同时也解决了消除发酵液不成熟的风味，加速了啤酒的成熟。其缺点是动力消耗大、冷耗稍多。

使用酵母离心机分离发酵液酵母，可以解决酵母沉淀慢的缺点，而且还可以利用凝聚性弱的酵母进行发酵，增加酵母与发酵液的接触时间，有效控制后发酵液中酵母的浓度，降低发酵液中乙醛和双乙酰的含量，提高发酵液的发酵度和加速啤酒的成熟。

使用薄板热交换器顺利解决了从主发酵到后发酵整个生产过程中的啤酒温度控制问题。

使用离心泵把罐内的发酵液间歇的抽出再送回，可以加速啤酒循环，其目的是为了回收酵母，降低酒温，使发酵液中更多的二氧化碳释放出来，排出啤酒中的生味物质，加速啤酒的成熟。第一次循环是在主发酵完毕的第 8 天，发酵液由离心泵分离酵母后经薄板换热器降温返回发酵罐，循环时间为 7h。待后发酵到 4h 时进行第二次循环，使酵母浓度进一步降低，循环时间为 4～12h，如果要求缩短成熟期，可缩短循环时间。当第二次循环时酵母由于搅动的关系，发酵液中酵母浓度可能回升，这有利于双乙酰的还原和生味物质的排除。循环后，酵母很快沉淀下来。若双乙酰含量高或生味物质较显著，可以第 10 天进行第三次循环操作。

5.3 机械搅拌式发酵罐

机械搅拌式发酵罐是发酵工厂用于好氧发酵最常用的结构类型之一。它是利用机械搅拌器的旋转作用，使空气和发酵醪液充分混合，促进氧的溶解，以保证供给微生物生长繁殖和发酵所需要的氧气。目前这类发酵罐应用最为广泛的是借助于化学工业生产中的立式中心搅拌反应器，如图 5-8 所示，它包括罐体、搅拌装置、空气分布装置、加热或冷却装置、消泡器、液体流型控制装置、物料进出接管和仪表等。

机械搅拌式发酵罐影响发酵的主要因素有发酵罐的几何尺寸、搅拌器形式、功率输入、氧的传递速率和物料的混合程度等。罐体的高径比一般为 1.7～4，该比值越大，空气利用率越高，对发酵有利，同时具有传热速率大、搅拌功率小等优点。但是罐体的高径比大，也会带来空气压力要求高、料液上下混合不均、操作不便等缺点。

5.3.1 机械搅拌式发酵罐的结构

5.3.1.1 罐体

发酵罐罐体由圆柱形筒体和椭圆形（或碟形）封头组成。对大型发酵罐，筒体和封头采用焊接结构，罐顶封头上设置人孔，方便内部检修；对小型发酵罐，罐体和封头一般采用法兰连接，需要维修时打开封头即可。罐体材料采用碳钢或不锈钢，大型发酵罐为节省材料一般用不锈钢复合板或衬 2～3mm 不锈钢薄板。罐体内部焊接必须平整，经过磨光或抛光，以利于清洗和防止夹藏杂菌。罐顶封头上设置人孔、进料口、接种口、排气口、压力表、视

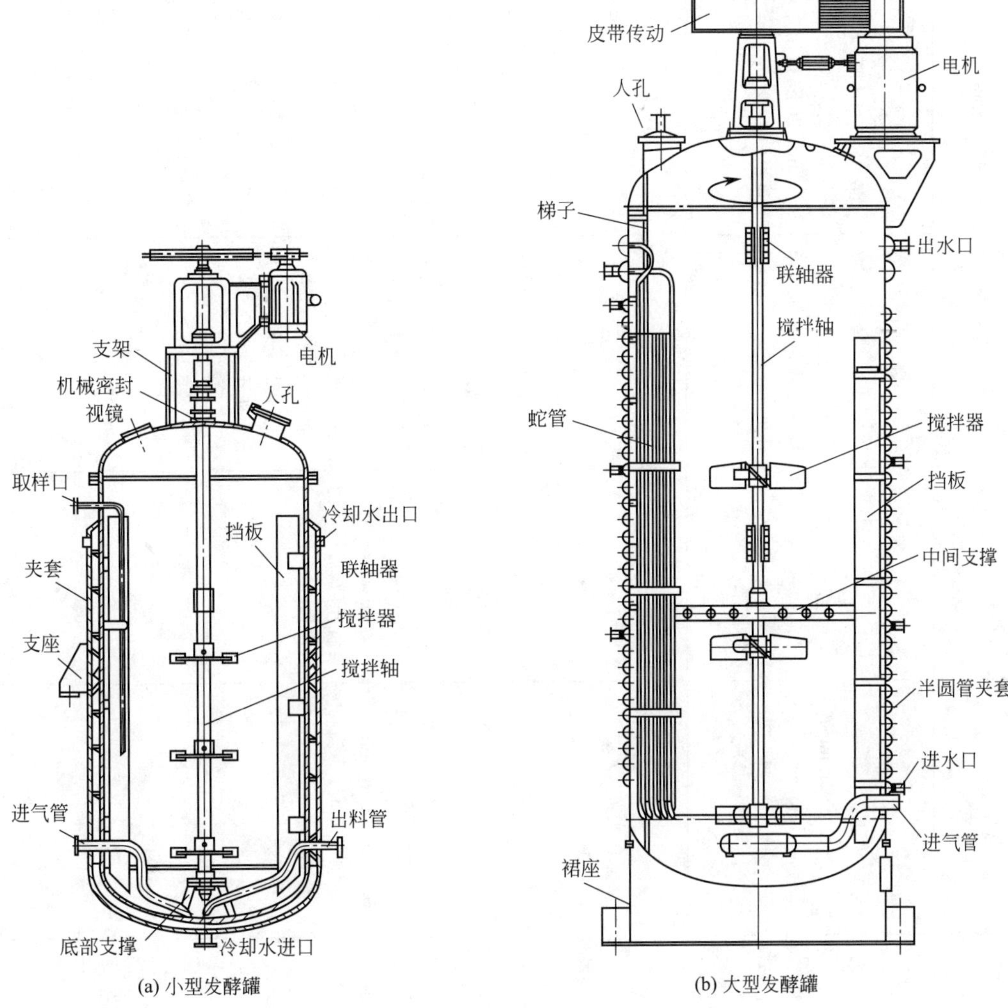

(a) 小型发酵罐　　(b) 大型发酵罐

图 5-8　机械搅拌式发酵罐

镜（必要时设置冲洗口）等，罐体上设有温度计接口、溶氧电极接口、取样口、冷却水（或加热装置）进出接管和空气进口管等。大型罐内壁上焊有梯子以便进入罐内进行维修清洗。小型发酵罐采用夹套结构形式。

发酵操作一般在常压下进行，但消毒灭菌时往往具有一定的压力，因此为了满足生产工艺要求，罐体需要承受一定的压力，应按压力容器进行设计。

5.3.1.2　搅拌器和挡板

① 搅拌器　搅拌器的作用是使流体混合均匀、打碎气泡以促进氧的溶解。挡板的作用是控制流体的流型、消除漩涡增加搅拌的混合效果。

发酵罐通常装有 2～3 层搅拌器（大型发酵罐可以 3 层以上），相邻两组搅拌器的间距约为搅拌器直径的 3 倍，最下一组搅拌器距罐底的高度一般等于搅拌器直径，最上一层搅拌器距液面至少为桨径的 1.5 倍，搅拌器过于接近液面会导致液面下陷而使桨叶外露，引起搅拌器的振动。

搅拌器可分为轴向型和径向型两种型式，常见的有推进式和圆盘涡轮式，详见表 5-1。

表 5-1　常用搅拌器尺寸及运转条件

桨型		简图	常用尺寸	常用运转条件	常用介质黏度范围	流动状态	备注
推进式			$d_j/D_i=0.2\sim0.5$（以0.33居多） $s/d_j=1,2$ $z=2、3、4$（以3叶居多）	$n=100\sim500$r/min； $v=3\sim15$m/s	<2Pa·s	轴流型，循环速率高，剪切力小。采用挡板或导流筒则轴向循环更强	最高转速可达1750r/min，最高 $v=25$m/s；转速在500r/min以下，适用介质黏度可到50Pa·s
圆盘涡轮式	平直叶		$d_j:l:b=20:5:4$ $z=4、6、8$ $d_j/D_i=0.2\sim0.5$（以0.33居多） $d/d_j=0.75$ 折叶角 $\theta=45°、60°$ 后弯叶后弯角 $\alpha=45°$	$n=100\sim300$r/min $v=4\sim10$m/s 折叶式的 $v=2\sim6$m/s	<50Pa·s 折叶的、后弯叶的为<10Pa·s	平直叶、后弯叶的为径向流。在有挡板时可自桨叶为界形成上下两个循环流 折叶的有轴向分流 圆盘上下的液体混合不如开启涡轮	最高转速可达600r/min
	折叶						
	后弯叶						

圆盘涡轮式还有一种箭叶型，也是发酵罐经常采用的一种搅拌器结构，如图 5-9 所示（比例尺寸 $d_i:d:l:b:C=20:15:5:4:2$，$R=0.5b$）。与其他叶型相比，箭叶型搅拌器造成的轴向流动较强烈，在同样转速下，它造成的剪切力小、输入功率低。

图 5-9　圆盘箭叶型涡轮

② 挡板　挡板一般是长条形的竖向固定在罐壁上的平板，主要目的是消除湍流状态下产生的漩涡（圆柱状回转区），增强流体的湍动程度，提高混合效果，同时挡板还可以提高桨叶的剪切性能。

挡板的宽度和数量要满足式（5-9）的全挡板条件：

$$(W/D_i)^{1.2}Z=0.35 \tag{5-9}$$

式中　D_i——发酵罐筒体的内径，mm；

W——挡板的宽度，mm，一般取 $W=(1/12\sim1/10)D_i$，高黏度时可取为 $D_i/20$；

Z——挡板的数量，小罐时取 2～4 个，大罐时取 4～8 个，以 4 或 6 个居多。

当满足全挡板条件时搅拌器的功率达到最大值，也就是说即使再增加搅拌附件，搅拌器的功率也不再增大了。

挡板沿罐壁周向均匀分布直立安装，如图 5-10 所示。挡板的上沿一般与静止液面平齐，下沿可到罐底。低黏度时挡板可紧贴罐壁径向安装，如图 5-10（a）所示；当黏度较高（一般为 7～10Pa·s）或固-液相操作时，挡板要离壁安装，如图 5-10（b）所示，挡板离开罐壁的距离一般为挡板宽度 W 的 0.2～1 倍；当黏度更高时还可将挡板倾斜一个角度，如图 5-10（c）所示，可有效防止黏滞液体在挡板处形成死角；当罐内有传热蛇管时，挡板一般安装在蛇管内侧，如图 5-10（d）所示。

罐内设置的其他能阻碍水平回转流的构件如蛇管、列管、排管、人梯等也能起到挡板的部分作用。

5.3.1.3　消泡器

泡沫是气体被分散在少量液体中的胶体体系，发酵过程中的泡沫分散相是无菌空气和代谢气体，连续相是发酵液。泡沫产生的原因主要有：强烈的通气搅拌；培养基营养丰富、黏度大；菌种质量差，生长速度低，可溶性氮源利用慢；培养基灭菌效果不好，种子菌丝自溶等。

泡沫产生后会降低生产能力、引起原料流失、影响菌种呼吸和易引起染菌等，因此出现泡沫后应及时采取措施予以消泡。消泡措施包括机械消泡和化学消泡两种。

机械消泡器有耙式、孔板式和旋转梳式等形式。耙式消泡器如图 5-11 所示，消泡器的长度约为罐径的 0.8～0.9 倍。消泡器安装在搅拌轴上，位于液面略高的位置。但机械消泡器的消泡效果不甚理想，工厂中较少使用，一般采用消泡剂消泡。

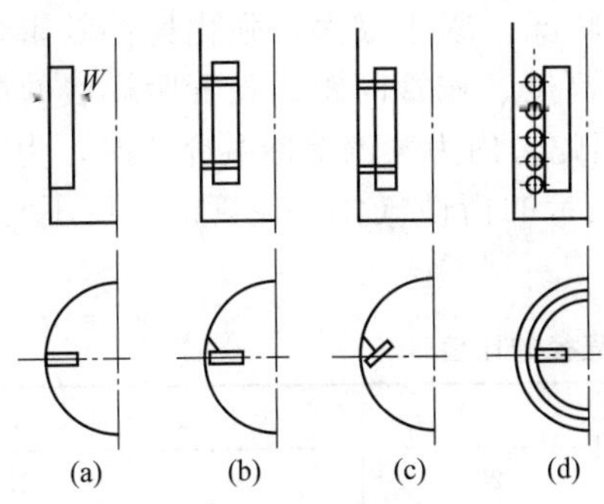

图 5-10　挡板的安装方式

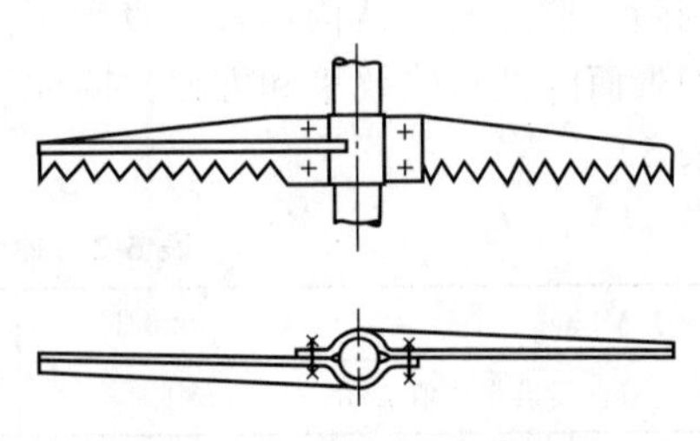

图 5-11　耙式消泡装置

5.3.1.4 空气分布器

空气分布器的作用是引入无菌空气、并使无菌空气均匀分布，分为单管和环管两种形式。其位置位于最低一排搅拌器的下方（罐底中央位置），单管的管口或环管的喷气孔口向下，以利于罐底液体的搅动，同时避免搅拌器的振动。单管式空气分布器多用于小型发酵罐，环管式多用于大型发酵罐。

空气由分布管喷出，上升时被旋转的搅拌桨叶打碎成小气泡并与液体混合与分散，因而强化了气液接触效果。环形管分布器的环径 $d=0.8D_i$ 时较为合适，喷孔直径为 5～8mm，喷孔总面积约等于通风管的总截面积。单管式空气分布装置向下的管口与罐底的距离约为 30～60mm，为了防止分布管喷出的空气直接冲蚀罐底，在分布装置的下部设置不锈钢的分散器，可延长罐底的寿命。

单管管径由式（5-10）确定：

$$d=\sqrt{\frac{V/60}{0.785u}} \tag{5-10}$$

式中 V——进气口处工作状态下的空气流量，m^3/min；

u——进气管内的空气流速，m/s，一般取不小于 20m/s。

5.3.2 机械搅拌式发酵罐的换热装置

罐体和物料消毒灭菌时需通入高温蒸汽，灭菌结束时要把温度冷却下来，同时在正常发酵过程中也要控制罐温，因此发酵罐需要换热装置。

5.3.2.1 发酵罐换热装置结构

（1）夹套式换热装置

这种结构多用于容积较小的发酵罐、种子罐［图 5-8（a）］。夹套的高度一般与静止液面平齐或稍微高出一点，一般不进行冷却面积的计算。夹套的优点是结构简单，加工容易，罐内无冷却或加热设备，死角小，有利于发酵。其缺点是冷却水流速较低，传热系数小［约为 170～290W/($m^2\cdot K$)］，发酵时冷却效果差。对于较大型的发酵罐，如果采用夹套结构，换热面积则达不到要求，降温困难，难以维持发酵工艺所要求的温度，所以对这类设备，一般设计成蛇管冷却结构。

（2）蛇管换热装置

蛇管完全沉浸在发酵液中，与物料完全接触，热损失小，冷却水在管内的流速大，传热系数高，约为 350～520W/($m^2\cdot K$)，同时蛇管可承受较高的压力，强度高。但存在蛇管内部清洗困难、含有固体颗粒或黏稠物料容易在蛇管外表面堆积和挂料等缺点。

蛇管分为螺旋蛇管和竖式蛇管。螺旋蛇管是采用无缝钢管做成的圆形螺旋状结构（形状见图 5-1），能起到导流筒的作用，改变流体的流动状况，减小漩涡，强化搅拌效果。蛇管的管径通常采用 DN25～65mm，而蛇管螺旋中经、高度、蛇管间距、蛇管距罐底的高度等尺寸则随着搅拌器的结构形式和直径不同而不同。当蛇管内为蒸汽等冷凝介质时，为了减小凝液积聚而降低传热效果和方便排除蛇管内蒸汽所夹带的惰性气体，蛇管的长度不宜过大，详见表 5-2。

表 5-2 蛇管长度与蛇管直径的比值

蒸汽压力/MPa	0.045	0.125	0.2	0.3	0.5
蛇管长度与直径最大比值 L/d	100	150	200	225	275

竖式蛇管换热装置沿环向分组竖式安装在发酵罐内［图 5-8（b）］，有四组、六组或八组不等，根据发酵罐的直径大小而定，容积 $5m^3$ 以上的发酵罐多用这种装置。竖式蛇管还能起到挡板的作用。其缺点是弯曲位置处管壁减薄量大，容易蚀穿，造成发酵液染菌。

（3）竖式列管换热装置

竖式列管换热装置就是没有壳程筒体的列管式热交换器，分组对称竖式安装在发酵罐内，和竖式蛇管一样，有四组、六组或八组不等。其优点是加工方便，适用于气温高、水源充足的地区。其最大缺点是传热系数比蛇管的低，用水量较大。

5.3.2.2　换热装置的换热面积计算

根据传热方程，发酵罐所需要的传热面积由式（5-11）计算：

$$A=\frac{Q_T}{K\Delta t_m} \tag{5-11}$$

式中　A——换热面积，m^2；

Q_T——主发酵期单位时间内发酵液放出的最大热量，W；

K——换热装置的传热系数，W/(m^2·℃)；

Δt_m——冷却或加热介质与发酵液间的对数平均温差，℃。

（1）主发酵期单位时间内发酵液放出的最大热量

为了保证发酵最旺盛、微生物消耗基质最多以及气温最高时期的降温，必须按热量放出高峰期来计算冷却面积。通常以一年中最热的半个月中单位时间（一般为 1h）放出的热量作为设计冷却面积的依据。

准确的计算应该是以发酵最旺盛时期发酵过程中包括微生物呼吸和发酵产生的热量、搅拌产生的热量以及排出气体带出的热量在内的实际热量值为计算基础。但由于多种因素的不确定性，所以生产上常常以同类型的生产罐冷却水带走的热量或发酵液的温度升高产生的热量为计算依据。

① 通过冷却水带走的热量进行计算　根据工艺设计的要求，选定同类型的发酵罐、气温最高的季节，选择主发酵期产生热量最快、最大的时刻，测定冷却水进、出口温度和此时每小时冷却水的用量，按式（5-12）计算被测发酵罐单位体积发酵液单位时间产生的最大热量：

$$Q=\frac{Wc_p(t_2-t_1)}{V} \tag{5-12}$$

式中　Q——被测发酵罐单位体积发酵液单位时间产生的最大热量，W/m^3；

W——冷却水的流量，kg/s；

t_1，t_2——冷却水的进、出口温度，℃；

c_p——冷却水的比热容，J/(kg·℃)；

V——被测发酵罐内发酵液的体积，m^3。

如果新设计发酵罐的装料体积为 V_s（m^3），则其主发酵期单位时间内发酵液放出的最大热量 Q_T（W）可由式（5-13）计算：

$$Q_T=QV_s \tag{5-13}$$

② 通过发酵液的温度升高进行计算　在气温最高的季节选择主发酵期产生热量最快、最大的时刻，通过罐温的自动控制，先使罐温达到恒定，关闭冷却水，观察罐内发酵液在半小时内上升的温度，再换算成一小时内上升的温度，则可按式（5-14）计算出单位体积发酵液单位时间放出的最大热量：

$$Q=\frac{(Gc+G_1c_1)t}{3600V} \tag{5-14}$$

式中 Q——被测发酵罐单位体积发酵液单位时间产生的最大热量，W/m^3；

G，G_1——发酵罐内发酵液、发酵罐本体的质量，kg；

c、c_1——发酵液、发酵罐材料的比热容，J/(kg·℃)；

t——单位时间内发酵液的温升，℃/h；

V——被测发酵罐内发酵液的体积，m^3。

新设计发酵罐主发酵期单位时间内发酵液放出的最大热量同样可由式（5-13）计算。

（2）传热系数

由于发酵罐内的液体流动受发酵液物性、搅拌转速等多种因素影响，要想准确计算出传热装置的传热系数是非常困难的，因此一般按经验数值来选取传热系数。根据经验，夹套的传热系数 K 值一般为 170～290W/(m^2·K)，蛇管的 K 值一般为 350～520 W/(m^2·K)，如果管壁较薄，当冷却水进行强制循环时 K 值可达到 930～1160 W/(m^2·K)。

（3）传热温差

假定冷却水的进、出口温度分别为 t_1、t_2，发酵液的温度为 t_F，则传热平均温差仍可按式（5-8）计算。

5.3.3 机械搅拌式发酵罐的管路配置要求

在发酵过程中，往往产生染菌现象，使发酵产品单位降低，甚至倒罐，造成浪费。因此防止杂菌污染是发酵工业极为重要的一环，必须高度重视。染菌的因素很多，如菌种不纯、培养基灭菌不彻底、空气带菌、操作不当、管路死角、设备渗漏等。下面就设备的配管要求简要说明。

（1）尽量减少管路

减少管路一方面节省投资，另一方面减少染菌机会。管路越短越好，安装要整齐美观。与发酵罐连接的管路有空气管、进料管、出料管、蒸汽管、水管、取样管、排气管等，其中有些管应尽可能合并后与发酵罐连接。例如有的工厂将空气管、进料管、出料管合为一条管与发酵罐连接，一条管既能进空气，又能作为进料或排料用。有的工厂将接种管、尿素管、消泡油管、压料空气管合为一条管后与发酵罐连接，做到一管多用。但是各发酵罐的排气管道不能相互串通，否则会有互相干扰的弊病，一个罐染菌往往会影响其他罐，所以排气管一般要单独设置。减少罐内的管路，可以减少染菌机会。小型发酵罐多采用夹套冷却，大型发酵罐多采用蛇管或排管冷却，有的在发酵罐外壁焊上盘管冷却或喷淋冷却，均可减少染菌机会，但冷却效果较差。通常进空气管适宜于由罐外下端进入。发酵罐（种子罐）的部分管路配置如图 5-12 所示。

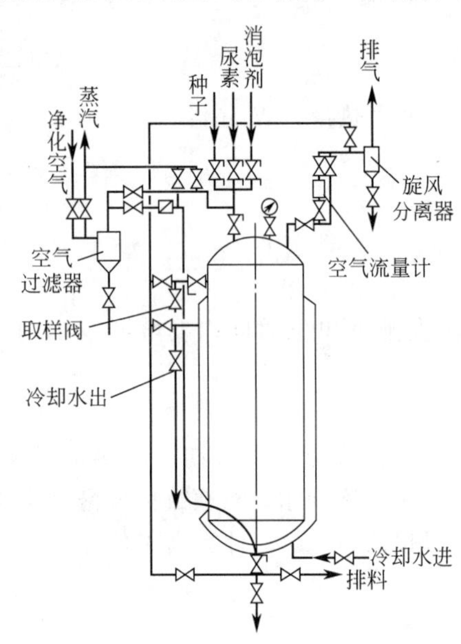

图 5-12 发酵罐配管管路

（2）减少设备死角

死角是指发酵过程中热量不易传到的地方，这些地方不能对流传热，容易积存污垢，一旦结垢之后，热的传导更慢，无法达到高温灭菌要求，工厂中常发现的管路死角有：螺纹连接处螺纹间隙、两片法兰盘间隙、物料串通管的盲管等。

管路连接有螺纹连接、法兰连接和焊接连接等。与发酵物料连通的管路应避免螺纹连接，尽量采用法兰连接和焊接连接。螺纹连接时，则内、外螺纹配合不严形成缝隙而造成死角。法兰连接时，垫片内径与管道的内径不同时产生死角。采用焊接连接时，焊缝有凹凸也会产生死角。不过后两种连接方法当采取措施到位时，死角是可以消除的，因此发酵管路要优先采用焊接连接，其次是法兰连接，螺纹连接一般用在直径较小的水、蒸汽管道或排气管道上。

物料串通管的死角主要存在于与阀门连接的盲管处，图 5-13（a）是移种（将种子罐培养好的种子通过管道转移到发酵罐）管道上种子罐排料处的死角。管路上有三个阀门控制着三角管路，当移种管道灭菌时，因种子罐内有种子，只能打开阀门 1 和 2，而不能打开阀门 3，这样与阀门 3 连接的短管就不能通过蒸汽而成为死角（盲管）。但是如果在阀门 3 上远离种子罐的外侧再焊上一个小阀门 4，如图 5-13（b）所示，当灭菌时打开阀门 1、2 和 4，则蒸汽可通过，消灭了死角而使消毒得以彻底。

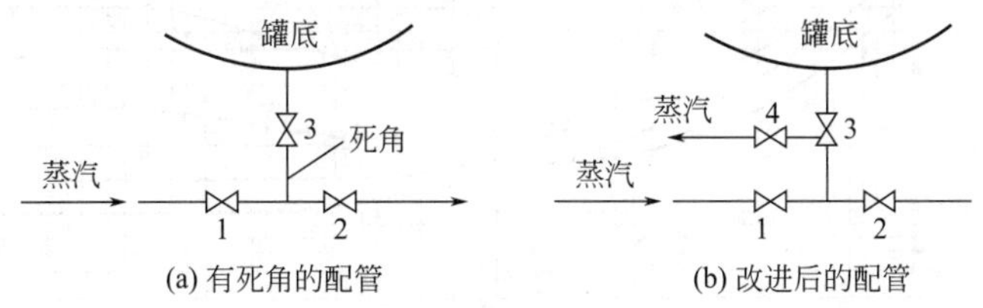

图 5-13　种子罐放料管的死角及改进

类似这种管道的死角还有其他解决的办法就是在阀腔的一边或两边焊接小阀门（俗称小辫子），以便使蒸汽通过管道而进行消毒灭菌。

罐体内的死角主要有凹凸不平的焊缝、沉降的堆积物、底轴承衬缝、空气分布器等，使杂菌隐藏，难于消透。因此，设备制造时要求对罐内的焊缝磨光或磨平、定期铲除罐内的积垢等。

5.3.4　机械搅拌式发酵罐的搅拌功率

搅拌过程需要动力，动力来自电机，因此需要计算动力装置的功率大小。搅拌功率是指搅拌器以一定转速搅拌时对液体做功并使之发生流动所需的功率。计算搅拌功率的目的有两个，一是为了解决一定型式的搅拌器能向被搅拌物质提供多大的功率，以满足搅拌过程的要求；二是提供进行搅拌强度计算的根据，以保证桨叶和搅拌轴的强度和刚度。

影响搅拌功率的因素很多，主要有以下四个方面。

ⅰ. 运动参数，即搅拌器的转速；

ⅱ. 物性参数，即液体介质的密度和黏度；

ⅲ. 几何参数，即罐体和搅拌器的几何参数，包括罐体直径、搅拌器直径、桨叶宽度和长度、挡板宽度和数量、液面高度和搅拌器距罐底的距离等；

ⅳ. 重力参数，即重力加速度。

搅拌操作分通风和不通风两种情况，由于通风后，物料溶液中含有大量的气体，溶液密度减小，因此在通风情况下的搅拌功率要比不通风情况下的搅拌功率小。为了满足搅拌正常操作，一般按不通风情况计算搅拌功率。对于单层搅拌器、单相液体的搅拌功率可用式（5-15）计算

$$P=N_P\rho n^3 d_j^5 \tag{5-15}$$

式中　P——搅拌功率，W；

ρ——液体的密度，kg/m^3；

n——搅拌转速，r/s；

d_j——搅拌器的直径，m；

N_P——功率数，查图 5-14；

Re——流体流动雷诺数，$Re=d_j^2 n\rho/\mu$；

μ——流体的黏度，Pa·s。

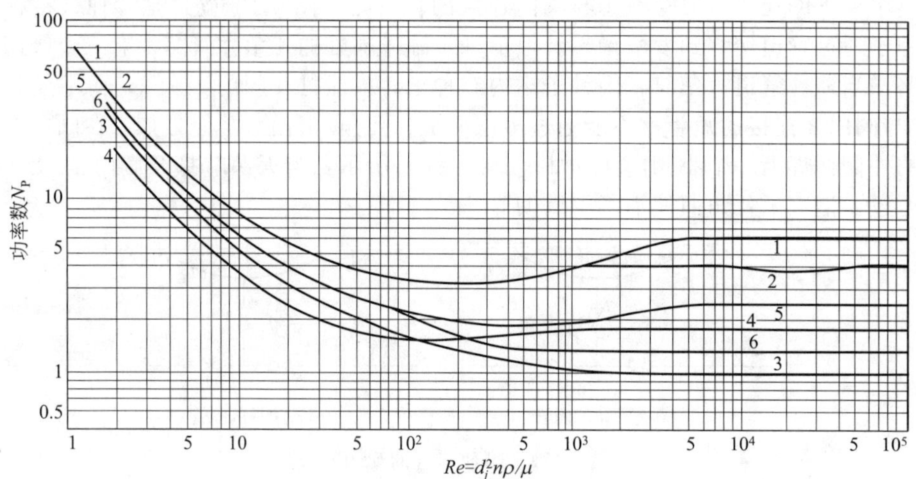

图 5-14　搅拌器的功率数曲线

与图 5-14 对应的搅拌器型式和尺寸见表 5-3。

表 5-3　与图 5-14 对应的搅拌器型式和尺寸

曲线	结构型式	结构尺寸	备注
1	六直叶圆盘涡轮	$d_j:l:b=20:5:4$，$D_i/d_j=2\sim7$，$H_L/d_j=2\sim4$，$c/d_j=0.7\sim1.6$	H_L—液位高度； c—下层搅拌桨到罐底距离； s—推进式搅拌器的螺距； 其他符号见表 5-1。
2	六直叶开启涡轮	$b/d_j=1/5$，$D_i/d_j=3$，$H_L/d_j=3$，$c/d_j=1$	
3	推进式搅拌器	$s/d_j=2$；$D_i/d_j=2.5\sim6$；$H_L/d_j=2\sim4$，$c/d_j=1$	
4	二叶平桨搅拌器	$b/d_j=1/5$；$D_i/d_j=3$；$H_L/d_j=3$，$c/d_j=1$	
5	六弯叶开式涡轮	$b/d_j=1/8$；$D_i/d_j=3$；$H_L/d_j=3$，$c/d_j=1$	
6	六斜叶开式涡轮	$b/d_j=1/8$；$D_i/d_j=3$；$H_L/d_j=1$，$\theta=45°$	

对比较大的发酵罐，因液位较高，只用一层搅拌器时搅拌效果不佳，因此一般在同一搅拌轴上安装二层或多层搅拌器。在相同转速下，多层搅拌器所消耗功率要比单层大的多，其增加的程度除了搅拌器的个数之外，还取决于搅拌器间的距离。当相邻两层搅拌器的距离足够大时，两层搅拌器所造成的液流互不干扰，则多层搅拌器消耗的功率应为单层搅拌器消耗的功率乘以搅拌器的个数。

使用多层搅拌器时，两者间的距离 S，对非牛顿型流体取 $S=2d_j$，对牛顿型流体取 $S=(2.5\sim3.0)d_j$。S 过小，不能输出最大的功率，S 过大，则中间的区域搅拌效果不好。上层搅拌器至静止液面的距离取（0.5～2）d_j，下层搅拌器至罐底的距离取（0.5～1.0）d_j。

5.3.5　氧的溶解

在通风发酵中，空气中的氧首先溶解在液体中，然后才能被微生物利用。好氧性发酵设备的重要任务之一就是要提供足够的溶解氧，以满足微生物的需要。

5.3.5.1　氧在溶液中的溶解特性

气体和溶液相互接触后，气体分子就会溶解于溶液中，经过一定的接触时间，气体分子在溶液中的浓度达到动态平衡，此时溶解到溶液中的气体量等于逸出溶液的气体量。若外界条件不变，气体在溶液中的浓度就不再随时间变化而变化，此浓度就称为这一条件下气体在溶液中的饱和浓度（平衡浓度）。影响溶液饱和浓度的因素主要有溶液的温度、溶液的性质和氧的分压。

(1) 溶液的温度

随着溶液温度的升高，气体分子的运动加快，使饱和浓度下降。当纯水与一个大气压的空气达到相平衡时，温度对氧饱和浓度的影响可用经验公式（5-16）来描述（适用范围为4～33℃）

$$C^{*}=\frac{468}{31.6+t} \tag{5-16}$$

式中　C^{*}——与 1 大气压空气相平衡的水中氧的饱和浓度，mg/L；

t——溶液的温度，℃。

(2) 溶液的性质

即使在温度、气体分压相同的条件下，不同溶液对同一气体的溶解度也是不同的；而同一溶液，不同的溶质浓度，氧的溶解度也不同（除氧以外的溶质浓度越高，氧的溶解度就越低）。所以发酵液中的溶氧浓度要比纯水中的溶解度小。

(3) 氧分压

在系统总压力小于 5 个大气压的情况下，氧的溶解度与总压及其他气体的分压无关，而只与氧的分压成正比关系，这可用亨利定律来表示

$$C^{*}=\frac{1}{H}p_{O_2} \tag{5-17}$$

式中　C^{*}——与气相平衡的液相中氧的浓度，mol/m^3；

p_{O_2}——氧的分压，atm（1atm＝101.325kPa）；

H——亨利常数（与溶液性质和温度有关），atm・m^3/mol。

氧是难溶性的气体，在 25℃、1 大气压下，空气中氧在水中的溶解度为 0.25mmol/L，在发酵液中的溶解度更低。由于发酵液（或培养液）中的大量微生物耗氧迅速［大于 25～100mmol/(L・h)］，因此必须采取特殊的供养手段，以保证供氧和耗氧相平衡。如果溶氧浓度做到大于临界氧浓度（实际上很难做到），则菌体对氧的利用率保持不变并与发酵液中的溶氧浓度无关。

除处于液体中的微生物只能利用溶解氧外，处于气液界面的微生物还能直接利用气相中的氧。据此，强化气液接触界面也将有利于供氧。但是在发酵工业上氧的利用率目前还是很低的，如谷氨酸发酵氧利用率只有 10%～30%，抗生素发酵则更低（2%以下）。因此如何提高氧的利用率、降低能耗、降低成本，是发酵工业面临的一个重要问题。

5.3.5.2　氧在发酵液中的传递

对通气搅拌的深层发酵，培养液中必须有适当的溶氧浓度，以使溶解氧不会成为限制性因素。在实际的生物反应系统，溶氧浓度是细胞的耗氧速率（OUR）和氧传递的溶氧速率（OTR）的函数。根据双膜理论，氧从气泡到细胞的传递过程见图 5-15 所示。

氧的传递过程包含以下传递阻力：ⅰ从气相主体到气液界面的气膜传递阻力；ⅱ气液界面的传递阻力；ⅲ从气液界面通过液膜的传递阻力；ⅳ液相主体的传递阻力；ⅴ细胞或

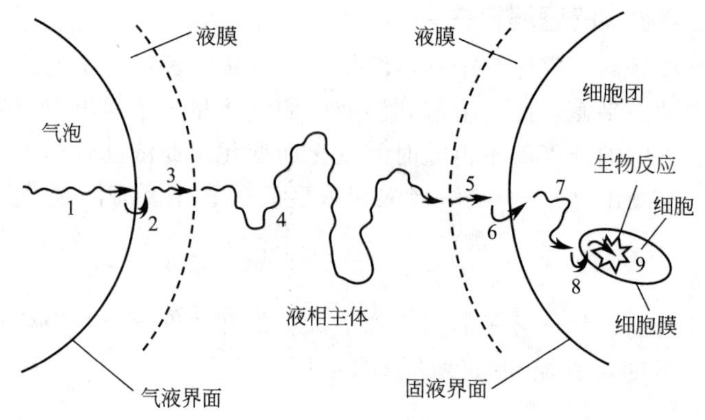

图 5-15　氧从气泡到细胞的传递过程示意图

细胞团表面的液膜阻力；ⓥⅰ固液界面的传递阻力；ⓥⅱ细胞团内的传递阻力；ⓥⅲ细胞壁的阻力；ⓘⓧ反应阻力。

根据传质理论，溶氧传质的总推动力就是气相与细胞内的氧浓度之差。理论和实验证明，在大多数的通气发酵场合，氧由气泡传递到液相中是生物通气发酵过程的限速步骤。当气液传质过程处于稳态时，溶氧速率按式（5-18）计算：

$$n_{O_2}=\frac{p-p_1}{1/k_G}=\frac{p-p^*}{1/K_G}=\frac{c_1-c_L}{1/k_L}=\frac{c^*-c_L}{1/K_L} \tag{5-18}$$

式中　p——气相主体氧分压，Pa；

p_1——气液界面氧分压，Pa；

p^*——与液相主体氧浓度平衡的氧分压，Pa；

k_G——气膜传递系数，mol/(m^2 · s · Pa)；

K_G——以氧分压为推动力的总传质系数，mol/(m^2 · s · Pa)；

c_1——气液界面中氧浓度，mol/m^3；

c_L——液相主体溶氧浓度，mol/m^3；

c^*——与气相主体平衡的液相氧浓度，mol/m^3；

K_L——以氧浓度为推动力的总传质系数，m/s；

k_L——液膜传质系数，m/s。

根据亨利定律有：

$$p=Hc \tag{5-19}$$

式中　H——亨利常数。

结合式（5-18）和式（5-19），可得到：

$$1/K_G=1/k_G+H/k_L \tag{5-20}$$

$$1/K_L=1/k_L+1/Hk_G \tag{5-21}$$

由于氧难溶于水等液体中，对通常的培养基水溶液，其亨利常数 H 很大，故式（5-21）右边的第二项 $1/Hk_G \ll 1/k_L$，所以 $k_L \approx K_L$。故单位体积培养液溶氧速率为：

$$n_{O_2}=\mathrm{K}_{La}(c^*-c_L) \tag{5-22}$$

式中　n_{O_2}——溶氧速率，mol/(m^3 · s)；

K_{La}——体积溶氧系数，s^{-1}。

在好氧发酵中，应考虑供氧必须完全满足微生物对氧的需要量，即氧的供给不应成为好氧发酵的限制因素。K_{La} 是用来衡量发酵罐的通气状况，是衡量通风发酵设备性能的一个重要指标，该值高时，说明设备的溶氧性能好，氧利用率高。

5.3.5.3　溶氧系数的测定

发酵设备中溶氧系数 K_{La}（体积传质系数）的测定方法有多种，如亚硫酸盐氧化法、排气法和取样法等，前两者是在非发酵过程测定的，后者是把发酵液从罐中取出来测定的，因此都不能完全代表发酵过程中的 K_{La} 值。目前测定 K_{La} 较为精确的是溶氧电极法，溶氧电极由阴、阳两电极组成，阴极为银丝，阳极为铅，如图 5-16 所示。

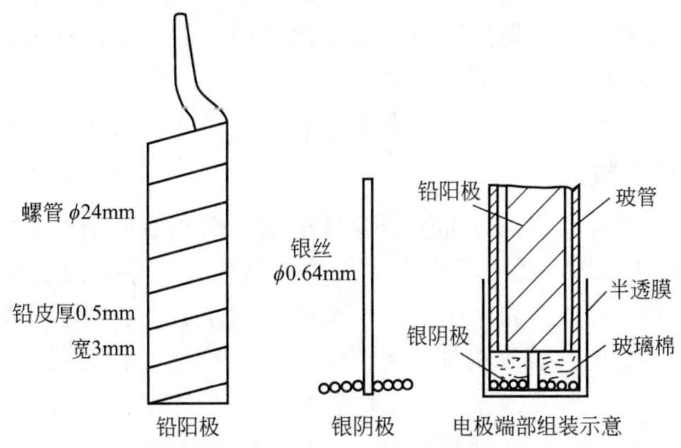

图 5-16　溶氧电极构造示意图

半渗透塑料膜只允许气体透过，而不透水。在容积电池中加入数毫升的电解质溶液，在两极之间产生一个电位，使阳极的铅变成铅离子进入电解质溶液，同时放出的电子在阴极上把透过半透膜进入电池的氧立即还原成 OH^-，即

$$Pb \longrightarrow Pb^{++} + 2e$$

$$2e + 0.5O_2 + H_2O \longrightarrow 2OH^-$$

如果将电极插入测定的液体中，则产生相应的电流，在电流表上指示出来。由于膜的透氧速率受温度的影响较大，可以做成自动温度补偿式。用溶氧电极与氧气分析相配合，可直接测量出实际的容积传质系数 K_{La}。

在发酵醪中，供氧的溶氧速率为 OTR（n_{O_2}），微生物消耗溶氧的耗氧速率为 OUR，当供氧和耗氧维持不变时，则溶氧浓度变化为零。

因为 $$OTR = K_{La}(c^* - c_L),\ OUR = Q_{O_2}X$$

在稳态时 $$OUR = \frac{Q(c_1 - c_2)}{V} = OTR$$

所以 $$K_{La} = \frac{Q(c_1 - c_2)}{V(c^* - c)} \tag{5-23}$$

式中　K_{La}——以液膜为基准的容积传质系数，1/h；

Q_{O_2}——微生物的呼吸强度，$molO_2$/[kg（干重）· h]；

Q——通气量，m^3/h；

OTR——供氧的溶氧速率，$molO_2/(m^3 \cdot h)$；

OUR——耗氧速率，$molO_2/(m^3 \cdot h)$；

X——微生物的菌体浓度，kg（干重）/m^3；

c_1，c_2——进气和排气中的氧浓度，mol/m^3。

式中的 c_1、c^* 为常数，c_2 可用氧气分析仪自排出气体测量，c_L 为发酵液中的溶氧浓度，可用溶氧电极测得。应注意，对同一系统用不同的方法测量计算出的 K_{La} 并不相同。

5.3.6 机械搅拌式发酵罐的放大

发酵罐的比拟放大是研究如何把在小型试验设备上所获得的成果扩大应用到大型生产设备上去的问题，即如何使小型罐所获得的规律和数据能在大发酵罐中再现的问题。放大一般有两个基本手段，一是根据相似理论原理进行比拟放大；二是对全部机理作数学分析。后者虽能全面地对发酵罐做出评价，但常常因所得到的数学式太复杂，用于微生物代谢这样复杂的生产过程还有很大差距。因此发酵工业上常用比拟放大的方法，这种方法一般是根据相似原理进行放大，而不是简单地按比例放大。

机械搅拌式发酵罐的放大内容主要有发酵罐的几何尺寸、通风量、搅拌和传热等。

5.3.6.1 几何尺寸放大

一般罐体尺寸、搅拌器及罐内各部位置等是根据几何相似原则放大的。大设备的装料体积 V_2 与小设备的装料体积 V_1 之比，称为体积放大倍数。在放大过程中，一般将大、小反应器内直径之比 D_{i2}/D_{i1} 定义为放大比（在本节中，用下标 1、2 分别表示小发酵罐和大发酵罐）。在机械搅拌反应器中，若放大时几何相似，则放大比还可用搅拌器直径之比 d_{j2}/d_{j1} 来代替，且有：

$$\frac{D_{i2}}{D_{i1}}=\frac{d_{j2}}{d_{j1}}=\left(\frac{V_2}{V_1}\right)^{1/3} \tag{5-24}$$

5.3.6.2 通风量放大

通风量的放大是发酵罐放大的主要内容之一。这是因为通风量的大小不仅与氧传递速率有关，而且在通风搅拌发酵罐中，通风速率的大小还决定了反应器中醪液搅拌的强度，一般通风速率越大，为了氧更好的溶解在溶液中，搅拌强度就越强。

与通风量有关的基本参数有：ⅰ单位容积溶液的通风速率，即通风比 Q/V；ⅱ通风准数 $N_a=Q/nD_i^3$；ⅲ反应器空截面的空气线速度 vs；ⅳ体积溶氧系数 K_{La}。这些基本参数就是通风量放大的依据。而在实际生产操作中，常常以体积溶氧系数 K_{La} 作为通风量放大的依据。

试验求得的最适宜通风量要用放大方法放大到大设备中去，有人经过试验和有关准数的整理，得出通风与溶氧系数之间有如下关系：

$$K_{La}\propto\frac{Q}{V}H_L^{2/3} \tag{5-25}$$

式中 K_{La}——体积溶氧系数，1/h；

Q——通气量，m^3/min；

V——发酵液体积量，m^3；

H_L——发酵液的液位高度，m。

对于几何相似的大小发酵罐，处理物料的物理性质相同，则有：

$$\frac{(K_{La})_1}{(K_{La})_2}=\frac{(Q/V)_1}{(Q/V)_2}\left(\frac{H_{L1}}{H_{L2}}\right)^{2/3}$$

如果取体积溶氧系数相等，那么上式可写成：

$$\frac{(Q/V)_2}{(Q/V)_1}=\left(\frac{H_{L1}}{H_{L2}}\right)^{2/3} \tag{5-26}$$

因为（H_{L1}/H_{L2}）<1，所以大罐单位体积所需要的风量要比小罐小，这说明罐的容积

越大也就越经济，即在同样产量的情况下，采用大的发酵罐比采用小的发酵罐总的通风量要小得多。

5.3.6.3 搅拌转速放大

搅拌功率的大小是影响溶氧最主要的因素，因而在机械搅拌发酵罐中搅拌功率的放大是整个发酵罐放大中最主要的内容。对于一定性质的液体，由于搅拌功率的大小取决于搅拌转速 n 和搅拌容器直径 D_i，因此搅拌功率的放大实际上是 n 和 D_i 的放大问题。若几何相似，则 D_i 一定，放大问题就只是搅拌转速 n 的问题了。

搅拌转速放大的依据准则较多，具体有：ⓘ按搅拌雷诺数 Re 相等；ⓘⓘ按单位体积液体消耗的功率 P/V 相等；ⓘⓘⓘ按体积溶氧系数 K_{La} 相等；ⓘⓥ按搅拌器末端线速度 v 相等；ⓥ按单位体积搅拌循环量 F/V 相等。由于按ⓘ、ⓘⓥ和ⓥ准则放大得到的结果偏差较大，故实际生产中多按ⓘⓘ、ⓘⓘⓘ准则进行放大设计。

(1) 按单位体积的液体消耗功率相等进行放大

由搅拌功率的计算公式可知，在搅拌达到湍流时，搅拌消耗功率 P 与搅拌器转速 n 的三次方、搅拌器直径 d_j 的五次方成正比，即

$$P=Cn^3d_j^5$$

又因 $V\propto D_i^3$，$d_j\propto D_i$，则有：

$$V=C'd_j^3$$

所以，有：

$$\frac{P}{V}=\frac{Cn^3d_j^5}{C'd_j^3}=Kn^3d_j^2$$

将大、小发酵罐的单位体积消耗功率相比，则有：

$$\frac{(P/V)_2}{(P/V)_1}=\left(\frac{n_2}{n_1}\right)^3\cdot\left(\frac{d_{j2}}{d_{j1}}\right)^2$$

在大、小罐单位体积功耗相等情况下，上式可写成：

$$n_2=n_1\left(\frac{d_{j1}}{d_{j2}}\right)^{2/3}=n_1\left(\frac{D_{i1}}{D_{i2}}\right)^{2/3} \tag{5-27}$$

这一放大方法在谷氨酸的发酵中比较成功。表5-4是上海某味精厂以 $n^3D_i^2$ 相等把 $0.5m^3$ 罐放大到 $50m^3$ 罐的结果。

表5-4 上海某味精厂按 $n^3D_i^2$ 相等原则对发酵罐的放大结果

项目 \ 罐容	$0.5m^3$	$5m^3$	$50m^3$
罐体直径 D_i/mm	0.7	1.5	3.1
搅拌器直径 d_j/mm	0.245	0.525	1.085
d_j/D_i	0.35	0.35	0.35
转速 n/(r/min)	300	180	111
$n^3D_i^2$	7.5	7.44	7.45
实际转速 n/(r/min)	300	180	108
实际 $n^3D_i^2$	7.5	7.44	6.87

(2) 按体积溶氧系数相等放大

溶氧系数是所有好氧性发酵的主要指标，任何通气发酵在一定条件下都有一个达到最大

产率时的溶氧系数，故维持大、小罐的溶氧系数相等进行放大是合理的，且对于几何不相似的发酵罐，溶氧系数的放大方法也能适用。

以溶氧系数相等进行放大，必须应用到有关溶氧系数的计算式。这些经验公式没有也不可能有一个适用于所有发酵情况的统一公式，在放大时必须严格注意公式的来源和应用条件。最好使用几个认为可用的计算式都试算一下，然后选用一个与试验数据最接近的计算式进行放大计算。

这里仅以六弯叶圆盘涡轮搅拌器为例，导出转速放大的计算式。其他搅拌器的转速放大可仿此推导。

对于六弯叶圆盘涡轮搅拌器，溶氧系数公式为：

$$K_{La}=7.32\times10^{-7}\left(\frac{P_g}{V}\right)W_s^{0.713} \tag{5-28}$$

大、小发酵罐的溶氧系数比值可用下式表示：

$$\frac{(K_{La})_2}{(K_{La})_1}=\frac{(P_g/V)_2}{(P_g/V)_1}\left(\frac{W_{s2}}{W_{s1}}\right)^{0.713}$$

根据溶氧系数相等的放大原则，上式左边等于1，则上式可写成：

$$P_{g2}=V_2\left(\frac{P_g}{V}\right)_1\left(\frac{W_{s1}}{W_{s2}}\right)^{0.713} \tag{5-29}$$

根据功率计算公式，通气条件下的搅拌功率可用式（5-30）计算：

$$P_{g2}=\varphi_2 N_{P2}\rho_2 n_2^3 d_{j2}^5 \tag{5-30}$$

由式（5-29）和式（5-30）导出大罐的搅拌转速为：

$$n_2=\sqrt[3]{\frac{V_2(P_g/V)_1(W_{s1}/W_{s2})^{0.713}}{\varphi_2 N_{P2}\rho_2 d_{j2}^5}} \tag{5-31}$$

式中 n_1，n_2——小、大发酵罐搅拌器的搅拌转速，r/s；

V_1，V_2——小、大发酵罐中的溶液容积，m^3；

P_{g1}，P_{g2}——小、大发酵罐在通风条件下的搅拌功率（一般取不通风条件下搅拌功率的一半），W；

φ_2——通风条件下大发酵罐搅拌功率的折减系数，$\varphi_2=0.4\sim0.8$，一般取0.5；

N_{P2}——大发酵罐搅拌器的功率数；

ρ_2——大发酵罐中溶液的密度，kg/m^3；

d_{j2}——大发酵罐搅拌器的直径，m；

W_{s1}，W_{s2}——在计算压力（以罐压和二分之一液位高度计算出的压力）状态下小、大发酵罐的通气线速度，m/s。

5.4 气升式发酵罐

5.4.1 气升式发酵罐的工作原理

气升式（气提式，air lift）发酵罐是利用压缩空气借助于喷嘴（或气体分布器）以高速喷入培养液，造成局部液体重度下降及获得高速气流的动能，便由循环管上升，同时在循环管外的液体借重度差而下降，并从底部升入循环管以填补空缺，形成持续不断的循环。空气与培养液在罐内上部空间分离，从罐顶排出口放出。可以看出，气升式发酵罐在运行中是以引入压缩空气作为引入能量的单一方式。引入的空气一方面提供生化反应过程的耗氧，另一方面提供循环混合的动力。所以，气升式发酵罐的气液比一般比机械搅拌式发酵罐有所提高。气升式发酵罐为保证适当的气体停留时间都具有较大的高径比，多数气升式发酵罐的高径比在 4～12。

5.4.2　气升式发酵罐的结构

气升式发酵罐有内循环式和外循环式两种型式，图 5-17 所示是气升式发酵罐的原始型式。循环管有单根的，但大型发酵罐一般有多根循环管。

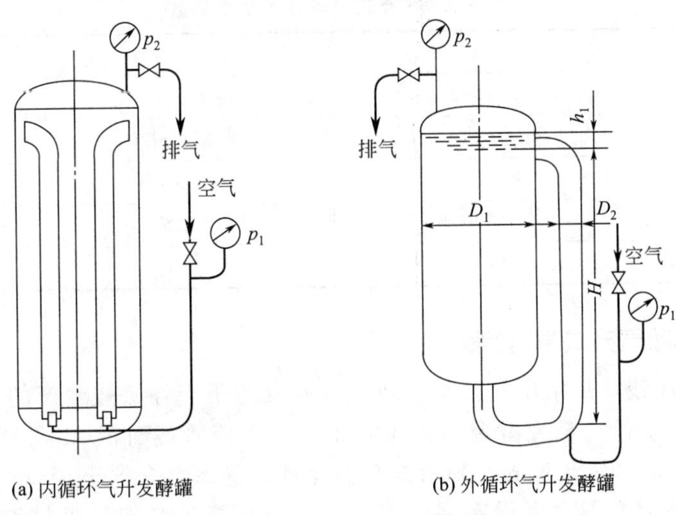

图 5-17　气升式发酵罐

气升式发酵罐自 20 世纪 50 年代初期出现于日本的 $1.8m^3$ 罐用于糖化液体曲的生产实验以来，至今已发展有若干种型式，下面只介绍三种典型的气升式发酵罐结构。

5.4.2.1　循环气升式发酵罐

由于气升式发酵罐的出现，基本上解决了机械搅拌式发酵罐存在的能耗高、剪切力大和不易大型化这三项不易克服的弊端，同时由于无机械搅拌，噪声低，无搅拌轴、轴承、轴封部件，有利于防止杂菌污染。虽然无菌空气消耗量大，但总能量消耗还是比机械搅拌罐低。因此气升式发酵罐出现以后发展较快，被很多领域应用。如单细胞蛋白、谷氨酸、柠檬酸、酶制剂、抗生素、废水处理等。

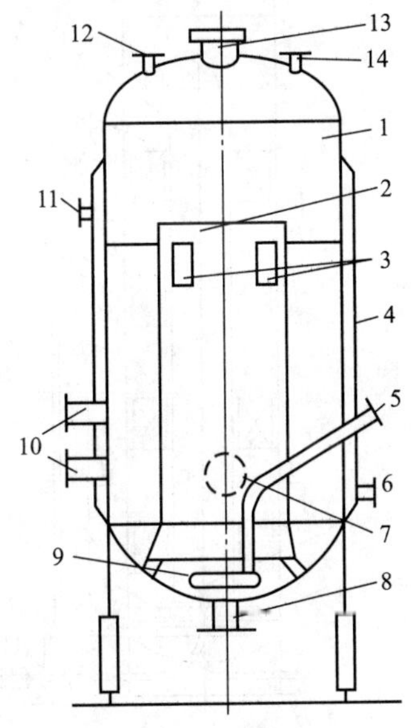

图 5-18　气升式发酵罐

1—罐体；2—气升导流筒；3—发酵液循环口；4—夹套；5—中央进气管；6—冷却水进口；7—人孔；8—排料口；9—圆盘空气分布器；10—外接口；11—冷却水出口；12—进料口；13—人孔；14—排气口

图 5-18 所示是原苏联糖蜜柠檬酸发酵采用的 $100m^3$ 气升式发酵罐。它是由厚为 12～16mm 不锈钢筒体及椭圆封头焊接而成，罐内径 3.8m，圆柱形部分高 8.6m，几何体积 $100m^3$，工作体积 80～85 m^3，外面包隔热层。罐中央有气升导流筒 2（直径

2.45m，高 6.15m)，筒上有发酵液循环口 3，底部有无菌空气盘式分布器 9，无菌空气由中央进气管 5 输入。冷却装置采用夹套 4，也有一些发酵罐用夹层导流筒代替外夹套冷却。罐侧面有人孔、接管、取样器、温度计、液位传感器和 pH 电极接口。罐封头上装有人孔 13、排气口 14、进料口 12、补料管接头、蒸汽进口接头、压力表（未画出)，下部有排料口 8。原苏联哈尔科夫（XapBkoB）柠檬酸厂使用 的 $100m^3$ 气升式发酵罐的技术参数见表 5-5。

表 5-5　气升式发酵罐的技术参数

几何容积	$100m^3$	空气压力	0.2MPa
工作容积	$85m^3$	搅拌系统	气升式
高　　度	11.6m	空气-液体混合相流速	1.35m/s
直　　径	3.8m	鼓泡区与循环区体积比	1：1
年生产能力	200t/年	消泡系统	蜗壳刮板式消泡器
空气流量	$60m^3/min$		

5.4.2.2　环隙气升式发酵罐

图 5-19 是浙江钱江味精厂和南京工业大学开发的用于谷氨酸生产的 $130m^3$ 内外双循环流气升式发酵试验罐。该发酵罐高径比为 3～4，下降管截面积 A_d 与环流上升管截面积 A_r 之比为 0.2～0.7，内装 Kenics 静态混合器元件。静态混合器至少设 2 层，每层至少 3 个。相邻两层静态混合器之间设有涡流扩散室。循环泵进口端与吸料管相连接，出口端与文丘里管相通。这种发酵罐分内、外两个循环系统。

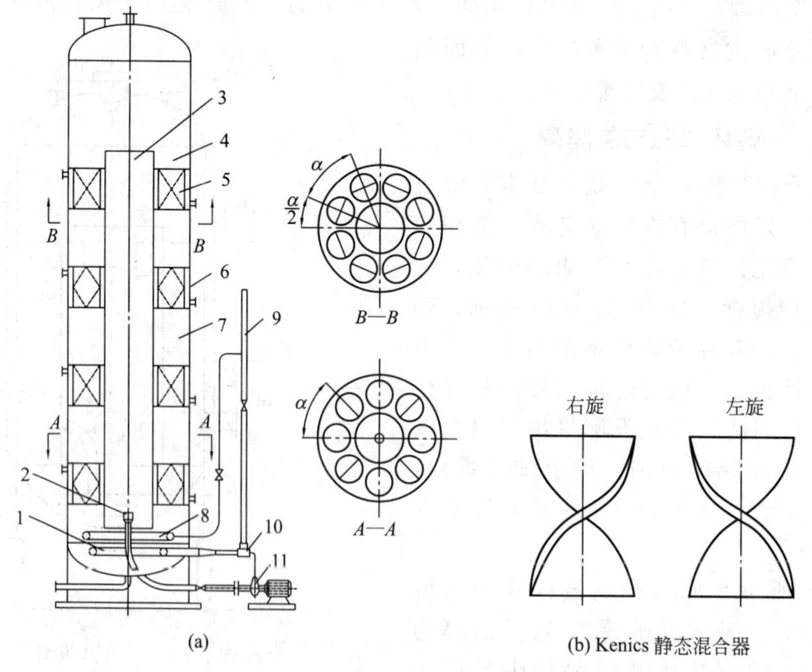

图 5-19　内外双循环消气升式发酵试验罐

1—混合液体分布器；2—吸料管；3—下降管；4—上升环隙；5—静态混合器；6—冷却套管；7—涡旋扩散室；8—空气分布器；9—进气管；10—文丘里管；11—循环泵

① 外循环系统　当循环泵将发酵液加入文丘里管渐缩喷嘴后，由于流速增加，抽气室形成真空，因而吸入从空气管输入的无菌压缩空气，并分散成细小气泡在混合段中与发酵液均匀混合、溶氧，经扩压段后便通过混合流体分布器喷入上升管。

② 内循环系统　当混合流体喷入上升管后，上升管内的发酵液密度就比下降管小，在密度差的推动下，产生内部循环流动。

这种双循环气升式发酵罐将一种利用文丘里管抽吸压缩空气、以混合流体为喷射介质的新的动力输入方式用于气升式发酵罐，有利于降低无菌空气压力的要求。同时在该发酵罐内利用了静态混合器的良好混合作用，有利于气体停留和溶氧作用，使发酵罐高度可适当降低，与通气搅拌式发酵罐相近。表 5-6 给出了该发酵罐与普通气升式、搅拌式发酵罐用于谷氨酸生产的对比情况。可以看出，内外双环流气升式发酵罐在用气量减小、总能量消耗降低方面有可取之处。但这种发酵罐对于耗气量大的发酵系统来说，有时文丘里管抽气量不能满足，此时需增设一个空气分布器来补偿。

表 5-6　双循环气升式发酵罐与气升式、搅拌式发酵罐的比较

项目 罐类	无菌压缩空气				搅拌与泵实测功率/(kW/m²)	总能量消耗/(kW/m²)	总能量增加率/%
	发酵液体积/m³	最大空气流量/(m³/h)	通气量/[m³/(m³·min)]	折合电能/(kW/m³)			
气升式	90	2400	0.440	2.22	1	2.22	131
搅拌式	70	1000	0.238	1.19	1.08	2.27	134
本发酵罐	95	1200	0.210	0.65	1.05	1.70	100

5.4.2.3　SM 型气升式发酵罐

虽然气升式发酵罐克服了机械搅拌式发酵罐的三大弊病，但又带来了气升式发酵罐空气利用率低，固-液传质差和在高黏度发酵液中气-液传质不良三大难题。郑州大学（原郑州工学院）提出的 SM 型气升式生物反应器（图 5-20）将静态混合技术与气升原理相结合起来，提出了“涡流切变”原理，用以强化传热和气-液-固传质，有效地解决了气升式发酵罐所存在的以上三个问题 。

该反应器由外壳、中心管和静态混合器组成。静态混合器以串联形式装在中心管内，在静态混合器与中心管之间的间隙中走冷却水，在中心管与外壳之间的环隙中走反应介质。反应器的体积从几升到几百立方米。结构材料可以根据介质的性质选取，如工程塑料、陶瓷、玻璃、玻璃钢、碳钢和不锈钢等。当被用于废水处理或作沼气池时可以用混凝土浇铸外壳，中心管可以用其他材料，这时体积可以达到上千立方米。

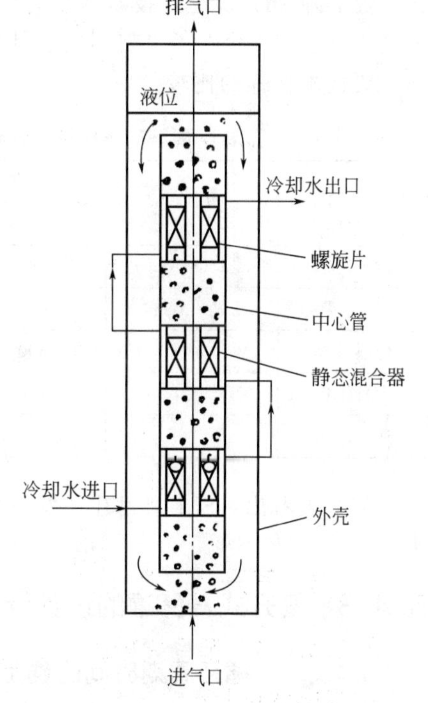

图 5-20　SM 型气升式生物反应器结构图

SM 型气升式生物反应器最主要的技术特征是以静态混合元件代替了传统的机械搅拌器，具有以下几个特点。

① 具有显著的节能效果　由于取消了机械搅

拌，因此节省了搅拌功率，使设备能耗大幅度下降，一般可节省发酵用电 40%～50%。如用于谷氨酸生产时，每吨谷氨酸可节电 3240MJ 左右 。

② 无菌操作可靠性高　SM 型气升式反应器没有轴封、搅拌轴及其支承，也没有冷却盘管，所以反应器密封可靠，死区少，有效地提高了无菌操作的可靠性。

③ 可明显提高产率　静态混合元件具有良好的混合效果，可大幅度提高传质和传热速率。生产实验证明氧传递速率可达到 $250\mathrm{mol/(m^3 \cdot h)}$，传热系数可达到 $1000\mathrm{W/(m^2 \cdot K)}$。静态混合元件的机械剪切力远远小于搅拌器，免除了机械剪切给生物带来的损伤，加上足够的溶氧和恒定的温度，为生物提供了良好的生长环境促进了代谢过程，可使产物积累明显加快，发酵周期缩短，设备的生产效率和单批产率（发酵单位或产酸率）都有明显提高。

④ 易实现大型化和优化控制　反应器的放大不会受到搅拌器的设计、加工、安装和维修的限制，因此反应器的体积可达上千立方米。大型化后不会出现气液接触不良和机械故障，完全可满足发酵工业日趋大型化的需要。SM 型气升式反应器的传质速率主要取决于进气量。在生产中，当反应器加工成型之后，其传氧速率是随着气量的增加而增加的。在相当的范围内设备的传氧速率不会受到其他方面的限制。这一点明显不同于机械搅拌反应器。

⑤ SM 型气升式反应器的优点　具有结构简单、噪声小、装料系数高达 85%、节省冷却水 60 %、与机械搅拌式反应器相比可节省投资 24 %和操作方便等优点 。

工业应用证明，建立在“涡流切变强化气-液-固传质和传热”理论基础上的 SM 型气升式发酵罐不但保留了气升式发酵罐的优良特性，而且还克服了其存在的不足。发酵罐的最大体积已达到 $170\mathrm{m^3}$，可以用于固形物含量高达到 35%，黏度高达 $12000\times10^{-3}\mathrm{Pa \cdot s}$ 的发酵场合，其应用范围已覆盖了抗生素、酶制剂、氨基酸、有机酸和微生物多糖等发酵工业。与搅拌罐相比可节电 33%～56%，节水 60%，产品产率提高 9%左右，收率提高 5%左右，设备投资下降 20%以上。技术水平有明显提高，它的广泛使用将有力推动生物发酵工业的技术进步。表 5-7 给出了目前国内、外搅拌式发酵罐、气升式发酵罐和 SM 型气升式发酵罐五项主要技术指标的比较。

表 5-7　SM 型气升式发酵罐与搅拌式、气升式发酵罐的比较

项　目	单　位	搅拌式发酵罐		气升式发酵罐		SM 型气升式发酵罐
		国内	国外	国内	国外	
传氧速率	$\mathrm{mol/(m^3 \cdot h)}$	55	75	210	220	250
能　耗	$\mathrm{kW \cdot h/m^3}$	3.31	4.0	2.65	2.5	2.4
传热系数	$\mathrm{W/(m^2 \cdot ℃)}$	500	500			1000
设备体积	$\mathrm{m^3}$	150	200	300	300	170
适用范围		广	广	有限	有限	广

从上表看出：SM 型气升式发酵罐综合技术指标已达到或超过了国内外现有的同类技术水平。

5.4.3　气升式发酵罐的设计计算

5.4.3.1　循环周期时间的确定

发酵液在上升管内与大量空气接触，溶解氧较高，当发酵液进入下降管后，由于菌体消耗了大量溶解氧，而使溶解氧浓度逐渐下降。当发酵液重新进入上升管时，又开始了一个新的循环，循环时间可按式（5-32）计算：

$$\tau=\frac{V_1}{V_{醪液}}=\frac{V_1}{\frac{\pi}{4}d^2u\times 60} \tag{5-32}$$

式中　τ——循环周期时间，min；

V_1——发酵罐内醪液量，m^3；

$V_{醪液}$——醪液循环量，m^3/min；

u——醪液在循环管中的线速度，m/s；

d——循环管的内径，m。

对于黑曲霉 Pr_3 菌发酵生产液体曲，当发酵培养基总浓度为 7%时，循环周期大于 4min 时，糖化力就急剧下降。设计时可选用 2.5～3.5min。对于 3942 蛋白酶的菌种发酵，循环周期可选用 4～4.5min。

5.4.3.2　喷嘴直径的确定

在气升式发酵罐中，发酵所用空气由喷嘴喷入罐内，喷嘴的结构如图 5-21 所示。要提高溶氧系数，应选用良好的结构及适当的喷出孔直径。

当 $Re_{空气}>Re_{醪液}+250$ 时，气泡分裂细碎较好。式中 $Re_{空气}$、$Re_{醪液}$ 分别为空气经喷嘴喷出时和醪液在上升管中的雷诺数，按下列式子计算：

$$Re_{空气}=\frac{V_{空气}}{d_1\nu_{空气}} \tag{5-33}$$

$$Re_{醪液}=\frac{V_{醪液}}{d\nu_{醪液}} \tag{5-34}$$

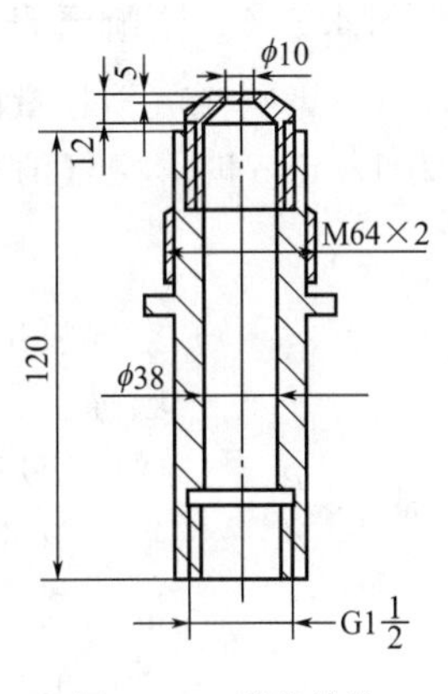

图 5-21　喷嘴结构

式中　$V_{空气}$——空气喷出量，m^3/s；

d_1——喷嘴直径，m；

$\nu_{空气}$——空气的运动黏度，m^2/s；

$V_{醪液}$——醪液的循环量，m^3/s；

d——上升管的直径，m；

$\nu_{醪液}$——醪液的运动黏度，m^2/s。

如果定义：空气的提升能力为 $A=V_{醪液}/V_{空气}$、循环管对喷嘴的直径比为 $m=d/d_1$、空气与醪液的黏度比为 $n=\nu_{空气}/\nu_{醪液}$。则 $Re_{空气}>Re_{醪液}+250$ 转化为：

$$m>nA+250\frac{d\nu_{空气}}{\nu_{醪液}}$$

上式第二项数值很小，一般在 0.01 以下，可忽略不计，所以有：

$$m>nA \tag{5-35}$$

式（5-35）的物理意义为：当循环管径一定时，喷嘴的孔径不能过大，这样才能保证 $m>nA$，保证 $Re_{空气}>Re_{醪液}+250$，进而保证气泡分裂细碎。喷嘴直径、循环管直径与液体曲发酵罐容积的关系参考数值见表 5-8。

表 5-8　循环管直径、喷嘴直径和发酵罐容积间的关系

发酵罐容积/m^3	循环管直径/mm	喷嘴直径/mm
3～4	150	5～6
5～6	175	6～7
7～8	200	8～9
9～10	220	10～10.5
10～13	300	11～12
13～15	400	12～14

5.4.3.3　空气用量计算

$$V_{空气}=\frac{V_{醪液}}{A}=\frac{V_1}{\tau A} \tag{5-36}$$

式中　$V_{空气}$——空气用量，m^3/s；

V_1——发酵罐内醪液量，m^3；

τ——循环时间，s。

当 A 越大时，$V_{空气}$越小；故应选定合适的循环时间 τ 及 A 值，以节省空气及动力。

5.4.3.4　影响气升式发酵罐性能的主要因素

ⅰ. 影响空气消耗量的因素。根据某厂的试验结果，对基质为水的情况，当喷嘴缩孔深度为 1.5mm 时，空气消耗量可按下列近似公式计算：

$$V_{空气}=1.8\times10^5 d_1^{2.5} p^{0.6} p_2^{0.3} \tag{5-37}$$

式中　$V_{空气}$——空气喷出量，m^3/min；

d_1——喷嘴直径，mm；

p——喷嘴前后压力差，$p=p_1-(p_2+H_0/10)$，atm(1atm=101.325kPa)；

p_1——喷嘴前的空气绝对压力，atm；

H_0——液面到空气喷嘴缩孔垂直高度，m；

p_2——罐内绝对压力，atm。

当 d_1、p 和 p_2 已知时，利用上式可估算 $V_{空气}$，误差小于±10%。

ⅱ. 液面到喷嘴缩孔垂直高度 H_0 对 $V_{醪液}$和 A 的影响。由于空气流动及空气的浮力作用，使升液管与罐之间产生压力差，使醪液不断循环，H_0 越大时，压力差也越大，$V_{醪液}$也越大，A 也越大。所以 H_0 是影响气升效率的重要因素，建议设计时 H_0 不小于 4m。

ⅲ. 液面至升液管出口高度 h_1 对 $V_{醪液}$及 A 有影响。根据实践得出如下结果：当 $h_1<0$ 时，醪液循环量 $V_{醪液}$和升液效率 A 就明显下降，$h_1<-2$m 时，不产生循环；$h_1=0$ 时，$V_{醪液}$和 A 值均很大；$h_0>0$ 时，对提高效率并无明显影响；当液面超过上升管出口 1.5m 时，有可能产生“循环短路”现象，因此 $h_1=0$～1.5m 范围较好。

ⅳ. 摩擦阻力的影响。应尽量缩短循环管的总当量长度，尽量采用单管式，使 d 较大，上升管出口以切线方向与罐相接，这样可以减少摩擦阻力，提高升液能力。

ⅴ. 增大压力差 p，则 $V_{空气}$增加，相应增加了 $V_{醪液}$，缩短了循环周期。

ⅵ. 罐压的大小，对 A 有一定影响，通常 $p_2<50$kPa（表压）。

ⅶ. 空气压力较低时，采用较大的喷嘴，反之采用较小的喷嘴。

5.5　固体发酵罐

5.5.1　固体发酵

固体发酵是指在没有或几乎没有自由水存在下，在有一定温度的水不溶性固体基质中，用一种或多种微生物发酵的一个生物反应过程。固体发酵有着悠久的历史，这与它的优点是密不可分的。固体发酵有以下优点：原料来源广，价格低廉；固体发酵所需能耗低；固体发酵的产物易回收，有些甚至不需要处理。

但固体发酵也存在着设备占地面积大、劳动强度大、传质传热困难、产率和回收率低、副产物多等缺点。这些问题严重阻碍了固体发酵的发展，所以在推广固体发酵这个古老的技术过程中，对固体反应器的开发研制显得重要而又艰难。

5.5.2　固体发酵设备

固体发酵设备是固体发酵过程中的核心设备，它的成功使用会使固体发酵更上一个台阶。由于固体发酵不同于液体深层发酵，反应基质以固体状态存在，反应体系内传递过程极其复杂，它包括气-固、气-液、液-固等形式，反应过程又不同于化学反应中的气固反应，合适的菌体生长环境，如 pH、湿含量、温度、供氧等又是固体发酵过程中菌体生长、代谢所必需的，所以说，固体发酵设备在整个固体发酵中起着关键的作用。

迄今为止，已有许多类型的固体发酵设备问世，这其中包括实验室规模、中试和工业生产规模。如果以固体发酵设备中基质运动的情况来分，可分为两类：一类是静态固体发酵反应器，一类为动态固体发酵反应器。

5.5.2.1　静态固体发酵反应器

这一类反应器内的发酵基质在发酵过程中基本处于静态。它具有结构简单、操作方便、灭菌工作简便易行、放大问题小等优点。但它的明显缺点是由于发酵基质的相对静止，给热量、氧气和其它营养物质的传递带来了一定的困难。

典型的静态固体发酵反应器为厚层通风固体发酵装置，如图 5-22 所示。

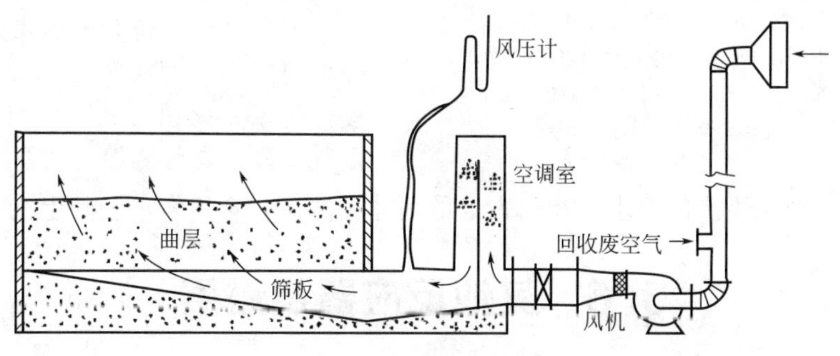

图 5-22　厚层固体发酵装置

在固体发酵床的底部为多孔筛板，风道倾斜形可使平行流动的气流变成垂直流动。曲层厚度可以是 300～350mm。无菌的压缩空气经调湿、调温后进入反应器中。这种固体反应器是我国传统的固体发酵设备。

浅盘式固体发酵设备也是静态发酵设备中的一种，如国内广大农村个体生产中采用的曲盘、帘子和曲架，如图 5-23 所示。

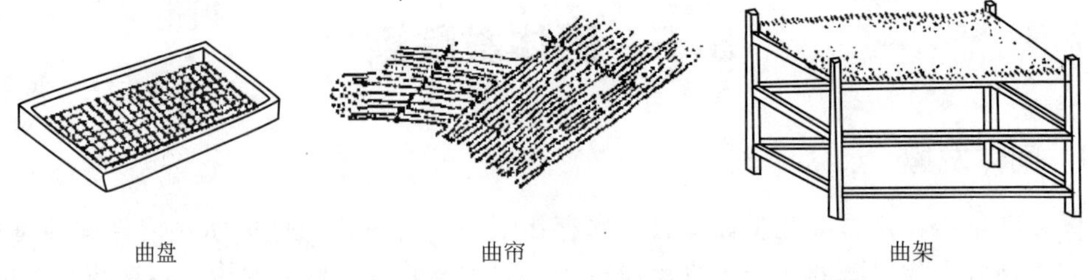

图 5-23 浅盘固体发酵设备

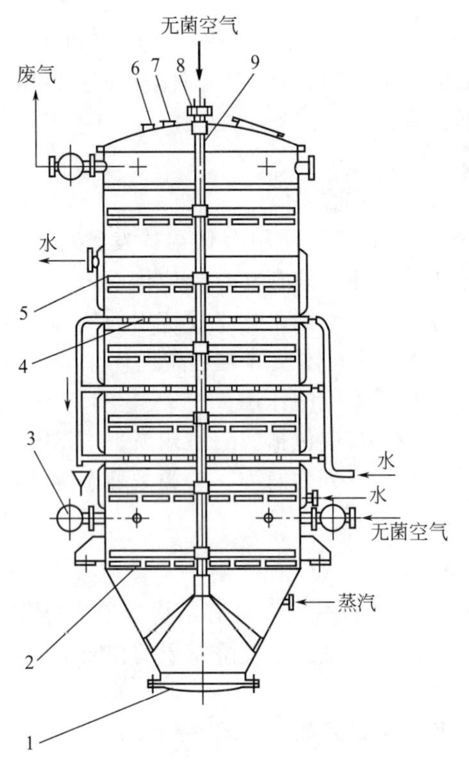

图 5-24 动态固体厚层发酵罐

1—卸料孔；2—支承板小轴；3—空气进口管；4—冷却蛇管；5—翻料桨叶；6—压力表接口；7—排气管；8—转动齿轮；9—搅拌轴

5.5.2.2 动态固体发酵反应器

在动态固体发酵反应器中，物料处于间断或连续的运动状态。它的优点是由于发酵基质在不断地运动，强化了传热和传质，且设备结构紧凑，自动化程度相对较高。但是由于机械部件多、结构复杂，给灭菌消毒带来了困难，在生产过程中搅拌物料所消耗能量也较大，同时持续的发酵物料运动有可能破坏菌丝体，影响菌体的生长与代谢。

图 5-24 为一动态固体厚层发酵罐，它是密闭的柱形罐，完全机械化操作，是原苏联用于柠檬酸固体发酵的反应器。

罐内支承曲的是 6 层自动卸料多孔性支承板，板分为数叶分别固定在各自的小轴上，可以铰链式开合，卸料时小轴转动 90°，物料自行下落。罐中心有一根搅拌轴，搅拌桨叶位于各支持板上方，可间断翻料。

固体发酵设备无论形式如何多样、结构如何复杂，都必须考虑以下几个方面：接种技术、灭菌方式、发酵基质的特性、供气手段、参数测控、取样等。如果以上环节能够满足工业化生产的要求，相信古老的固体发酵法将会焕发出勃勃生机。

5.6 其他反应器及进展

5.6.1 酶反应器

生化反应是由各种不同的、或一系列的生物催化剂酶在各种不同条件下催化的一个或一系列的反应。由于生化反应就是各种类型的酶反应，所以酶反应器即为生化反应器。但是，人们常将适合于利用生长和非固定化细胞进行反应的反应器称为发酵罐，其余各类习惯上称为酶反应器。

酶反应根据进料和出料的方式，可概括为两种主要类型：批量反应器与连续流反应器。

5.6.1.1　批量反应器

批量反应器结构简单，不需要特殊设备装置，在工艺过程中使用可溶酶时，最常采用的反应器类型就是批量反应器，如图 5-25 所示。反应完成后一般不能从反应混合物中回收可溶酶，因而不能再使用。待反应转化至一定程度后，直接通过加热或其他方法使之失效除去。这种反应器在工业生产中很少采用固定化酶，因为在反复过滤或超滤回收过程中容易造成酶的失效损失。由于这一原因，传统的搅拌罐式反应器的使用只限生产少量的精细化学产品。在搅拌罐式反应器内，固定化酶易受到机械应力后破损。为了克服这一问题，使固定化酶能够在其中使用，已经对传统的搅拌罐进行了改造，将固定化酶装在罐式反应器搅拌器翼片或挡板的“篮子”内。另外，全循环式反应器对于底物溶液一次通过反应器而不能达到理想转化的反应是十分有用的。

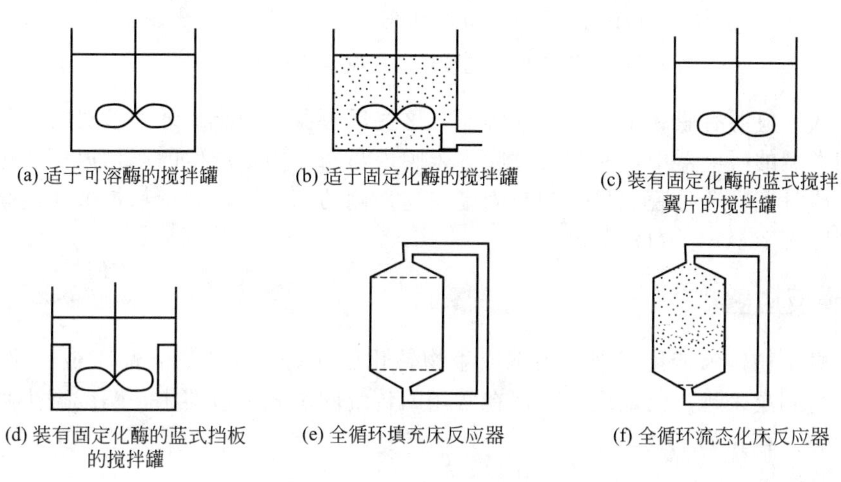

图 5-25　批量反应器类型图

5.6.1.2　连续流反应器

连续流反应器包括两种基本形式：连续流搅拌罐式反应器和塞流式反应器。

连续流搅拌罐式反应器是批量反应器中的搅拌罐反应器的衍生型式，是由一个有底物进口和产物出口的搅拌罐组成。和批量反应器不同，它在运转过程中要不断分出部分反应液，同时补充等量的新鲜底物溶液，其中催化剂通常采用颗粒状的固定化酶。为使固定化酶保留在反应器内，可在它的出口装上滤膜，有的则将酶固定化在磁性颗粒上，使其借助磁吸方法而滞留，有的则将酶固定在搅拌翼片或挡板上。此外，连续搅拌罐式反应器与超滤器组合，这对于不溶的或胶态的底物是有好处的。

塞流式反应器是利用固定化酶可以直接填充在柱式反应器中的特点而出现的。然后把底物直接通过固定化酶床，从流出口可得产物。填充床反应器是当前采用最多的反应器型式，在填充床中，催化剂以高柱形、扁平床形或滤床形保留在柱中，底物可以从柱上部或从下部输入，如图 5-26（a）～（c）所示。

流化床反应器和连续搅拌罐反应器一样是让适量的颗粒状酶悬于反应床中，它不用搅拌器，而是通过向上的底物流达到混合的目的，因此流速应控制于既能“顶”起酶颗粒、又不致使酶颗粒溢出反应床的水平。流化床反应器中酶的阻截可如连续流搅拌罐反应器，其形式见图 5-26（d）。

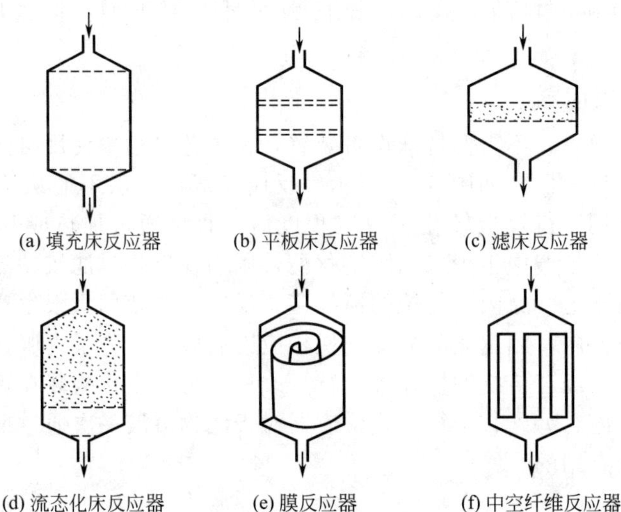

图 5-26　连续流动反应器类型

填充床式反应器有膜和中空纤维反应器，这些反应器内的膜或纤维壁对酶分子具有半透性。这两种类型的反应器中，底物透过膜进入膜内与酶作用，产生的产物返回透过膜进入整体溶液中，或是底物透过膜到另一侧与固定在这一侧的酶作用，而产物扩散通过膜返回整体溶液中，如图 5-26（e）、(f）所示。

5.6.2　膜反应器

用酶或微生物作为催化剂进行化学或生物转化已在有机化工、食品工业 、医药和其他生物工程中得到越来越广泛地应用。但在常用的传统间歇式反应器中，酶或微生物是处于游离或溶解状态，存在如下缺点 ：

ⅰ. 由于有开、停过程，设备利用效率低；

ⅱ. 生产能力低，从而设备费用高；

ⅲ. 不同批次产品质量有一定变化；

ⅳ. 在反应结束时，需分离酶或微生物，或者使其失活，因而增加了费用；

ⅴ. 由于用的生物催化剂浓度较低，且有时有产物抑制效应，所以完成反应时间长。

若采用固定化酶，则有如下优点：

ⅰ. 可发展更有效的连续工艺；

ⅱ. 固定化酶可反复使用多次，降低了酶的费用；

ⅲ. 具有更好的工艺控制能力；

ⅳ. 可提供质量稳定的产品；

ⅴ. 总反应速率高。

固定化酶有如下缺点：

ⅰ. 在酶固定化时，酶活性往往会损失，根据不同酶与不同固定化方法损失率可从 10％～90％；

ⅱ. 酶与基物反应时，会因空间位阻或扩散困难而影响酶活性发挥作用；

ⅲ. 固定化费用较高等。

酶固定化的方法有包埋、胶囊、离子交换、表面吸附、交联、共聚合反应和共价键固定化等，它们各有其优缺点，但总的来讲，酶活利用率较低，且再生困难。近年来，人们越来越对用膜把酶或微生物限制在一定范围的膜反应器给予极大重视。因为它克服了固定化酶存在的缺点，而且操作比较简单，可以建立数学模型进行计算及选择不同截留分子量膜以适应不同基物与产物的要求。当酶或微生物失效后，更新容易。

连续搅拌式膜反应器从结构和操作方式上可分为死端池型反应器（图 5-27）、循环流动型反应器（图 5-28）和中空纤维膜式反应器（图 5-29）三种。对于前者，通常适用于实验室进行特定操作原理性实验或酶作用机理研究。它的主体实际上是一个杯型超滤器，池子既作为反应器，又作为分离器。酶或微生物溶液放在超滤器 7 中混合。基物则放在储罐 5 中，在气体压力下不断输送入反应池 7 中，与酶混合接触反应，产物不断透过膜到产物收集器 13。尽管超滤器中装了磁力搅拌转子，使溶液混合均匀并产生一定速度，但流动状态仍然较差，所以浓差极化严重，尤其当基物是大分子时更严重，甚至易形成凝胶层。这就带来两个问题：一是降低了分离速度；二是由于凝胶层中酶的构象变化及与基物接触机会少，从而影响酶活反应效率与降低生产能力。

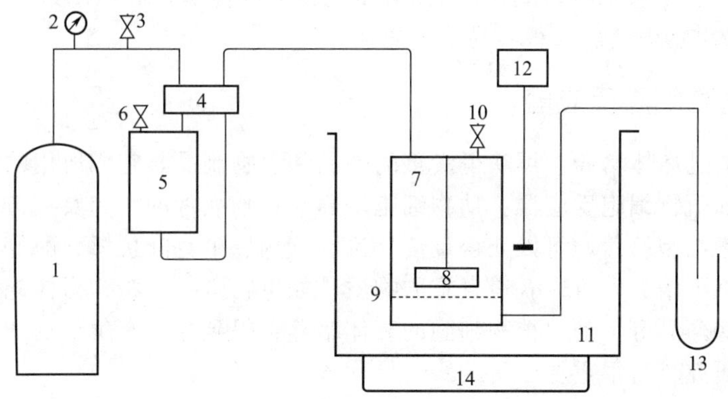

图 5-27　死端池搅拌式膜反应器示意图

1—气源；2—压力计；3—气阀；4—三通阀；5—基物储罐；6—放气安全阀；7—反应池；8—磁力搅拌子；9—膜；10—安全阀；11—恒温水浴；12—水浴搅拌器；13—产物收集器；14—恒温加热器

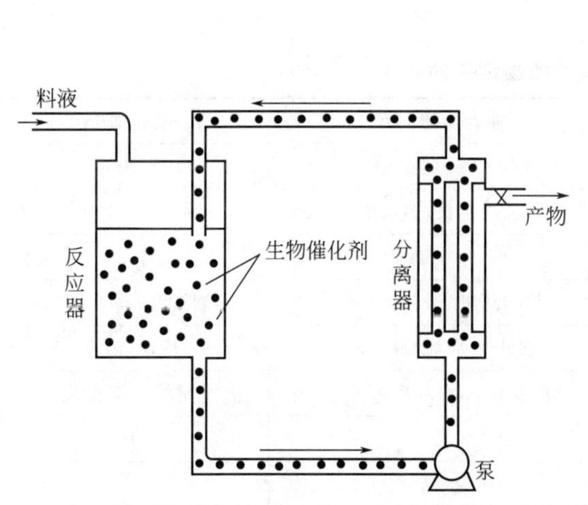

图 5-28　循环流式膜反应器

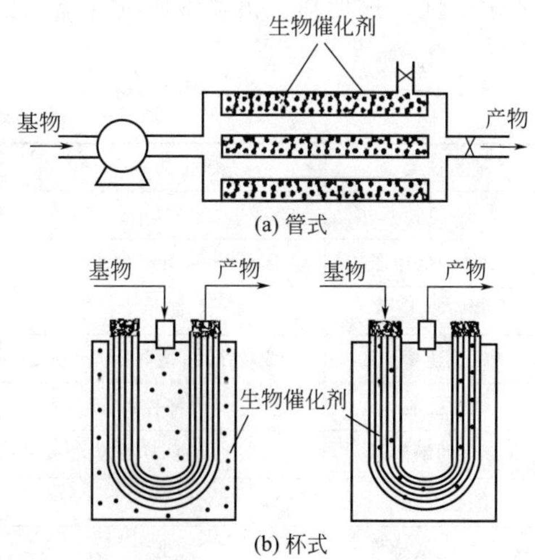

图 5-29　中空纤维膜式反应器

循环流动型反应器具有如下优点：

ⅰ. 反应器与分离器是分开的，因此具有更大适应性。可在反应器中调节合适混合速度以得到最佳反应速率，而在分离器中控制料液流速以减小浓差极化；

ⅱ. 可用于基物分子量与生物催化剂分子量在同一数量级时的反应，产生的小分子产物可连续除去；

ⅲ. 可以任意调节反应器与分离器大小之比，以控制稳态操作条件；

ⅳ. 有较大生产能力。

当基物与产物都是小分子时，均能扩散透过膜，则可采用第三类反应器。烧杯式中空纤维膜反应器，既可把生物催化剂放在纤维膜外面（烧杯里），又可把生物催化剂放在纤维膜内腔。而对于中空纤维管式反应器，通常把生物催化剂放在壳体侧，纤维膜内腔流基物溶液。此类反应器的特点是：

ⅰ. 生物催化剂装填浓度可以很高，而体积很小；

ⅱ. 可用很细的中空纤维膜组件，从而可得到很大的传质表面积；

ⅲ. 当酶或微生物失活后，很容易清洗更换。

5.6.3 动、植物细胞反应器

动、植细胞通过离体培养，可获得贵重的药品和生物制品，它们所用的反应器分别称为动物细胞反应器和植物细胞反应器。动物细胞培养对动物病毒的研究及疫苗的生产发挥了很大作用，通过动物细胞培养，可以获得疫苗、诊断试剂、单克隆抗体、酶等贵重药品和生物制品。通过植物细胞培养，可以获得贵重的物质，如生物碱、香精、甾体化合物、维生素及来源于植物的一些药品等。动、植物细胞的离体培养可得到如此有价值的产物，因此对它们所用的反应器的研究显得很重要。

一台好的反应器必须满足以下要求如：有很好的生物相容性；满足过程反应动力学的要求；有良好的传质、传热能力且操作简单、安全可靠等。为了满足这些相互联系且常常是相反因素的需要，使得生物反应器的设计成为一个复杂和困难的任务。

动、植物细胞与微生物细胞相比有很大差异，它们比较娇嫩，对环境敏感且对剪切有较高的敏感性，这使动、植物细胞反应器又区别于微生物反应器。微生物与动植物细胞的比较见表 5-9。

表 5-9 微生物与动植物细胞的比较

细胞种类	微生物细胞	哺乳动物细胞	植物细胞
大小(直径)	1～10μm	10～100μm	10～100μm
在液体中的生长	悬浮生长，有时聚集成团	有些可悬浮生长，多数依赖表面	可悬浮生长，常聚集成团
营养要求	简单	极复杂	复杂
生长速率	一般较快，倍增时间 0.5～5h	慢，倍增时间 15～100h	慢，倍增时间 24～74h
代谢控制	内部控制	内部，激素	内部，激素
对环境的敏感性	一般耐受范围较大	无细胞壁，对环境极敏感	耐受范围较大
细胞分化	无	有	有
对剪切的敏感性	低	极高	高

常用的动、植物反应器有气升式细胞反应器、中空纤维管生物反应器、通气搅拌生物器和无泡搅拌反应器等几种。

5.6.3.1　气升式细胞培养生物反应器

气升式反应器的基本原理如图 5-30 所示 。它是利用导流管内、外液体的密度差形成循环。气升式生物反应器有内循环、外循环两种型式。气升式生物反应器与搅拌生物反应器相比，具有产生的湍动温和均匀、剪切力小、氧传递效率高、分布均匀等优点。

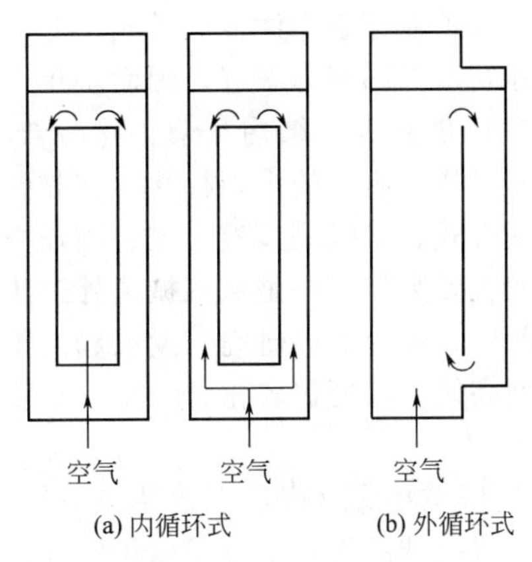

图 5-30　气升式反应器原理

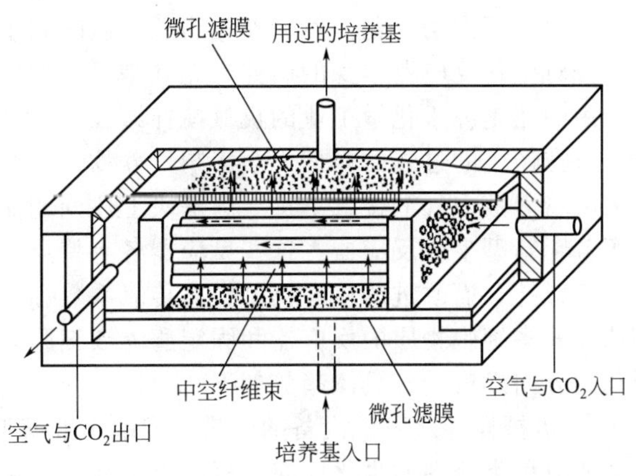

图 5-31　中空纤维管反应器

5.6.3.2　中空纤维管生物反应器

图 5-31 为中空纤维管反应器的示意图。纤维管内通入空气与二氧化碳的混合气，培养基在中空纤维之间流过，细胞生长在中空纤维外壁上。中空纤维管生物反应器用途较广，既可培养悬浮生长的细胞，又可培养贴壁依赖性细胞，如果控制系统不受污染，能长期运转。中空纤维管生物反应器总的发展趋势是让细胞在管束外空间生长。

5.6.3.3　通气搅拌生物反应器

由于动、植物细胞对剪切力敏感性较高，这就要求搅拌器转动时产生的剪切力小且混合性能要好。图 5-32 是一种用于动物细胞培养的通气搅拌式反应器。搅拌器在反应器中进行缓和的搅拌，反应器中有一锥形不锈钢丝网，网内侧进行鼓泡通气，动物细胞在网的外侧，靠丝网的阻挡不与气泡直接接触。通气搅拌式生物反应器已开发了不少型式，它们的主要区别在于搅拌器的结构不同。

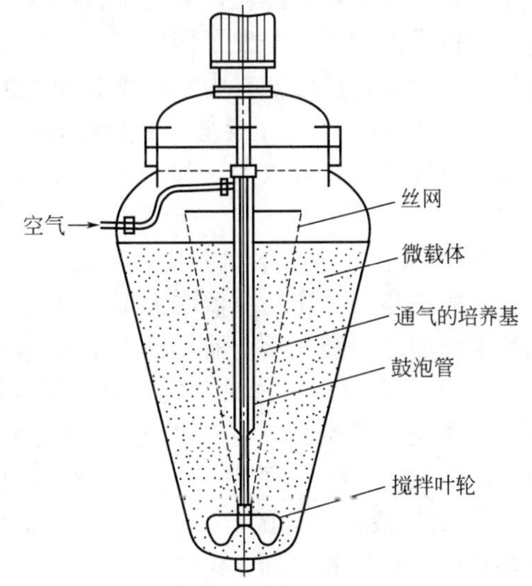

图 5-32　动物细胞培养的通气搅拌式反应器

5.6.3.4　无泡搅拌反应器

无泡搅拌反应器是一种装有膜搅拌器的生物反应器。它采用多孔的疏水性塑料管装配成通气搅拌浆，具有良好的通氧性，同时解决了通气和均相化的要求。膜由聚丙烯、硅橡胶或其它材料制成，加工成多孔的管。这类反应器产生的剪切力小，在通气中不产生泡沫，已广泛应用于实验室研究和中试、工业化生产。

5.6.4 发酵设备进展

发酵罐是工业发酵常用设备中最重要、应用最广泛的设备，可以说发酵罐是整个发酵工业的心脏。发酵罐伴随着微生物发酵工业的发展，已经历了近300年的历史。随着生物工程尤其是基因工程的迅速发展，以及治理环境的迫切需要，使发酵罐的形状、操作原理和方法等都发生了很大的变化，然而在相当长一段时间里，由于发酵工业偏重于优良菌种和工艺的改进，对生化反应器本身的研究，尤其是对新型反应器的开发所作的努力不够，因而多年来最常用的还是源于化学工业的机械搅拌罐。这种传统的标准罐能耗大、结构复杂、易污染，机械搅拌产生的过强的剪切力会影响培养物（尤其是动物和植物细胞）的生理特性，在黏度较大的培养液中气液接触不良。为解决上述问题而开发了气升式、自吸式、喷射式、筛板塔式等若干新型生化反应器。这些反应器各有特点，但发展的主要趋势之一是从机械搅拌过渡到气流搅拌，而改进的核心仍是提高传氧系数和节能。目前生化反应器的研究与发展趋向于高浓度、多细胞物质的反应器和固定酶（或细胞）以及新型高效、高度仪表化、大型化和多样化的方向发展。其具体趋势如下。

① 机械搅拌式发酵设备的改进　发酵工业普遍使用的机械搅拌式反应器多数性能不佳，无法适应种类繁多的生化反应过程。近年来，研究开发用气流搅拌的塔式反应器取代传统的机械搅拌罐，这种改进的核心问题是如何提高传氧系数和节能以及易于大型化。

② 应用固定化技术　固定化酶及细胞的研究与应用是近年来生化反应器开发的一个重大突破。固定化技术既保持了酶的特异催化活性且增加了酶的稳定性，又克服了酶的可溶性和细胞颗粒度太小难于从反应系统中回收的缺点，也避免了其对产物的污染，同时可减少酶的生产数量和细胞的发酵次数；简化了产品的提纯工艺，从而可降低成本30%～50%。

③ 新型多样化　为了适应众多的生化反应过程，近年来出现了许多新颖概念的反应器设计。如为了加强反应器中的液体翻动改善气液接触，可在反应器内装上拉力筒、导流筒或外循环管，为了降低能耗，开发了自吸式、喷射式、气升式、多段塔式等反应器；为了适应固定化技术的应用，开发了固定床、流化床和管式等反应器；为了减少产物对反应的抑制，开发出了膜生化反应器，中空纤维和旋风生化反应器等。

④ 直接放大　由于反应工程模型理论的日趋成熟、渗透以及生化反应工程技术的发展，生化反应器已可直接放大。如瑞士（Cheampee）公司生化反应器的放大率为200倍，一次成功。

⑤ 大型化　为了增加产量，降低单位产品成本，随着生产中防止污染技术及反应器放大技术的进步，生化反应器向大型化方向发展。如生产单细胞蛋白的气升式反应器、生产丙酮和丁醇的球形嫌气反应器都已大至4000m^3，远大于国内目前普遍使用的生化反应器。

⑥ 采用高效空气过滤介质　由于反应器体积愈来愈大，所以不允许出现“倒灌”产生的巨大损失，因此要求空气“绝对”除菌。目前发展了许多不同材料，结构的高效、低阻力、耐高温 、耐水气的空气过滤介质，以代替传统的棉花、活性炭过滤层。

⑦ 培养液连续灭菌　由于生化反应器体积增大，采取连续杀菌可缩短培养液制备的时间，且由于热量的回收，比目前用的实罐灭菌可减少蒸汽和冷却水耗量60%～70%。

⑧ 高度仪表化、自动化　由于生化反应的复杂性以及环境及某些关键性中间产物浓度对反应的高度敏感性，及时地对生化反应过程中各个关键参数进行检测及对过程进行调控是生产中的一个迫切需要解决的问题。为此对生化反应过程进行调控是生物产品生产过程中的一个重要课题。由于专用仪表的发展以及计算机技术的应用，使发酵罐操作高度自动化，并可保证在最佳状态下工作。

⑨ 高反应器体积利用率　由于泡沫及空气在培养液内滞留所占的容积，过去装料量仅为反应器体积的 40％～70％，近年来由于消泡技术的发展，控制住了泡沫，装料量可达 80％以上。

⑩ 采用底部传动　目前大型的机械搅拌罐都应采用底部传动，这样做结构紧凑、节约材料、重心低、稳定性好、噪声小、尤其对抗振有利。

⑪ 采用磁力搅拌　这是近年来发展的新技术，利用罐外的旋转磁场驱动罐内搅拌器，以达到搅拌培养液的目的。用于要求绝对密封、或由于培养物泄露会引起危害的场合。如病菌、疫苗等培养。

第6章 产物分离和提取设备

发酵液中除了含有所要求的目标产物外，还含有大量的残糖、菌体、蛋白质、色素和胶体物质、无机盐、有机杂酸、以及原料带入的各种杂质。要在如此复杂的混合体系中获得符合质量要求的成品，必须采用一系列物理和化学方法进行处理，这一系列方法称为产物分离和提取工艺。毫无疑问，提取工艺是提高产品收率、控制产品质量和提高经济效益的关键环节之一，也是操作条件精细、技术性强的一项工作，必须高度重视。

分离过程必须满足以下要求：ⅰ能够达到所要求的纯度；ⅱ收率高；ⅲ生产成本尽可能低；ⅳ工艺过程尽可能缩短和简化；ⅴ生产中所产生的废弃物能够处理。

发酵液的一般特性：ⅰ含有大量的水分；ⅱ含有菌体、蛋白质等固体成分；ⅲ溶有用作培养基成分的糖类和无机盐；ⅳ除产物外，还含有微量副产物及色素类杂质；ⅴ容易被使产物分解的杂菌污染；ⅵ发酵液浓缩时起泡厉害，生成黏性物质，有很高的黏度。

为了有效地对产物进行分离，根据上述的发酵液特性，有多种分离和提取方法，分别在相应的设备中完成。

6.1 过滤和离心分离

发酵产物，有的透出菌体细胞之外存在于悬浮液中，有的则存在于细胞之内或就是细胞本身。为了提取和精制发酵产物，往往必须首先将悬浮液进行分离（液固）。另外还有一些发酵生产过程要求在发酵之前就必须经过分离处理。分离悬浮液常用的方法是过滤和离心分离。

6.1.1 过滤

6.1.1.1 基本概念和原理

过滤是以多孔介质来分离悬浮液的操作。在外力作用下，悬浮液中的液体通过介质的孔道，而固体颗粒被截留下来，从而实现液固分离。过滤操作所处理的悬浮液为滤浆，多孔物质称为过滤介质，通过介质孔道的液体称为滤液，被截留的物质为滤饼或滤渣。图 6-1 为过滤介质过滤操作示意图。

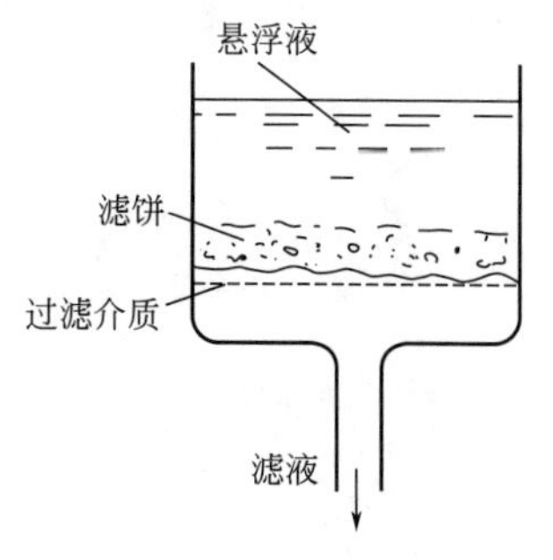

图 6-1 过滤操作示意图

过滤操作分两大类。一类为饼层过滤，特点是固体颗粒呈饼层状况沉积于过滤介质的上面，适用于处理含固量较高（固相体积分数在1%以上）的悬浮液。另一类为深床过滤，特点是固体颗粒的沉积发生在较厚的粒状过滤介质层内部。悬浮液中的颗粒直径小于床层孔道直径，当颗粒随流体在床层内的曲折通道中穿过时，便黏附在过滤介质上。这种过滤适用于悬浮液中颗粒甚小而且含量甚微（固相体积分数在 0.1%以下）的场合。

6.1.1.2　过滤介质

过滤介质是滤饼的支承物，它一般应具备：①多孔性，流体通过阻力小，通孔的大小能使悬浮液中的固相颗粒被截留；ⅱ具有化学稳定性，如耐腐蚀性、耐热性等；ⅲ具有足够的机械强度。

常用的过滤介质有：天然纤维滤布、合成纤维滤布和松散粉粒。

天然纤维滤布和合成纤维滤布应用最为广泛，其技术特性受许多因素的影响，其中最重要的是纤维特性、编织的纹法和线型。

发酵工业中常用的散粒过滤介质是硅藻土，其在酸碱条件下稳定，粒子形状极不规则，从球形到长条形。它是优良的过滤介质，也是优良的助滤剂。

硅藻土通常有以下三种用法。

ⅰ. 作为深层过滤介质，以过滤含少量悬浮固形物的液体。硅藻土不规则粒子之间形成许多曲折的毛细孔道，借筛分和吸附作用除去悬浮液中的固体粒子。所能除去的最小粒子直径可达 1μm。

ⅱ. 在支持介质的表面上预先形成硅藻土的薄层（预涂层），以保护支持介质的毛细孔道在较长的时间内不被悬浮液中的固体粒子所堵塞。

ⅲ. 将适量的硅藻土分散在待过滤的悬浮液中，使形成的滤饼具有多孔隙性，降低滤饼的可压缩性，以提高过滤速度和延长过滤操作的周期。其中后两种使用方法较为常见，也有将两种方法结合起来使用的。

6.1.2　过滤设备

过滤悬浮液的设备称为过滤机。过滤机按操作方式分为间歇过滤机和连续过滤机。间歇过滤机结构简单，可在较高压强下操作，常见的有压滤机、叶滤机等。连续过滤机多采用真空操作，常见的有转筒真空过滤机、圆盘真空过滤机等。过滤机按过滤推动力不同分为重力过滤机、加压过滤机和真空过滤机等。

6.1.2.1　板框压滤机

板框压滤机是间歇式过滤机中应用得最广泛的一种。此机是由许多个滤板和滤框交替排列并支架在一对轨道上组成的，其结构如图 6-2 所示。

板和框多做成正方形，其结构如图 6-3 所示。

板框的角端开有工艺用孔，板框合并压紧后即构成供滤浆或洗液流通的孔道。框的两侧覆以滤布，空框与滤布围成了容纳滤浆及滤饼的空间。滤板的作用有：支撑滤布；提供滤液通道。为此板面上制成各种凹凸纹路。凸起部分支撑滤布，下凹部分形成滤液通道。滤板又分为洗涤板和非洗涤板两种，其结构和作用有所不同。为了组装时易于辨别，常在板框外侧铸有小钮或其他标志。通常洗涤板为三钮，非洗涤板为一钮，滤框为二钮。组装时按钮数 1-2-3-2-1-2……的顺序排列板与框。所需板与框的数目由生产能力和滤浆浓度等因素决定。

过滤时，悬浮液在一定压力下经工艺孔进入框内，滤液穿过滤布沿邻板板面流至滤液出口排走，固体则被截流在框内，待滤饼充满全框后停止过滤。

若滤饼需洗涤，则将洗液压入洗水通道，并由洗涤板角端的工艺孔进入板面与滤布之间。此时应关闭洗涤板下部的滤液出口，洗涤液便在压差推动下横穿整个板框厚度的滤饼和

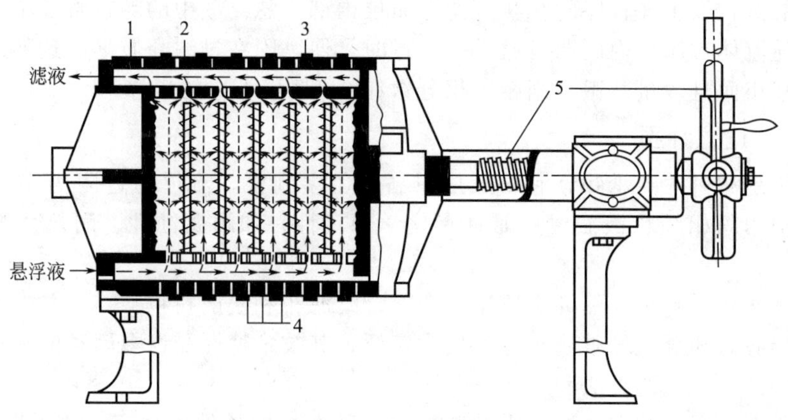

图 6-2　板框压滤机

1—固定头；2—滤板；3—滤框；4—滤布；5—压紧装置

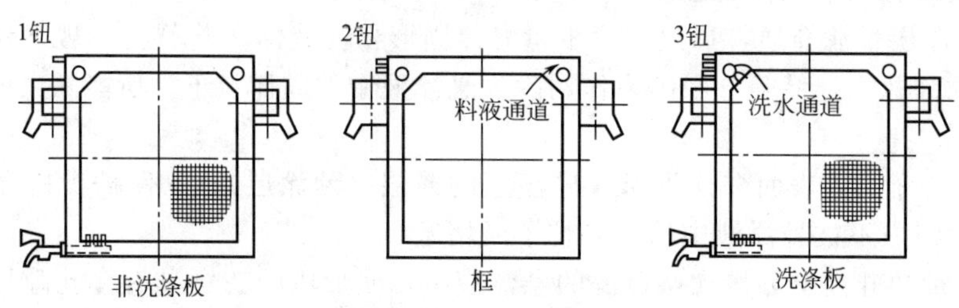

图 6-3　滤板和滤框

两侧的滤布，对滤饼进行洗涤，最后由非洗涤板下部的洗液出口排出。

板框压滤机的操作压力一般不超过 0.8MPa。滤板和滤框可用金属、塑料或木材制成，由滤浆性质和机械强度确定。滤液的排出方式分为明流和暗流两种。若滤液经由每块滤板底部小管直接排出，则称为明流。明流的优点是便于观察各滤板的工作情况。若滤液不宜暴露于空气中，则需将各板下部排管与总管连接将滤液汇集后排出，此称为暗流。

柠檬酸、谷氨酸、啤酒及抗生素等生产中均使用板框压滤机。其优点是结构简单，所需辅助设备少，过滤面积大，过滤压力高，适用于难过滤的或液相黏度很高的悬浮液及腐蚀性物料的过滤。缺点是生产效率低，洗涤不够均匀，滤布消耗量大，手工操作劳动强度很大。自动操作的板框压滤机可大大减轻劳动强度和提高过滤效率。

为提高板框压滤机的生产效率，已开发出自动板框压滤机，如 IFP 型。此型机的板与框在构造上与传统的板框基本上一样，唯一的差别是在板与框的两边侧上下各有四只角耳，构成液体及气体通路的孔全部开在角耳上，滤布不需开孔，是首尾封闭的。

图 6-4 是 IFP 型机在过滤及洗饼时的工作示意图。悬浮液从板框上部的两条通道并行流入各个滤框，滤液以箭头方向穿过滤框前后两侧的滤布，从滤板表面流入下部通道，然后流出机外。洗涤滤饼也照此路线进行。

洗饼完毕，油压机按既定间距拉开板框，再把滤框升降架带着全部滤框同时下降一个框的距离。然后开动滤饼推板，将滤框内的滤饼向水平方向推出落下。滤布由驱动装置牵引循环行进，并由防止滤布歪行的装置自动整位，同时洗刷滤布。最后使滤框复位，重新夹紧，进入下一操作周期。

6.1.2.2　真空过滤机

(1) 转鼓式真空过滤饥

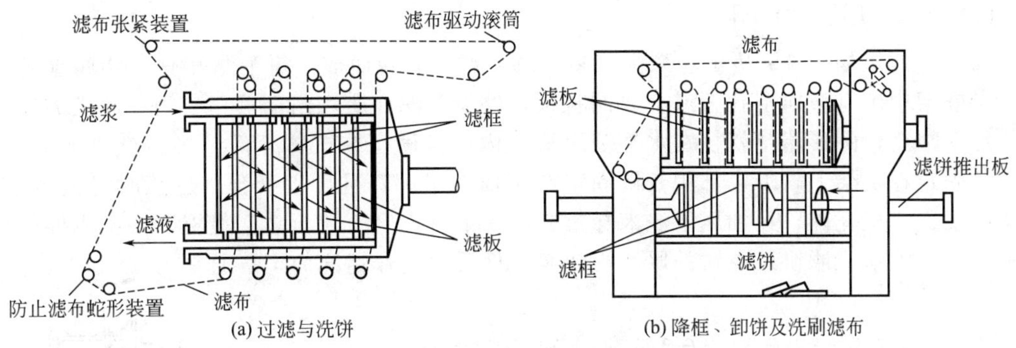

图 6-4　IFP 自动板框压滤机工作原理图

这种过滤机把过滤、洗饼、吹干、卸饼等各项操作在转鼓的一周回转中依次完成。在转鼓回转过程中，连续用刮刀切割滤饼，刮除了滤饼的过滤面随即旋进悬浮液中形成新的滤饼层。由于滤面的不断再生，实现了过滤的连续化。其操作过程如图 6-5 所示。

转鼓式真空过滤机对于霉菌发酵液的过滤较有成效。例如青霉素发酵液、黑曲霉菌柠檬酸发酵液的过滤等。

为了不损伤滤布，刮刀仍然在滤布表面留下一层薄的滤饼层，因此它与洗刷干净的滤布相比，其通透性约降低 40%左右。此外，实际上滤布的毛细孔道随着过滤时间的延长也会被细小的粒子所阻塞，阻力相应增大，因而需要定期停机洗刷滤布。为了延长过滤的周期，常在滤布上预涂硅藻土层，刮刀刮除滤饼时，基本上不伤及此硅藻土层。

(2) 滤布循环行进式（RCF）转鼓真空过滤机

为了克服普通转鼓式真空过滤机的上述缺点，在其转鼓的表面上再安装了一条由转鼓驱动的首尾闭合的滤布带，如图 6-6 所示。它像普通的转鼓式过滤机一样，在真空过滤区形成的滤饼，依次经过吸脱滤液和洗涤、吸干脱水、空气反吹等操作程序后，行进的滤布载着吹松的滤饼通过滤饼剥离滚筒，因行进方向的转折，使滤饼脱离滤布。滤布在行进中从正反两面受到洗刷而再生，然后重新进入真空过滤区。这种过滤机的过滤强度比普通转鼓式真空过滤机的过滤强度提高了 50%～100%。

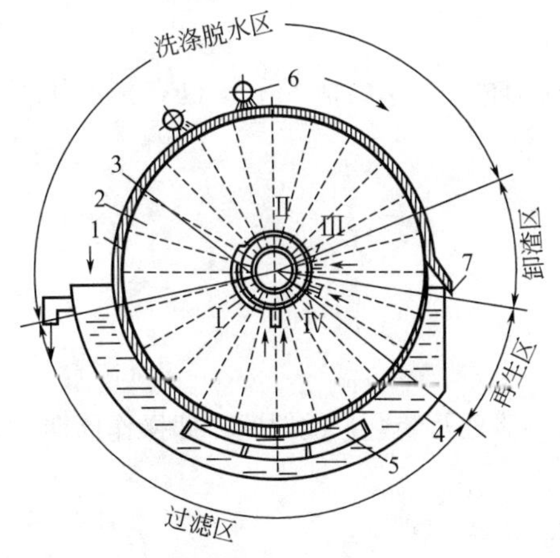

图 6-5　回转真空过滤机操作简图

1—转鼓；2—过滤室；3—分配头；4—物料槽；5—搅拌器；6—喷嘴；7—刮刀

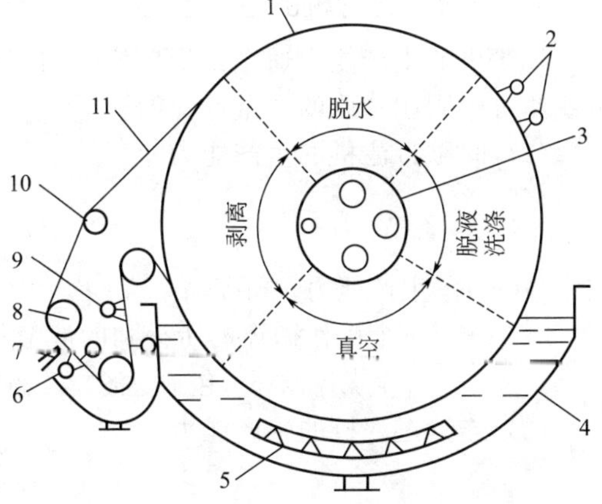

图 6-6　RCF 转鼓真空过滤机工作原理图

1—过滤筒；2—洗涤水；3—真空调整；4—过滤槽；5—搅拌装置；6—洗涤液；7—刮板；8—滤饼剥离滚；9—喷嘴；10—张紧滚；11—滤布

6.1.2.3 加压叶滤机

加压叶滤机如图 6-7 所示，系由许多个圆形滤叶装合而成。每个滤叶有一金属管构成的框架，框架中装有金属多孔板或金属网状板，外罩过滤介质，内部具有空间。此机的机体是一个水平圆筒，圆形滤叶就挂在水平圆筒机壳内，且固定在机体上部。机壳分成上下两半，上半部固定在机架上，下半部用铰链固定在机体上半部，且可以开合。过滤时将机壳密闭，滤浆由泵送入机壳内，在加压下滤液穿过介质，沿排出管 5 流至总汇集管 6 导出机外。滤渣沉积在介质上形成滤饼。滤饼的厚度视滤浆的性质和操作情况而定，通常为 5～35mm。

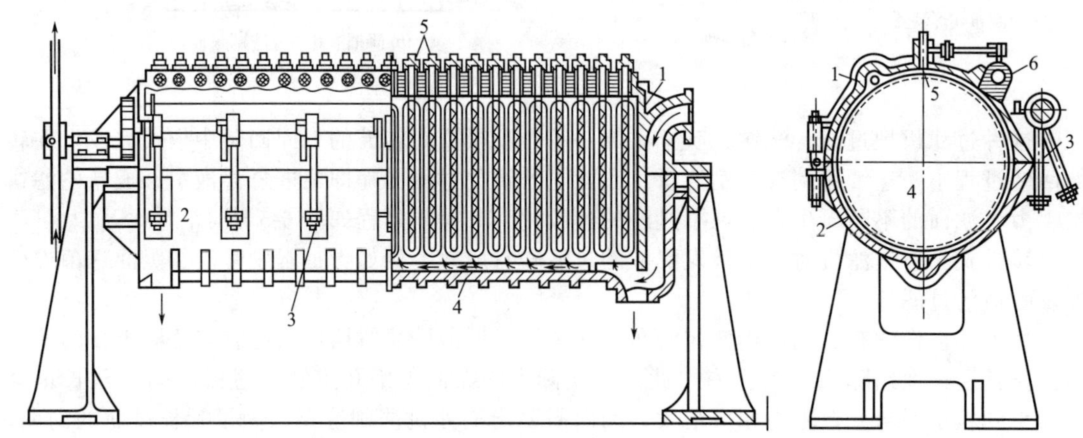

图 6-7 加压叶滤机

1—外壳上半部；2—外壳下半部；3—活节螺钉；4—滤液；5—滤液排出管；6—滤液汇集管

若滤饼需要洗涤，则在过滤终了后通入洗涤液进行洗涤，洗完后再开启机壳的下半部，用压缩空气、蒸汽或清水卸除滤饼，此机洗涤水所走的途径与滤液相同，故其洗涤速率约为最终过滤速率，这与板框压滤机有所不同。

加压叶滤机的优点是：密闭过滤，改善了操作条件，装卸简单，单位过滤面积生产能力较大，具有较高而均匀的过滤压力，过滤与洗涤效率较高；缺点是造价较高、更换过滤介质较为复杂。

6.1.2.4 过滤机的生产能力

过滤机的生产能力通常是指单位时间获得的滤液体积。少数情况下，也有按滤饼的生产量或滤饼中固相物质的产量计算的。

（1）间歇过滤机的生产能力

$$Q=\frac{3600V}{t} \tag{6-1}$$

式中 Q——生产能力，m^3/h；

V——一个操作循环内所得到的滤液体积，m^3；

t——一个操作循环（包括过滤、洗涤和卸料、清理及装合）的时间，即操作周期，s。

（2）连续过滤机的生产能力

$$Q=465A\sqrt{Kn\psi} \tag{6-2}$$

式中 Q——每小时过滤机得到的滤液体积量，m^3/h；

A——过滤面积，m^2；

K——过滤常数；

n——过滤机每分钟转数，r/min；

ψ——浸没度，即转鼓表面浸入液浆中的分数，ψ=浸没角度/360°。

6.1.3　离心分离

6.1.3.1　离心分离的一般概念

在离心力的作用下，分离液态非均一系的过程，称为离心分离，实现这种离心分离的机器叫做离心机。

生产中经常要将液态非均一系进行分离，以获得所要求的产品或半成品，如啤酒、果酒的澄清、酵母液的增浓；含高浓度悬浮固形物发酵醪的固液分离；固相、水相和溶媒的分离，如广泛用于抗生素发酵液中直接萃取抗生素，同时分路排出被分离的水和含有抗生素的溶媒及残渣。对这类液态非均一系的分离，可以采用过滤及重力沉降两种基本方法，但往往含水率较高，尤其当悬浮液中固体粒子很小，或黏度很大时，过程便进行得很缓慢，甚至不能进行，此时，如果用离心机分离，则能得到较好的效果。

离心机的主要组成部分为一高速旋转鼓，转鼓装在垂直或水平的轴上，当悬浮液加入后，由于转鼓在高速下转动，鼓内物料亦随之同时旋转，由于旋转的物料本身所产生的离心力是随着转速的提高而加大的，因此在离心力作用下的过滤速度或沉降速度都可加快，也即离心分离的推动力是比较大的。在离心过滤时，滤饼中残留的液体较少，可以得到较为干燥的滤饼。

利用离心机分离的过程一般可分为离心过滤、离心沉降和离心分离。

6.1.3.2　影响离心分离的主要因素

物料在重力场中进行沉降或过滤操作时，由于重力场是均匀的，故物料中固体颗粒或液体所受的力也是固定不变的。

在离心分离时，由于物料在转鼓内绕中心轴作匀速圆周运动，则作用于此回转物料的离心力 C 的大小，可用下式表示：

$$C=m\frac{u_T^2}{r}=m\omega^2 r \tag{6-3}$$

式中　m——旋转物体的质量，kg；

r——旋转半径，m；

ω——旋转角速度，l/s；

u_T——旋转物体的圆周线速度（$=r\omega$），m/s。

当颗粒及液体在离心机中随转鼓一同旋转，并紧贴在转鼓内壁面时，可以近似地认为 r 即是转鼓的内半径。

由上式可见，在离心机中离心力的大小与物料的质量有关，且随颗粒的旋转速度和旋转半径的大小而变化。颗粒的质量越大、转鼓半径越大、转速愈高，则离心力也愈大。通常离心力场可比重力场大几百倍到几万倍。因此，无论过滤或沉降速度都会加快，分离程度也可以大得多。

物料在离心力场中所受离心力 C 和重力 G 大小之比称为分离因数，即：

$$\alpha=\frac{C}{G}=\frac{mu_T^2}{mgr}=\frac{u_T^2}{gr}=\frac{\omega^2 r}{g} \tag{6-4}$$

式中　g——重力加速度，m/s^2。

其他符号同上式。

由上式可见，分离因数 α 也就是离心加速度 $\omega^2 r$ 与重力加速度 g 的比值，分离因数 α 是衡量离心设备特性的重要因素，它反映离心力的大小或离心力场的强度，是代表离心设备分离能力的重要指标。

从式（6-4）还可看出，增加转鼓的转速，分离因数α的增长很快，而增大转鼓半径，α的增长就比较平缓，因此为了提高分离因数，一般采用增加转速的办法更为有利。但同时要考虑到不使转鼓因转速增加而受到过大的应力，因此要适当减小转鼓的半径，以保证转鼓有必要的机械强度。

6.1.3.3　固体物料自液体中的分离

（1）离心过滤

对于分离含固量较多而且粒子较大的悬浮液，可用过滤式转鼓（即鼓壁开孔的转鼓），在分离较大颗粒时，鼓的内壁可用一层金属网覆盖上。对于微小颗粒，在网上还须装上一层滤布，如图6-8所示。当料液加入高速旋转的转鼓内，料液受离心力的作用，液体穿过滤布经过小孔流出，固体颗粒则受阻留于滤布上，完成固体与液体的分离，这一分离过程称离心过滤。

离心过滤过程一般可分为三个阶段：

① 滤饼形成　悬浮液在转鼓内由于离心力的作用被甩贴在滤布上，其中的固体颗粒即沉积在滤布上形成滤饼层，液体（滤液）则穿过滤布的孔隙和鼓壁上的小孔被甩出，这一阶段一般很短。

② 滤饼压紧　随着过滤的进行，滤饼层在离心力作用下被逐步压紧，并将其中所含滤液挤压出去。

③ 滤饼沥干　滤饼层空隙中所含液体，在离心力作用下，继续被甩出，使滤饼层能够进一步被干燥。

这三个阶段并不是任何情况下都存在的。如对于较稀的具有中等大小颗粒的物料，则具有这三个阶段。对于一些难过滤的悬浮液，则往往只有滤饼形成和滤饼压紧两个阶段。

（2）离心沉降

分离含固量较少，而且颗粒较细的悬浮液，所用离心机的转鼓鼓壁上是不开孔的，如图6-9所示。当悬浮液随转鼓一同高速旋转时，物料受离心力的作用，按密度的大小不同分层沉淀，密度大的，颗粒最粗的物料直接附于鼓壁上，而密度小的，颗粒最细的物料则在靠旋转中心的内层，此种分离称为离心沉降。

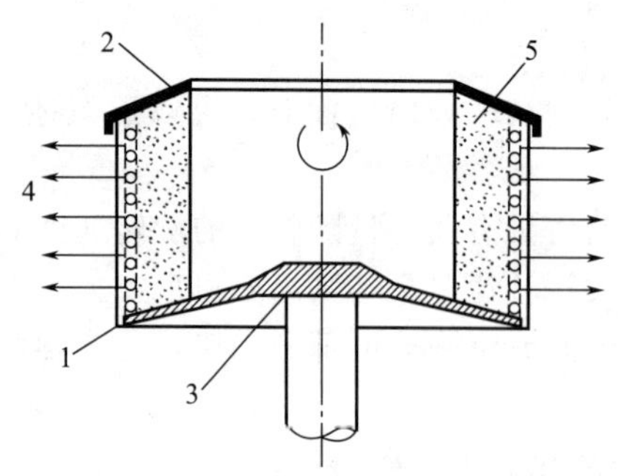

图6-8　过滤式离心机转鼓

1—鼓壁；2—顶盖；3—鼓底；4—滤液；5—滤饼

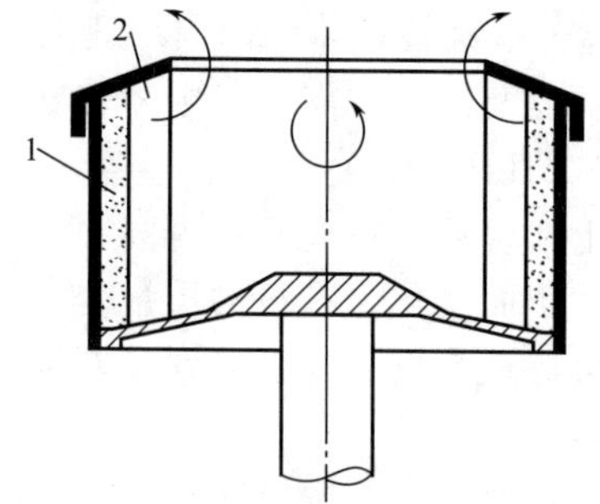

图6-9　沉降式离心机转鼓

1—固体；2—液体

离心沉降可分为以下两个阶段。

① 沉降　悬浮液中固体颗粒由于离心力作用向鼓壁沉降，积在外层，而液体留在内层。

② 渣层（饼层）压紧　沉降在鼓壁上的颗粒层，在离心力的作用下被逐渐压紧。

当悬浮液中含固量较多时，沉降的颗粒大量积集，渣层很快堆厚，因此必须考虑连续排渣的问题。

当悬浮液中含固量不多，渣层堆积很慢，此时没有渣层压紧的第二阶段。因此可采用间歇的排渣方法，后者又称作离心澄清过程。

6.1.3.4　两种不互溶液体的分离

分离两种不互溶的液体所形成的乳浊液，所用离心机的转鼓也是鼓壁上不开孔的，在离心力的作用下液体按密度的大小不同而分为内外层，将其分别自机中引出。这种离心机又称为分离机。在一般情况下，因其是用于分离比较难分的物系，因此要在高强度的离心力场内来进行分离。显然，势必要增大离心机的分离因数 α，才能取得良好的分离效果。

由于转鼓的直径较小，容积不大，因此在一定的进料量下，物料在转鼓内的停留时间很短，分离将不完全，为了克服这个缺点，有三个办法。

ⅰ. 增加转鼓的长度，以增加物料在转鼓内停留的时间。

ⅱ. 在转鼓内插入许多同心圆形的隔板，使转鼓分成许多环状小室，物料从中心进入后，依次轴向地通过各室，最后从最外层小室和转鼓壁上开孔排出，这样就增长了物料在转鼓内流动的路程，同时也缩短了沉降距离。

ⅲ. 在转鼓内迭置许多层圆锥形碟片（盘片），操作时物料在各盘片间流动，随着盘片数目的增多，盘片间距缩短，把液体分成薄层，可以缩短沉降的路程，也减少了沉降所需的时间。

6.1.4　离心机的类型

6.1.4.1　离心机的分类

① 按分离因数 α 的大小分类　常速离心机，$\alpha<3000$（一般 600～1200）；高速离心机，$\alpha=3000\sim5000$；超高速离心机，$\alpha>5000$。

② 按操作性质分类　过滤式离心机；沉降式离心机；分离式离心机。

③ 按操作方法分类　间歇式离心机；连续式离心机。

6.1.4.2　离心机的结构与操作

（1）刮刀卸料离心机

这种离心机的特点是在转鼓连续全速运转的情况下，能自动地依次地进行加料、分离、洗涤、甩干、卸料、洗网等工序的循环操作，每工序的操作时间，可根据事先规定的要求用电气-液压自动系统进行控制。

其操作原理见图 6-10。操作时，进料阀自动定时开启，悬浮液由进料管进入高速运转的鼓内，受离心力作用而分离，液相经滤网和转鼓壁上的小孔被甩到鼓外，由机壳的排液口流出。固相留在鼓内，借耙齿将其均匀地分布在滤网面上，随滤饼厚度的增加，耙齿可作相对转动，转动一定角度，当滤饼达到最大容许厚度时，触及限位开关，可使进料阀关闭，停止进料。

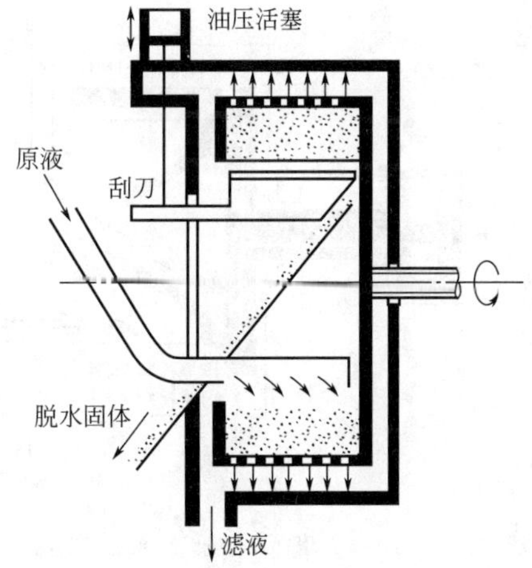

图 6-10　卧式刮刀离心机工作原理图

随后冲洗阀门自动开启，洗液经冲洗管喷淋在滤饼上。洗涤一定时间后，阀门定时关闭，在转鼓连续旋转下，液体不断被甩出。持续甩干一定时间后装有长刮刀的臂架自动上升，滤饼被刮刀刮下，沿倾斜的卸料斗排出机外。刮刀架升到极限位置后，随即开始退下。同时冲洗阀又开启，对滤网进行冲洗。洗涤持续一定时间后，即完成一个操作周期，又重新开始加料进入第二个操作周期。

刮刀离心机具有很多优点，在全速下自动控制各工序的操作，适应性好，操作周期可长可短，能过滤和沉降某些不易分离的悬浮液，生产能力较大而费人工较少，结构比较简单，制造维修都不太复杂。缺点是刮刀卸料对部分物料造成破损，不适于要求产品晶形颗粒完整的情况。

(2) 活塞推料离心机

活塞推料离心机是一种在全速运转下，同时连续进行加料、分离、洗涤、卸料等所有工序的过滤式离心机，但卸料是一股一股地推送出（接近连续），整个操作过程都是自动的。

图 6-11 是这种离心机的示意图，活塞推送器是这种离心机的特有装置，推送器装在转鼓内部固定的活塞杆的末端，并和转鼓以同样的角速度一起旋转，同时又靠液压传动机构作轴向往复运动，其行程与往复频率是可以调节的。

被分离的悬浮液不断由加料管送入锥形进料斗内，继而被洒于金属滤网上，滤液经滤网缝隙和鼓壁上小孔被甩出转鼓外，积存在滤网上的滤渣层被往复运动的活塞推送器推出。当滤饼需要洗涤时，可在滤饼被向前推行的过程中，引入一导管喷水洗涤滤饼，将收集分离液的外壳空间也分成两个部分，将滤液和洗涤水分别排出。

活塞推料离心机主要适用于粗分散的并能很快脱水和失去流动性的悬浮液。它的优点是滤饼层颗粒的粉碎程度比刮刀卸料离心机要小得多，自动控制系统较简单，功率消耗也较均匀，是一种应用较广的离心机。其缺点主要是对悬浮液的浓度变化很敏感，例如当料液太稀时，滤渣来不及生成，料液便直接流出转鼓并冲走部分已形成的滤饼，而造成转鼓中物料分布不匀，引起转鼓的振动。

活塞卸料离心机还有双级及多级推料式（如图 6-12）。由于采用了多级，每级转鼓较短，可适当提高转速，故分离因数 α 较高，并可改善过滤分离情况，生产能力较高，适用物料范围较广。多级活塞卸料离心机特别适用于高黏性的液相物料或滤饼需要彻底洗涤的情况，如在三级离心机中，第一级把进入的物料过滤，第二级进行洗涤，最后一级则将滤饼干燥。

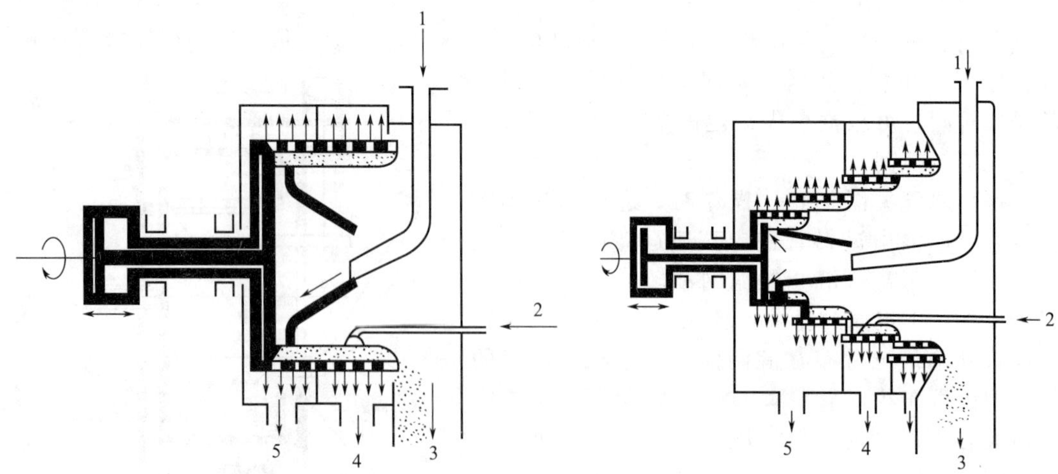

图 6-11　单级活塞推料离心机示意图

1—原料液；2—洗涤水；3—脱水固体；4—洗水；5—滤液

图 6-12　多级活塞卸料离心机

1—原料液；2—洗涤水；3—脱水固体；4—洗水；5—滤液

(3) 管式高速离心机

管式高速离心机是一种能产生高强度离心力场的离心机，它具有很高的分离因数（15000～60000），转速可高达 8000～50000r/min，能分离一般离心机难以分离的物料，适用于分离乳浊液和澄清含固相极少又很细小的悬浮液。

根据前述高分离因数离心机的设计原则，管式高速离心机具有一个高速旋转而细长的转鼓，如图 6-13 所示。乳浊液或悬浮液在加压下，由转鼓下方的进料管引入转鼓的下端，进入鼓内的物料在离心力场下沿轴向向上流动的过程中，由于在转鼓内装有三片互成 120°的桨叶，可带动物料及时达到与转筒同一速度旋转。如果用于处理乳浊液，则在转鼓中由于离心力作用分成内外两个同心液层。外层为重液，内层为轻液，一起上升，从转鼓顶盖上近中心处的轻相液出口管和靠近鼓壁处的重相液出口管，分别将轻液和重液引出。如用于处理悬浮液，则固相沉积在鼓壁上，顶盖上只用一个液体出口管将液体引出。鼓壁上的沉渣在停车后才能清除。

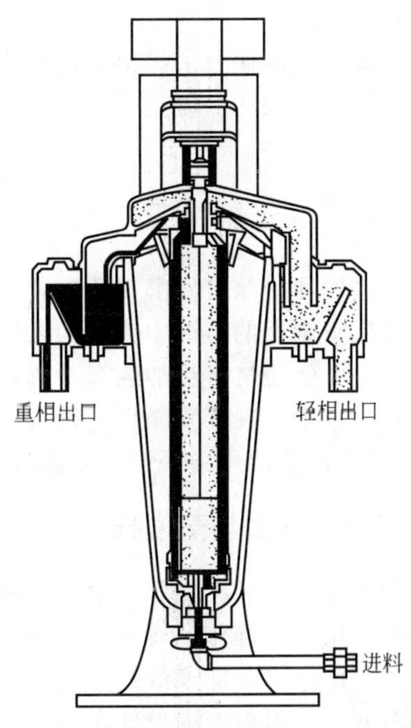

图 6-13　管式高速离心机

管式高速离心机的结构简单，运转可靠，但与其他高速离心机相比，其缺点是容量小，效率较低，这种离心机对处理固相含量高的悬浮液不甚适宜。

(4) 碟片式高速分离机

碟片式（盘式）高速分离机是高速离心机中应用较为广泛的一种，常用来分离乳浊液和含少量固相的悬浮液。

如图 6-14 所示的碟片式高速分离机，具有坚固的外壳，其底部凸起来作圆锥形，与外壳铸在一起，壳上有盖亦作成圆锥形，由螺帽紧固在外壳上。此机的特点是在内部装有许多层高速旋转的倒锥形金属碟片，各碟片间以很小间距一层层迭起来，碟片数从几十片到一百多片，各碟片在几个相同位置上都开有孔，于是各片叠起时，可形成几个通道。碟片的作用是将物料分成若干细薄层，缩短两相分离时所需移动的距离，且可带动液体旋转而减少涡流，强化分离效果。

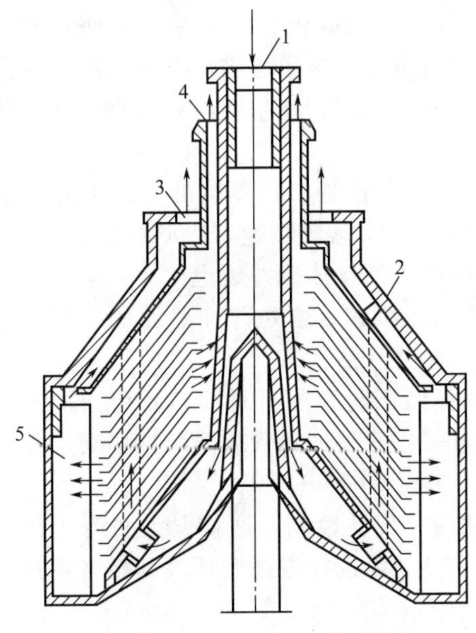

图 6-14　碟片式高速离心机

1—乳浊液入口；2—倒锥体盘；3—重液出口；4—轻液出口；5—隔板

料液从顶部中心管 1 加入分离器内，流到底部后再上升，经各碟片上的孔形成的孔道，使料液在各碟片间分布成若干薄液层。由于离心力作用重液和固体靠近碟片的内侧，并沿径向往外移动，重液沿出口 3 流出，而轻液则沿碟片外侧流向中央，由轻液出口 4 流出。分离悬浮液时，固体颗粒向碟片的内壁沉降析出，并向下滑流而沉积于鼓的周边，至一定容积时停机卸出。为了避免液体不旋转，鼓内设置若干隔板，而各碟片的外沿具有突出边缘，这不仅可以带动液体旋转，还可以保持各片间一定的距离。

碟片式高速分离机由于沉降距离很短，沉降面积大，分离效果较好，是高速离心机中目前发展得很快的一种型式。

6.2 蒸发和结晶

蒸发和结晶是发酵工业中常用以提取和精制发酵产物的操作。如谷氨酸液经中和脱色、过滤后所制得的溶液中味精的浓度不高，要想制得高浓度的味精液体，必须对它进行蒸发浓缩。蒸发就是将溶液加热至沸腾，使其中部分溶剂气化并被移除，以提高溶液中溶质浓度的操作。用来实现蒸发操作的设备称为蒸发器。结晶是将高浓度的溶液或过饱和溶液缓慢冷却（或蒸发）使溶质慢慢形成晶体析出的过程。用来实现结晶过程的设备称为结晶器。

6.2.1 蒸发与蒸发器

蒸发操作可在加压、常压及真空下进行。为了保持产品生产过程的系统压力，则蒸发需在加压状态下操作。对于热敏性物料，为了保证产品质量，在较低温度下蒸发浓缩，则需采用真空操作以降低溶液的沸点。若利用低压或负压的蒸汽以及热水加热时，采用真空操作也是有利的。但由于沸点低，溶液的黏度也相应增大，而且形成真空需要增加设备和动力。因此，若无特殊要求，一般采用常压蒸发。

蒸发设备一般应满足：ⅰ供应足够的热能，以维持溶液的沸腾温度和补充因溶剂气化所带走的热能；ⅱ使溶剂蒸气迅速排除。

由于各种溶液的性质不同，蒸发要求的条件差别很大，在进行蒸发器设计或选型时，应考虑的因素也较多。

① 耐热性　很多产物在较高温度下容易变质、变性，故不宜常压、加压蒸发，而采用蒸发温度较低、蒸发时间短的设备，如薄膜蒸发器。

② 结垢性　物料受热后，若在加热面形成积垢，则会大大降低传热效果，从而影响蒸发效能。因此对容易形成积垢的物料应采取有效的防垢措施，如采用管内流速很大的升膜式蒸发设备或其他强制循环的蒸发设备，用高流速来防止积垢生成，或采用电磁防垢、化学防垢等，也可采用方便清洗加热室积垢的蒸发设备。

③ 发泡性　若蒸发时泡沫较多，不易破裂，会使大量溶液随二次蒸汽导入冷凝器，造成溶液的损失。所以发泡性溶液蒸发时，要降低蒸发器内二次蒸汽流速，以防止跑液现象，或采用管内流速很大的升膜式或强制循环蒸发器，用高流速的气体来冲破泡沫。

④ 结晶性　溶液在浓缩过程若有结晶生成，大量结晶沉积，会妨碍加热面的传热。这时应选择强制循环或有搅拌的蒸发设备，用外力使结晶保持悬浮状态。

⑤ 腐蚀性　对于有腐蚀性溶液的蒸发设备，要选择使用防腐蚀材料的，或在结构上采用更换方便的，以便定期更换。如柠檬酸溶液的浓缩可采用石墨加热管或耐酸搪瓷夹层蒸发器等。

⑥ 黏滞性　溶液的黏度大，一经浓缩就变得很黏稠，流动性差，这就大大妨碍了传热面的传热，造成温差增大，甚至局部结焦。对于这类物料，要选择强制循环或刮板薄膜式蒸发器，使浓缩的黏稠物料迅速离开加热表面。

以上溶液的特性是作为选择、设计蒸发设备的重要依据。选择时要全面衡量，满足下面几点要求：ⅰ满足工艺要求，溶液的浓缩比恰当，浓缩后的收得率高，保持溶液的特性；ⅱ传热良好，传热系数高，热利用率高；ⅲ结构合理紧凑，操作清洗方便，安全可靠；ⅳ

动力消耗小；ⓥ加工制造、维修方便。

6.2.1.1　常压蒸发锅

图 6-15 为啤酒厂的麦芽汁煮沸锅（常压蒸发设备），它的作用是将糊化、糖化、过滤后的清麦芽汁煮沸，浓缩到一定要求的发酵糖度。

麦芽汁煮沸锅由以下几部分组成。

① 锅体　为一近似球形的容器。

② 加热装置　对于小型的煮沸锅，通常是在整个锅底设置加热夹套，如图 6-15（a）所示。但对于大型的蒸发锅，大多数做成向内凸出，如图 6-15（b）所示。为增大传热面积，提高传热系数，有些结构中将加热装置做成盘管状，放在蒸发锅里面。还有一些设备是将夹套和盘管结合在一起。

③ 搅拌装置　搅拌的作用主要是使物料受热均匀，沸腾前加速物料的对流，以提高热交换的传热系数，同时也使固体物料不致沉淀在加热表面而造成过热和结垢现象，以致影响清洗。

④ 排汽管　排汽管要有一定的大小和高度，其大小可按二次蒸汽排出的流速进行计算，通常是采用液体蒸发面的 1/50～1/30来决定。

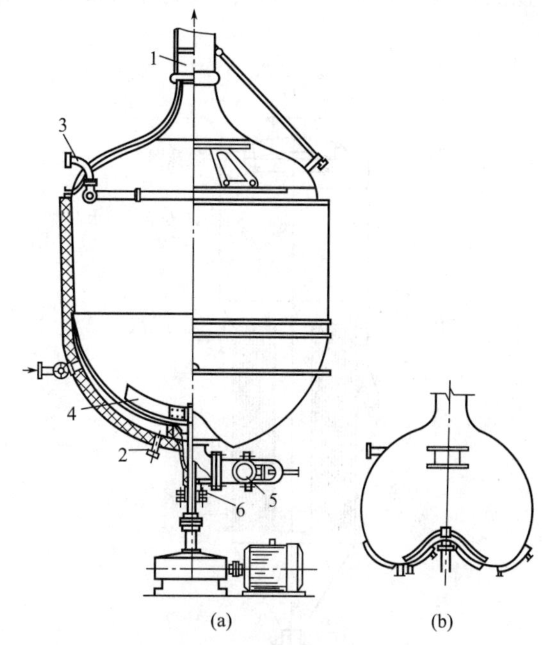

图 6-15　麦芽汁煮沸锅

1—二次蒸汽排出管；2—冷凝液排除管；3—进料管；4—搅拌器；5—排料管；6—填料轴封

蒸发锅还应安装进料管、排料管、人孔、照明灯、温度计和液位计等装置。

6.2.1.2　循环型蒸发器

这一类型的蒸发器，溶液都在蒸发器中作循环流动。由于引起循环的原因不同，又可分为自然循环和强制循环两类。

（1）中央循环管式蒸发器

这是一种自然循环型蒸发器，又叫标准型蒸发器。这种蒸发器的结构如图 6-16 所示，其加热室由垂直管束组成，中间有一根直径较大的管子（称为中央循环管）。当加热蒸汽在管间加热时，由于中央循环管较大，单位体积溶液占有的传热面相对于加热管束来说就较小，即中央循环管和加热管束内溶液的受热程度不同，后者受热较好，溶液气化得多些，因而所形成的气液混合物的密度就比中央循环管中溶液的密度为小，加上产生的蒸汽在加热管束内上升时的抽吸作用，就使蒸发器中的溶液形成由中央循环管下降、而由加热管束上升的循环流动，这种循环主要是由于溶液的密度差引起的，故称为自然循环。

为了使溶液有良好的循环，中央循环管的截面积一般为加热管束总截面积的 40%～100%；加热管高度一般为 1～2m；加热管直径在 25～75mm 之间。

这种蒸发器由于具有结构紧凑、制造方便、传热较好、操作可靠等优点，应用十分广泛。但实际上，由于结构上的限制，其循环速度一般在 0.4～0.5m/s 以下，溶液的循环使得溶液浓度始终接近完成液的浓度，而且清洗和维修也不够方便。所以这种蒸发器还难以完全满足生产的要求。

(2) 外热式蒸发器

这种蒸发器如图 6-17 所示。其加热室装于蒸发室之外，这样不仅可降低整个蒸发室的高度，且便于清洗和更换，有的甚至设有两个加热室轮换使用。它的加热管束较长，循环管又没受到蒸汽的加热，所以溶液的循环速度也较大。

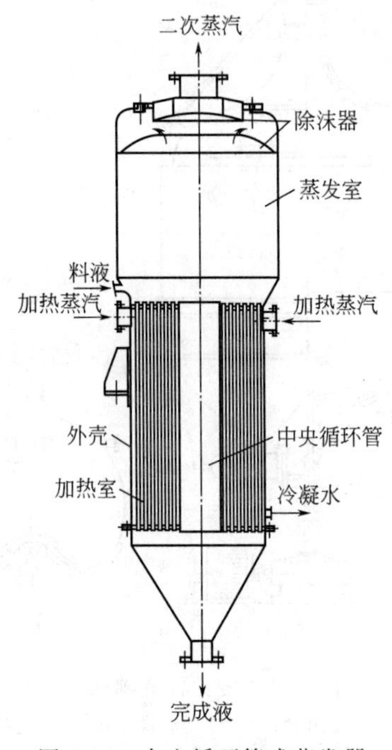

图 6-16 中央循环管式蒸发器

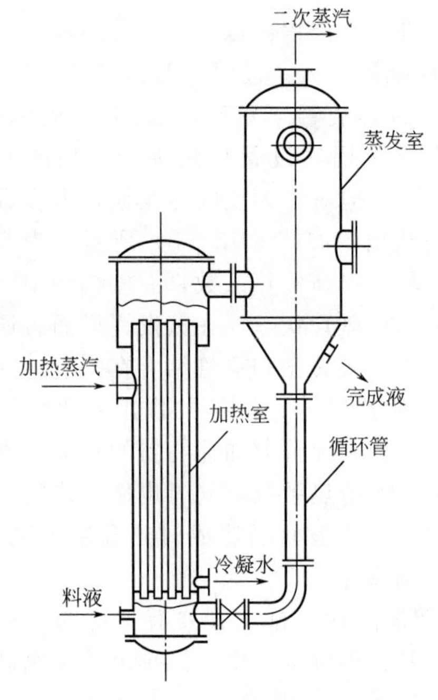

图 6-17 外室蒸发器

(3) 强制循环蒸发器

在蒸发黏度大、易结晶结垢物料时，常采用强制循环蒸发器。这种蒸发器中，溶液的循环主要依靠外加的动力，用泵迫使它沿一定方向流动而产生循环，如图 6-18 所示。循环速度的大小可由泵调节，一般为 1.5～3m/s。强制循环蒸发器的传热系数也比一般自然循环大。但它的明显缺点是能量消耗大，每平方米加热面积约需 0.4～0.8kW。

6.2.1.3 单程型蒸发器

这一类蒸发器的主要特点是：溶液在蒸发器中只通过加热室一次，不作循环流动即行排出完成液。溶液通过加热室时，在管壁呈膜状流动，故习惯上又称为液膜式蒸发器。根据物料在蒸发器中流向不同，单程型蒸发器又分以下几种。

(1) 升膜式蒸发器

它的加热室由许多垂直长管组成，如图 6-19 所示。常用的加热管直径为 25～50mm，管长和管径之比约为 100～150。料液经预热后由蒸发器底部引入，进到加热管内后迅速沸腾气化，生成的蒸汽高速上升。溶液则为上升蒸汽所带动，从而也沿管壁成膜状迅速上升，并在此过程中继续蒸发。当到分离器和二次蒸汽分离后，即可由分离器底部排出得到完成液。这种蒸发器，为了能有效地成膜，上升蒸汽的速度应维持在一定值以上。例如常压下适宜的出口汽速一般为 20～50m/s，减压下将更高，可达 100～160m/s。因此，如果料液中蒸发的水量不多，就难以达到所要求的气速，即升膜式蒸发器不适用于较浓溶液的蒸发，它对黏度很大、易结晶、结垢的物料也不适用。

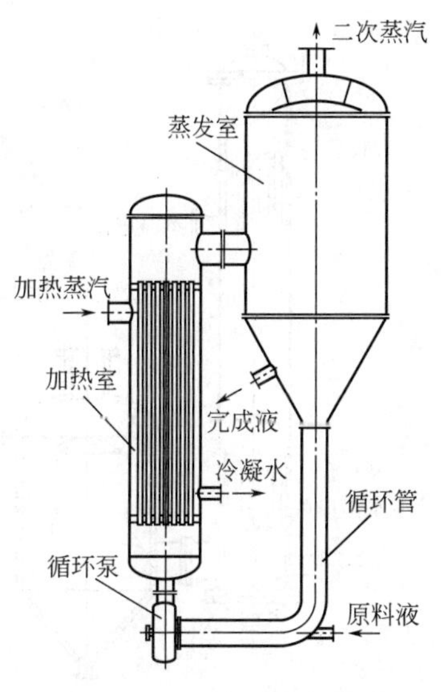

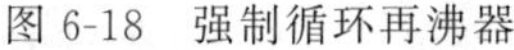

图 6-18 强制循环再沸器

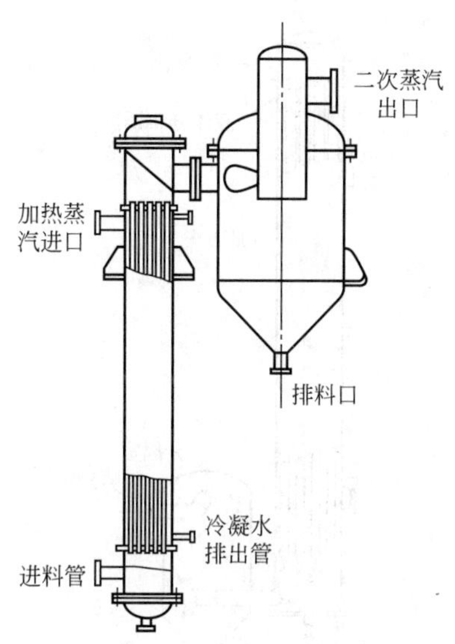

图 6-19 升膜式再沸器

当物料在蒸发管中呈膜状流动时，液膜实际通过的截面是一个环隙，其当量直径为 $d_e=4(d_i-\delta)\delta/d_i$，其中 d_i 为管内径，δ 为液膜厚度。无论是否充液，只要每根管流量和物性相同，则准数 Re、Nu 即为定值，$\alpha\propto 1/d_e$，而 $4\delta\ll d_i$，则 $d_e\ll d_i$，所以当物料在流量相同的情况下，升膜蒸发器的传热膜系数比管内充满液体蒸发的传热膜系数要大，从而总传热系数也较大，通常可达 800～2900W/(m^2·℃)。

由于在升膜蒸发器的传热管中，二次蒸汽的流速随蒸发操作压力的不同，由每秒数十米到数百米不等，料液受二次蒸汽的摩擦牵引，拉曳成薄膜沿管壁迅速旋转向上运行，使料液在管内停留时间仅数秒至数十秒，加之管内储液量小（正常工作时，液面只达加热管高度20%～25%)，因而可避免或大大减少物料的热分解。

(2) 降膜式蒸发器

这种蒸发器和升膜式的区别在于，料液从蒸发器顶部加入，在重力作用下沿管壁成膜状下降，并在此过程蒸发增浓，在底部得到完成液，其结构如图 6-20 所示。为使液体进入加热管后能有效地成膜，每根加料管顶部装有液体分布器。

降膜式蒸发器，只有在整个传热面上布满下降液膜时，才能有效地进行操作。稳定操作的条件有两个，即降液密度和热负荷。当降液密度低到一定数值时，液膜发生破裂，薄膜状的液流转变为絮条状液流，出现“干壁”现象。由于溶剂的不断蒸发，向下流动的液膜越来越薄。因此，液膜最可能破裂的地方是在管子的下部。当单位热负荷高至某一极限数值时，引起剧烈的鼓泡沸腾，随之生成泡沫，局部液膜剧烈的飞溅和带液，从而破坏液膜，影响操作的稳定。

和升膜式相比，降膜式蒸发器可以蒸发浓度较高的溶液，对于粘度较大，如在 0.05～0.45 Pa·s范围的物料也能适用。但它的液膜分布不易均匀，液膜阻力较大，传热系数相对较小。

(3) 升-降膜式蒸发器

将升膜和降膜蒸发器装在一个外壳中即成升-降膜式蒸发器，如图 6-21 所示。预热后的料液先经升膜式蒸发器上升，然后由降膜式蒸发器下降，在分离器中和二次蒸汽分离即得完成液。这种蒸发器多用于蒸发过程中溶液粘度变化很大、溶液中水分蒸发量不大和厂房高度有一定限制的场合。

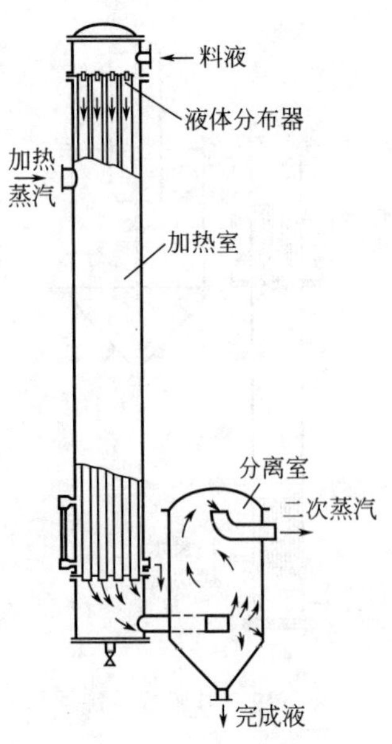

图 6-20　降膜式再沸器

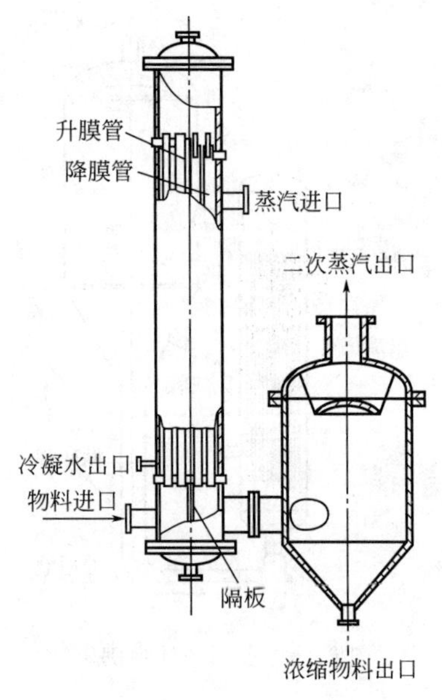

图 6-21　升-降膜式再沸器

（4）刮板式蒸发器

分为固定刮板式和转子活动刮板式两种。如图 6-22 所示。前者与壳体内壁的间隙为 0.5～1.5mm。后者的间隙随转子的转数而变。料液由蒸发器上部沿切线方向加入（亦有加至与刮板同轴的甩料盘上），在重力和旋转刮板刮带下，溶液在壳体内壁形成旋转

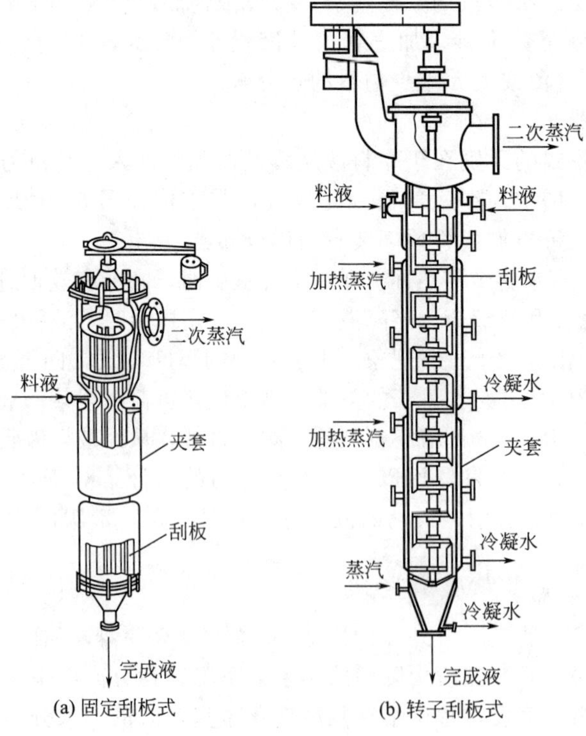

图 6-22　刮板式再沸器

下降的薄膜，并不断被蒸发而下降，在底部得到完成液。这种蒸发器的突出优点是对物料的适应性很强，如对高粘度和易结晶、结垢的物料都能适用。其缺点是结构复杂，动力消耗大，每平方米传热面约需(1.5～3)kW；因受夹套式传热面的限制，其处理量也很小。

(5) 离心式薄膜蒸发器

这种蒸发器是利用旋转的离心盘所产生的离心力对溶液的周边分布作用而形成薄膜，设备结构如图6-23所示。杯形的离心转鼓16，内部叠放着几组梯形离心碟，每组离心碟由两片不同锥形的、上下底都是空的碟片和套环组成，两碟片上底在弯角处紧贴密封，下底分别固定在套环的上端和中部，构成一个三角形的碟片间隙，它起加热夹套的作用，加热蒸汽由套环的小孔从转鼓通入，冷凝水受离心力的作用，从小孔甩出流到转鼓底部。离心碟组相隔的空间是蒸发空间，它上大下小，并能从套环的孔道垂直连通，作为料液的通道，各离心碟组套环叠合面用O形垫圈密封，上加压紧环将碟组压紧。压紧环上焊有挡板，与离心碟片构成环形液槽。

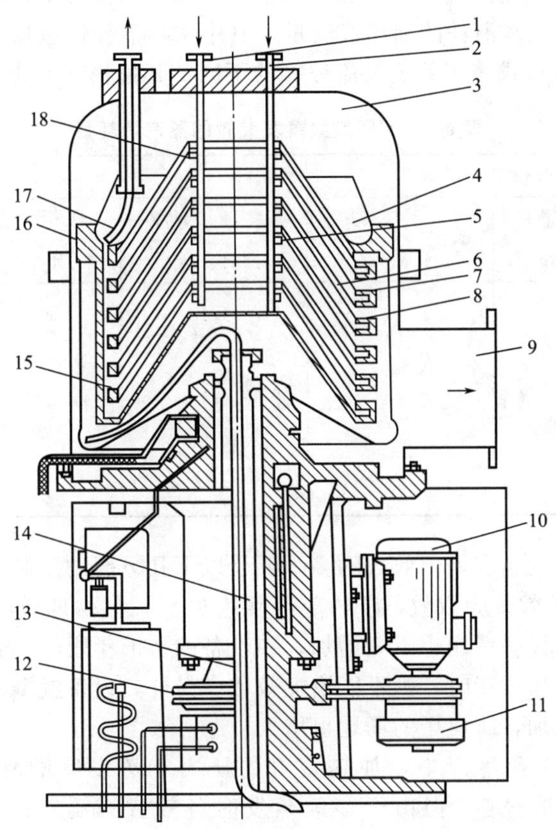

图6-23　离心薄膜蒸发器结构图

1—清洗管；2—进料管；3—蒸发器外壳；4—浓缩液槽；5—物料喷嘴；6—上碟片；7—下碟片；8—蒸汽通道；9—二次蒸汽排出管；10—马达；11—液力联轴器；12—皮带轮；13—排冷凝水管；14—进蒸汽管；15—浓液通道；16—离心转鼓；17—浓缩液吸管；18—清洗喷嘴

运转时稀物料从进料管进入，由各喷嘴分别向各碟片组下表面即下碟片的外表面喷出，均匀分布于碟片锥顶的表面，液体受离心力的作用向周边运动扩散形成液膜，液膜在碟片表面即蒸发浓缩，浓溶液到碟片周边就沿套环的垂直通道上升到环形液槽，由吸料管抽出到浓缩液储罐，并由螺杆泵抽送到下道工序。从碟片表面蒸发出的二次蒸汽通过碟片中部大孔上升，汇集进入冷凝器。加热蒸汽由旋转的空心轴通入，并由小通道进入碟片组间隙加热室，冷凝水受离心力作用迅速离开冷凝表面，从小通道甩出落到转鼓的最低位置，从固定的中心管排出。

这种蒸发器在离心力场的作用下具有很高传热系数，在加热面蒸汽冷凝成水后，即受离心力的作用，甩到非加热表面的上碟片，并沿碟片排出，以保持加热表面很高的冷凝传热系数，受热面上物料在离心力场的作用下，液流湍动剧烈，同时蒸汽气泡能迅速被挤压分离，故有很高的传热系数。

6.2.2 蒸发装置

6.2.2.1 多效蒸发

(1) 多效蒸发的经济性及效数限制

多效蒸发的目的是利用蒸发过程中的二次蒸汽，以节约蒸汽的消耗，提高蒸发装置的经济效益。表 6-1 为蒸 1kg 水消耗的加热蒸汽量，其中实际消耗量包括蒸发装置和操作中的各项热量损失，随蒸发器型式、多效蒸发流程等的不同，其值稍有变化。

表 6-1 不同效数蒸发装置的蒸汽消耗量

效数	理论蒸汽消耗量		实际蒸汽消耗量		
	蒸发 1kg 水所需蒸汽量/kg	1kg 蒸汽蒸发水量/kg	蒸发 1kg 水所需蒸汽量/kg	1kg 蒸汽蒸发水量/kg	本装置再增加一效可节约蒸汽
单效	1	1	1.1	0.91	93%
二效	0.5	2	0.57	1.75	30%
三效	0.33	3	0.4	2.5	25%
四效	0.25	4	0.3	3.33	10%
五效	0.2	5	0.27	3.7	7%

效数增多，蒸汽节约越多，但效数的多少要受以下几方面的限制。

① 设备费用　从单效改为双效，节约蒸汽可达 93%，但由四效改为五效，仅节约蒸汽 10%。而且增加效数，设备费用也不断增加，在设备的折旧年限内，若增加一效所节约蒸汽的费用不足以抵消设备投资费时，则不能增加效数。另外，设备投资是有限制的，效数随此限而定。设备效数的增加，所占用的场地也增大。

② 温度差　一般工业生产中，加热蒸汽的压力和蒸发室的真空度都有一定限制，因此装置的总温度差也一定。但由于多效蒸发时各效皆有温差损失，因此，单效的有效温度差要比多效中各效有效温度差总和大，即由于有效温差的减少，虽然 n 效蒸发器总传热面积为单效蒸发器面积的 n 倍，但在同样条件下，其生产能力却要低于单效蒸发器。

在多效蒸发中，为了保证传热的正常进行，根据经验，每一效的温度差不能小于 5～7℃。为了使各效有较大的温度差，必须限制其效数。生产上最常用的是 2～3 效。如果是沸点上升很小的料液或采用膜式蒸发器时，效数可多些。

(2) 多效蒸发的操作流程

多效蒸发的操作流程根据加热蒸汽与料液的不同．分为以下三种。

① 顺流法　亦称并流法，料液和蒸汽成并流，如图 6-24 所示。其特点是：

ⅰ. 各效间有较大压差，料液能自动从前效进入后效，因而各效间可省去输料泵；

ⅱ. 前效的操作温度高于后效，料液从前效进入后效时呈过热状态，可以产生自蒸发，在各效间不必设预热器；

ⅲ. 由于辅助设备少，装置紧凑，管路短，因而温度损失较小；

ⅳ. 装置的操作简便，工艺条件稳定，设备维修工作减少；

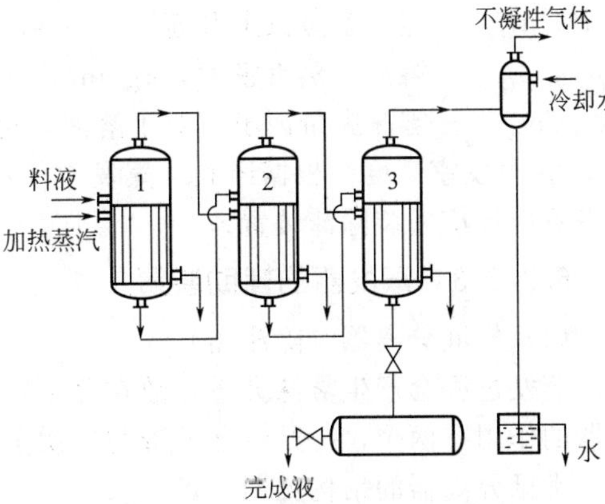

ⅴ. 由于后效的温度低、浓度大，因而料液黏度增加很大，降低了传热系数。故黏度随浓度增加很大的料液不宜采用并流。

图 6-24　顺流法多效再沸器流程

② 逆流法　料液与蒸汽成逆流，如图 6-25 所示。其特点是：

ⅰ. 随着料液浓度的提高，温度亦相应提高，这样料液黏度增加较少，各效的传热系数相差不大，可充分发挥设备能力；

ⅱ. 由于浓缩液的排出温度较高，利用其显热可在减压下闪蒸增浓，故可生产较高浓度的浓缩液，适用于黏度较大的料液蒸发；

ⅲ. 辅助设备较多，动力消耗较大。各效间需设置料液泵和预热器，有时浓缩出料时温度过高，还需增设冷却器；

ⅳ. 不适用浓缩液在高温易分解的料液；

ⅴ. 操作较复杂、工艺条件不易稳定，必须设置比较完善的控制测量仪表。

③ 平流法　平流法的流程如图 6-26 所示。其特点是各效都加入料液，又都引出浓缩液。此法一般用于有结晶析出的料液及同时浓缩两种以上的不同水溶液。

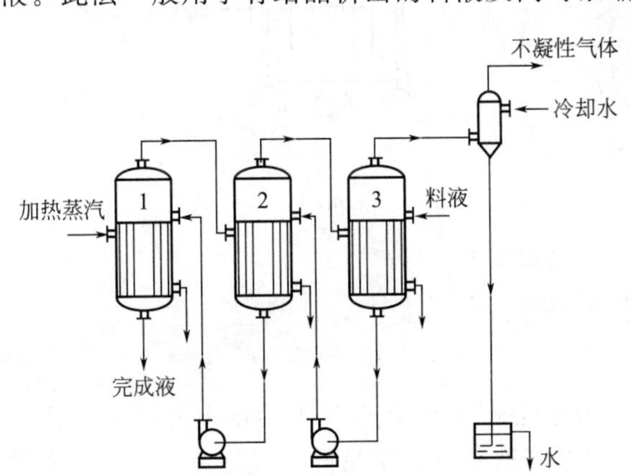

图 6-25　逆流法多效再沸器流程

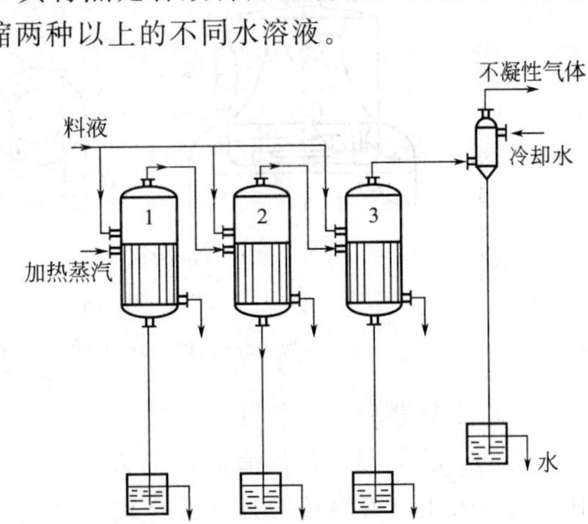

图 6-26　平流法多效再沸器流程

6.2.2.2　蒸发室尺寸

① 蒸发室直径　直径的大小以能维持较低的蒸汽速度为宜，在此速度下，保证上升蒸汽不夹带过量的雾滴。蒸汽的速度可按下式估算：

$$u_V = K_V\left(\frac{\rho_L - \rho_V}{\rho_V}\right)^{0.5} \tag{6-5}$$

式中 u_V——蒸发室蒸汽上升速度，m/s；

ρ_L，ρ_V——溶液、蒸汽密度，kg/m^3；

K_V——雾沫夹带因子，对于溶液，可以接受的最大值 $(K_V)_{max}=0.017m/s$。

② 蒸发室高度　根据经验，蒸发空间高度应不小于蒸发室直径的 0.6 倍。一般情况下蒸发室内还应安装除沫装置。

6.2.2.3　蒸发器的辅助装置

（1）气液分离器（除沫器）

蒸发过程会产生雾沫夹带，故在蒸发室上部二次蒸汽出口处，应设气液分离器。气液分离器的作用有两个，一是将浓缩液与二次蒸汽分离，二是将雾沫中溶液聚集并与二次蒸汽分离。常见分离器的结构见图 6-27。

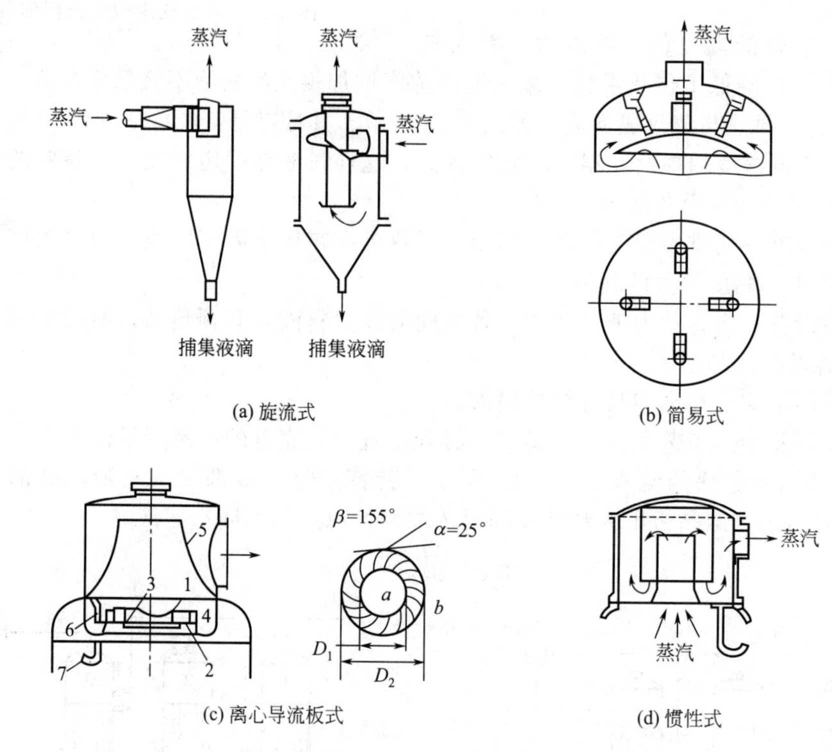

图 6-27　气液分离器

1—盖板；2—孔板；3—叶轮；4—折流挡板；5—锥形挡板；6,7—回流管

（2）冷凝器和真空装置

除了二次蒸汽为有价值的产品需要回收，或者会严重污染冷却水的情况外，蒸发操作中，大多采用汽液直接接触的混合式冷凝器来冷凝二次蒸汽。常见的干式逆流高位冷凝器的结构如图 6-28 所示。

6.2.2.4　蒸发装置的节能

蒸发设备的选择通常基于操作的可靠性、基建投资和公用工程的消耗三个条件。以前首先着重于最少的基建投资和生产的可靠性，其次是水、电、蒸汽、燃料等的运转费用。由于能源价格的上涨，能源消耗已成为首要考虑的问题，可靠的节能措施是目前选择设备的关键，也是回收投资的重要部分。通常节能的途径有如下几种。

① 料液预热　从蒸汽冷凝液和产品物流中回收低温热量，预热料液是最显著目标之一。

提高料液入口温度，可减少传热面积和蒸汽耗量。料液的预热程度与传热物流的温度和其物料有关，温差减小，所需的传热面积和设备投资必然上升，在较低温度下，产品物流变黏，传热速度降低，传热面积增加，操作费用可能就成为一个临界因素。

② 冷凝液的利用　冷凝液具有残余热能，回收此能量的一种合理办法是：将这热的冷凝液带压下与冷的料液或与另一冷的物流进行热交换。另一种办法是：闪蒸此高温的蒸汽冷凝液，产生低温的蒸汽；此低温蒸汽量与冷凝液流量和压力差有关。这种方法多用于多效蒸发。

③ 二次蒸汽的压缩　提高蒸发热经济性的另一个办法是自生蒸汽压缩法。蒸发所产生的二次蒸汽，含有很高的潜热，由于压力、温度较低，不能合理地利用，经热泵压缩，提高其压力和饱和温度，增加焓值，再供此蒸发器加热应用。二次蒸汽的压缩法分为蒸汽机械式压缩法和蒸汽喷射式压缩法两种。蒸汽机械式压缩法采用的是离心式、罗茨式、活塞式等压缩机。蒸汽喷射式压缩法采用的是蒸汽喷射泵，又名热压泵。

此外，采用多效蒸发系统也能达到节能的目的。

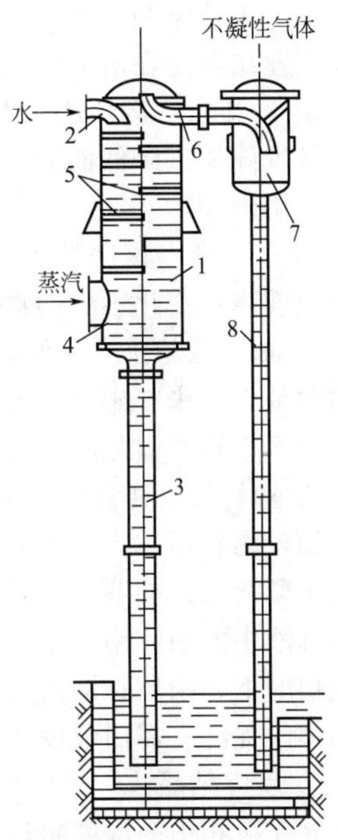

图 6-28　干式逆流高位冷凝器

1—外壳；2—进水口；3—气压管；4—蒸汽进口；5—淋水板；6—不凝性气体管；7—分离器；8—液封管

6.2.3　结晶与结晶设备

6.2.3.1　结晶

(1) 结晶过程

溶液中的结晶要经历两个步骤：一是形成晶核；二是晶体长大为宏观晶体。成核和长大都必须有推动力，为溶液的过饱和度。过饱和度的大小直接影响着晶核形成及晶体生长的快慢；这两个过程的快慢又影响结晶产品的粒度及粒度分布。因此，过饱和度是考虑结晶问题时一个极重要的因素。

晶体与溶液构成混合物，称为晶浆。通常采用搅拌方法使晶体悬浮在液相中，以促进结晶。晶浆是悬浮液，分离过晶体的悬浮液称为母液。

结晶过程中的成核可分为三种形式，初级均相成核、初级非均相成核及二次成核。溶液在无外加物质的情况下，自发地产生晶核的过程称为自发成核或初级均相成核，在外加物质（如来自大气中的微尘）诱导下的成核过程称为初级非均相成核，两者统称为初级成核。在溶液中含被结晶物质晶体的条件下出现的成核，不论机理如何，统称为二次成核。二次成核主要是接触成核，此类晶核是晶体与其他固体接触时所产生晶体的碎粒。在工业结晶器中的成核大都属于接触成核。晶体与搅拌浆或叶轮之间碰撞而产生的晶核占有较大的比例。

(2) 溶解度、溶液的过饱和

结晶的生成量取决于固体与溶液间的平衡关系。任何固体物质与溶液接触时，若溶液未达到饱和，则固体物质溶解；若溶液过饱和，则将有部分沉析晶体；若溶液恰好饱和，则溶液处于相平衡状态。所以，要使固体物质结晶出来，必须设法使溶液过饱和，过饱和度是结晶过程的推动力。固体与溶液之间的相际关系，通常用固体在溶液中的溶解度表示。物质的溶解度与其化学性质、溶剂的性质及温度有关，一般情况下，压力影响可忽略不计，通常用 1（或 100）份质量的溶剂溶解多少份质量的无水溶质表示溶解度。

(3) 工业结晶方法

工业结晶是在溶液中建立适当的过饱和度，并加以控制。结晶方法有以下几种。

① 冷却法　冷却法基本上不去除溶剂，而是使溶液冷却为过饱和溶液。这种方法适用于溶解度随温度降低而显著下降的物系。冷却又分为自然冷却、间壁冷却及直接接触空气通入溶液中冷却。

② 蒸发法　该法是使溶液在加、减压或常压下蒸发达到饱和的方法。主要适用于溶解度随温度降低变化不大的物系。

③ 真空冷却法　是使溶剂在真空下闪急蒸发而绝热冷却的方法。实质上是通过冷却及浓缩两种作用来产生过饱和度。此法主体设备较简单，操作稳定，突出之处是器内无换热面，因而不存在因晶垢妨碍传热而需经常检修的问题，而且设备防腐也比较容易解决。

④ 盐析法　通过物系中加入某些物质达到降低溶解度的目的，是工业中常见的结晶方法。加入的物质称为稀释剂或沉淀剂，可以是固体，也可以是液体或气体。要求所加物质能溶解于原溶液中的溶剂，但不溶解被结晶的物质。盐析法的特点：可与冷却法结合，提高溶质从母液中的回收率；结晶过程的温度可保持在较低水平，这对不耐热物质的结晶有利；在有些情况下，杂质在溶剂与稀释剂的混合物中有较高的溶解度，可保留在母液中，从而简化了晶体的提纯；需回收设备以处理母液、分离溶剂和稀释剂。

⑤ 反应结晶法　气体与液体或液体与液体之间进行化学反应以产生固体沉淀，这是反应产物在液相中的浓度超过饱和浓度的结果。小心控制过饱和度，可获得符合粒度分布要求的晶体产品。

6.2.3.2 结晶设备

(1) 结晶槽

这是一种最原始的结晶器。在大气中自然冷却，使槽中温度逐渐降低，同时有少量溶剂汽化。结晶中通常不加晶种，不搅拌，也不用任何方法控制冷却速率及晶核的形成和晶体的生长。有时在槽中悬挂一些细棒或线条，晶体结在它上面，不致与泥渣同沉槽底。

(2) 搅拌式结晶器

冷却搅拌结晶设备比较简单，对于产量较小，结晶周期较短的，多采用立式结晶器；对于产量较大，周期比较长的，多采用卧式结晶器。结晶器中应具有冷却装置及促使晶核悬浮和溶液浓度一致、使结晶均匀的搅拌装置。

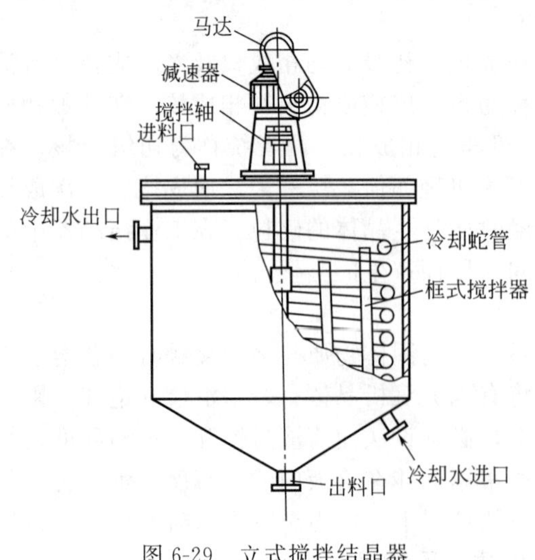

图 6-29　立式搅拌结晶器

① 立式结晶器　在结晶槽上安装了搅拌器，能使槽内温度比较均匀。晶体小，粒度又较均匀，可缩短冷却周期，提高生产能力。结晶器中也可安装冷却夹套。间歇操作的间壁冷却结晶器在操作时，应使热溶液尽快冷却到饱和温度，然后放慢冷却速率以防止进入不稳区，同时加入晶种。一旦结晶开始，由于释放结晶热，应及时调整热量的移出速率，使溶液按一定规律慢慢降温。

图 6-29 所示的立式结晶器常用于生产量较小的柠檬酸结晶。其冷却装置为蛇管，器中安装两组框式搅拌器，结晶完成后，晶体连同母液一起从设备的锥底排料孔放出。谷氨酸生产中的等电结晶罐的结构和上述结构类似。

② 长槽搅拌式连续结晶器　这是一种应用广泛的连续结晶器，生产能力较大。此器为一敞开式或闭式长槽，宽约600mm，底为半圆形。槽外装冷却夹套，槽中装长螺距的低速（5～10r/min）螺带搅拌器，如图6-30所示。螺带搅拌器的作用除了搅拌及输送晶体之外，主要是防止晶体聚集在冷却面上；此外，把已生成的晶体上扬，散布于溶液中。

这种结晶器每组长度一般是3～4m，每米长度约有0.9m^2的有效传热面积，冷却水与水溶液之间的传热系数约为60～180W/(m^2·℃)。根据需要可将若干组组合起来使用。在操作时，热浓溶液从槽的一端加入，冷却水通常是在夹套中与溶液作逆流流动。为了控制晶体的粒度，有时在某些单元的夹套中通入更多的冷却水。

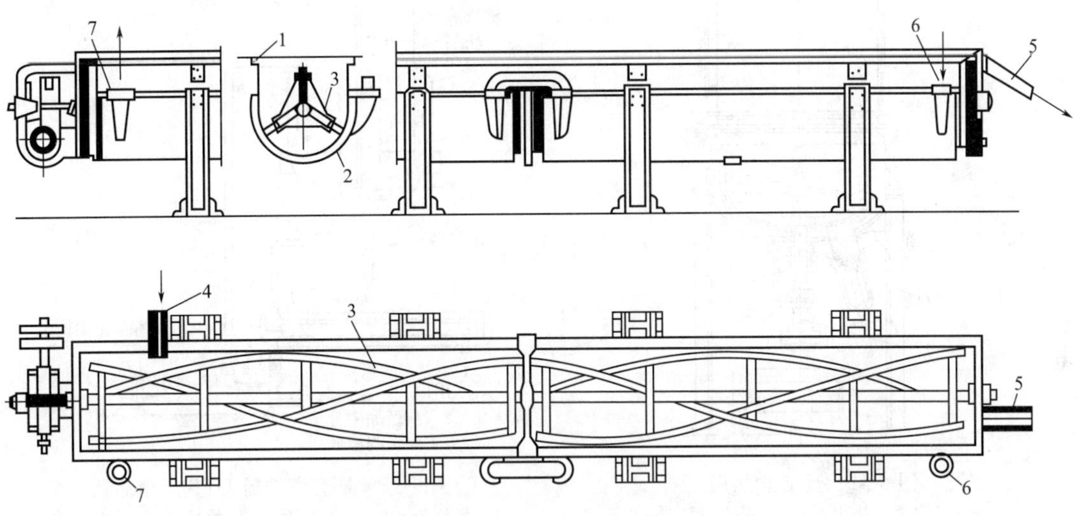

图6-30　长槽搅拌式连续结晶器

1—槽；2—水槽；3—搅拌器；4、5—接管；6、7—冷却水进、出口

③ 真空结晶器（真空煮晶锅）　对于结晶速度比较快，容易自然起晶，又要求结晶晶体较大的产品，多采用真空结晶器进行结晶，如谷氨酸钠等的结晶就采用这种设备。这种结晶器的优点是，可以控制溶液的蒸发和进料速度，以维持溶液一定的过饱和度进行育晶，同时采用连续加入未饱和溶液来补充溶质的量，使晶体长大。要使结晶速度快，就要保持溶液较高的过饱和浓度，在维持较高的过饱和度育晶时，稍有不慎，即会自然起晶而增加细小的新晶核，导致最终产品晶体较小，晶粒大小不均匀，形状不一。产生新晶核时，溶液出现浑浊有白色的沉淀物，这时可通入蒸汽冷凝水，使溶液降到不饱和浓度而把新晶核溶解。随着水分的蒸发，溶液很快又进入介稳区，重新在晶核上长大结晶，这样煮出的结晶产品形状一致，大小均匀。

这类结晶器的结构比较简单，是一个带搅拌的真空蒸发罐，如图6-31所示。整个设备可分为加热蒸发室、加热夹套、汽液分离器、搅拌器四部分。

④ DTB型结晶器　DTB型结晶器是一种效能较高的结晶器，它能生产较大的晶粒（粒度达600～1200μm），生产强度较高，器内不易结晶疤。它是连续结晶器的主要形式之一，用于真空冷却法、蒸发法、直接接触冷冻法及反应法结晶。

结晶器的构造如图6-32所示。中部有一导流筒，四周有一圆筒形挡板。在导流筒内接近下端处有螺旋桨（内循环轴流泵），它以较低的速度旋转。悬浮液在螺旋桨的推动下，在筒内上升至液体表层，然后转向下方，沿导流筒与挡板之间的环形通道流至器底，重又被吸入导流筒的下端，如此循环，形成良好的混合条件。

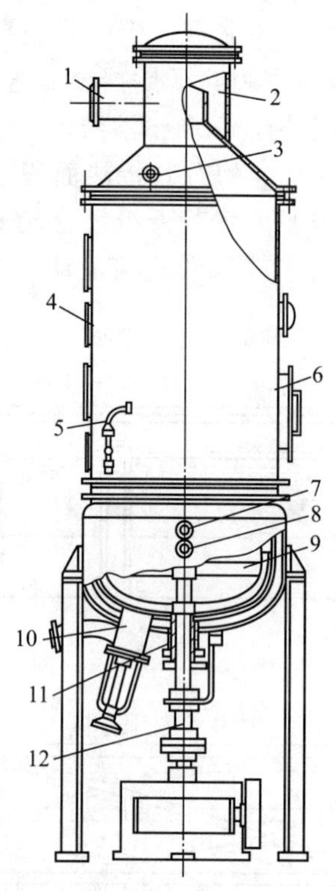

图 6-31　真空煮晶锅

1—二次蒸汽排出管；2—汽液分离器；
3—清洗孔；4—视镜；5—吸液孔；6—人孔；
7—压力表孔；8—蒸汽进口管；9—锚式搅拌器；
10—排料阀；11—轴封填料箱；12—搅拌轴

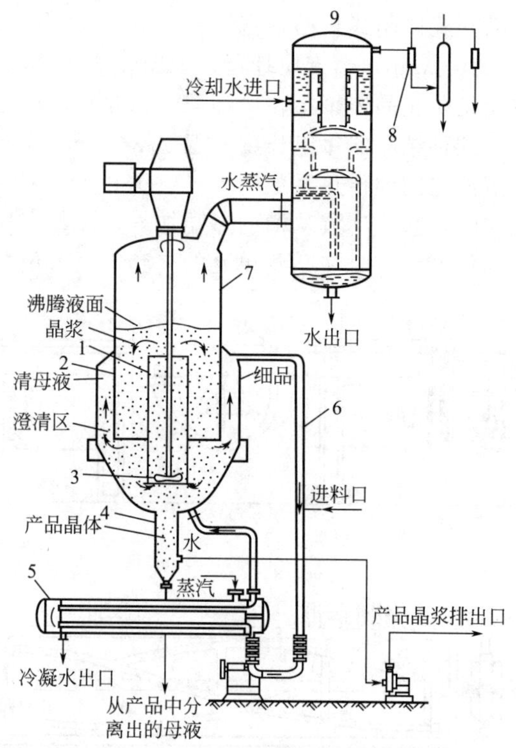

图 6-32　具有淘洗腿 DTB 型结晶器

1—导流筒；2—环形挡板；3—螺旋桨；4—淘洗腿；
5—加热器；6—循环管；7—器身；8—喷射真空泵；
9—大气冷凝器

圆筒形挡板将结晶器分隔为晶体生长区和澄清区。挡板与器壁间的环隙为澄清区，其中搅拌的影响实际上已消失，得以使晶体从母液中沉降分离，只有过量的微晶随母液在澄清区的顶部排出器外，从而实现对微晶量的控制。结晶器的上部为气液分离空间，用于防止雾沫夹带。热的浓物料加至导流筒下方，晶浆由结晶器底部排出。为了使晶体具有更窄的粒度分布，这种结晶器有时在下部设置淘洗腿。

DTB 型结晶器适用晶体在母液中沉降速度大于 3mm/s 的结晶过程。设备的直径可以小至 500mm，大至 7.9m。

6.2.4　结晶器的设计

6.2.4.1　结晶设备尺寸确定

设备的生产能力可用下式表示：

$$G=\frac{V\rho B\psi}{T} \tag{6-6}$$

式中　G——生产能力，kg/h；

V——结晶设备总容积，m^3；

ρ——溶液的密度，kg/m^3；

ψ——结晶设备最终时充填系数，对于煮晶锅一般为 0.4～0.5；

B——按质量计算结晶溶液中含晶体的百分比；

T——每批结晶操作总时间，h。

由式（6-6）即可计算出总容积，其他尺寸根据容积的大小确定。

6.2.4.2　结晶设备的选用

设计结晶设备时应考虑溶液的性质、黏度、杂质的影响，结晶温度，结晶体的大小，形状以及结晶长大速度特性等条件，以保证结晶良好，结晶速度快。

通常结晶设备应有搅拌装置，使结晶颗粒保持悬浮于溶液中，并同溶液有一个相对运动，以减薄晶体外部晶界膜的厚度，提高溶质质点的扩散速度，加速晶体长大。搅拌速度和搅拌器的形式应选择得当，若速度太快，则会因刺激过度剧烈而自然起晶，也可能使已长大了的晶体破碎，功率消耗也增大；太慢则晶核会沉积。故搅拌器的形式与速度要视溶液的性质和晶体大小而定。一般趋向于采用较大直径的搅拌桨叶，较低的转动速度。如味精煮晶时，一般采用 6～15r/min；柠檬酸结晶时，用 8～10r/min；粉状味精结晶时，用 20～28r/min；等电点结晶时，用 28～36r/min。

搅拌器的形式很多，设计时应根据溶液流动的需要和功率消耗情况来选择。一般情况下，结晶锅多采用锚式搅拌，立式结晶器多采用框式搅拌器，卧式结晶器多采用螺条式搅拌器。当晶体颗粒比较小，容易沉积时，为了防止堵塞，排料阀要采用流线形直通式，同时加大出口以减少阻力，必要时安装保温夹层，防止突然冷却而结块。

6.3 干　燥

工业发酵的产品中，凡是固体如味精、酶制剂、柠檬酸和酵母等都需要干燥过程。干燥的目的是使物料便于加工、运输和使用。干燥通常为完成产品的工艺过程中最后工序，因此往往与最终产品的质量有密切的关系。一些与酶有关的产品，如酶制剂等对干燥有其特殊的要求，干燥过程会影响酶活力，从而影响产品的质量，所以要采用低温、快速干燥，如采用喷雾干燥、沸腾干燥或冷冻干燥较合适。另外有些产品如味精、柠檬酸是结晶状物质，要求干燥过程中，应尽量避免结晶受到磨损，同时含水量不高，采用低温短时间干燥即可。又如啤酒酿造中麦芽干燥，除了降低水分含量外，还要求烘焙过程中麦芽产生生化变化，使其成为具有色、香、味、溶解度好的粉质麦芽。

6.3.1　干燥原理

按照热能传给湿物料的方式，干燥分为传导干燥、对流干燥、辐射干燥和介电加热干燥，以及由上述两种或三种方式的联合干燥。

（1）传导干燥

热能以传导的方式传给湿物料。图 6-33 所示为一滚筒干燥器，加热蒸汽在筒内冷凝，所放出的冷凝潜热通过金属筒壁传给与其相接触的湿物料壁层，使湿物料中的水分汽化，水汽由周围的气流带走。当滚筒旋转一周时，干物料由刮刀自筒壁刮下而被收集。由于湿物料与加热介质不是直接接触的，所以传导干燥又可称为间接加热干燥。传导干燥中的热能利用程度较高，但是，与金属壁面接触的物料在干燥时容易形成过热而变质。

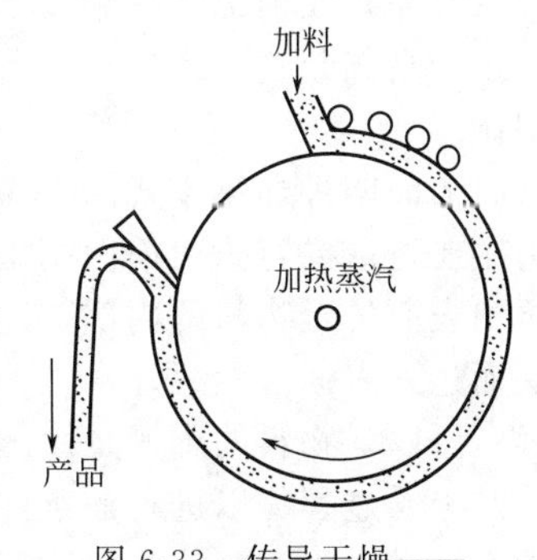

图 6-33　传导干燥——滚筒干燥器

（2）对流干燥

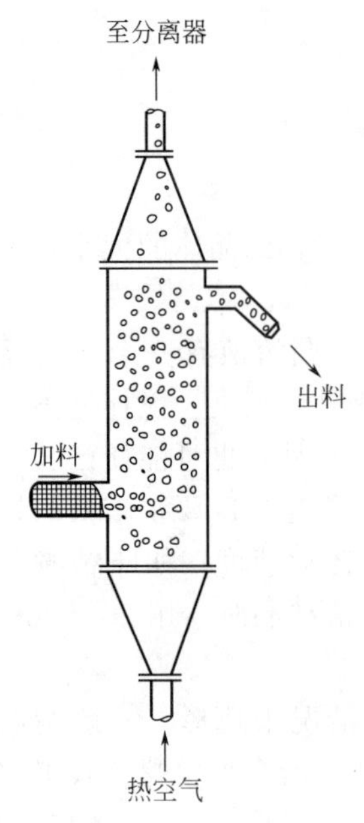

图 6-34　对流干燥——沸腾床干燥器

热能以对流方式由热气体传给与其直接接触的湿物料，故又可称为直接加热干燥。以图 6-34 所示的沸腾床干燥器为例，散粒状湿物料由加料器加入干燥器内，空气经预热后自分布板下端通入，在沸腾床内，热能以对流方式由热空气传给呈沸腾的湿物料表面，水分由湿物料汽化，水汽自物料表面扩散至热空气主体之中，通过干燥，热空气的温度下降而其中水汽的含量则增加，空气由沸腾床干燥器顶部排出至旋风分离器分离所带走的粉末，干燥产品由干燥器侧出料管卸出。作为干燥介质的热空气，既是载热体又是载湿体。在对流干燥中，热空气的温度调节比较方便，物料不至于被过热，然而，热空气离开干燥器时尚带有相当大的一部分热能，因此对流干燥热能的利用程度比传导干燥差。

（3）辐射干燥

热能以电磁波的形式由辐射器发射，入射至湿物料表面被其所吸收而转变为热能将水分加热汽化而达到干燥的目的。辐射器可分为电能和热能的两种。用电能的类型如采用专供发射红外线的灯泡，照射被干燥物料而加热进行干燥。另一种是用热金属辐射板或陶瓷辐射板产生红外线，例如将预先混合好的煤气与空气混合气体冲射在白色的陶瓷材料上发生无烟燃烧，当辐射面温度达到 700～800K 时即产生大量红外线，以电磁波形式照射于物料上进行干燥。利用红外线干燥比上述对流或传导干燥的生产强度要大几十倍，产品干燥均匀而洁净，设备紧凑而使用灵活，可以减少占地面积，缩短干燥时间。它的缺点是电能消耗较大。

（4）介电加热干燥

是将需要干燥的物料置于高频电场内，由于高频电场的交变作用使物料加热而达到干燥的目的。

前面所介绍的传导、对流和辐射三种加热方式的干燥，其共同特点是待干物料表面温度比内部温度高，水分是由内部扩散至表面，在干燥过程中，物料表面先变成干燥固体而形成绝热层，使传热和内部水分的汽化及其扩散至表面都增加了阻力，物料干燥的时间较长。然而，微波加热干燥则相反，湿物料在高频电场中很快被均匀加热，由于水分的介电常数比固体物料的要大得多，在干燥过程中，物料内部的水分总是比表面的多，因此，物料内部所吸收的电能或热能也较多，则物料内部的温度比表面的高，由于温度梯度与水分扩散的浓度梯度是同一方向的，所以促进了物料内部水分的扩散速率，使干燥时间大大地缩短，所得到的干燥产品均匀而洁净。尤其是对于用前面三种加热方式在干燥过程中物料表面容易结壳或皱皮（收缩）及内部水分难以干燥的物料，采用微波加热干燥更为合适。由于微波加热的能量是由于高频装置所产生，其所需费用较大，使微波加热干燥在工业上的普遍推广受到一定的限制。

上面四种加热方式的干燥，目前在工业上应用最普遍的是对流干燥。本章亦以对流干燥为主要讨论内容。由前面指出，在对流干燥过程中，干燥介质热气流将热能传至物料表面，再由表面传至物料的内部，这是一个传热过程，水分从物料内部以液态或气态扩散透过物料层而达到表面，然后，水汽通过物料表面的气膜而扩散至热气流的主体，这是一个传质过程。所以，物料的干燥是由传热和传质两个过程所组成，两者之间有相互的联系。

干燥过程得以进行的条件必须使被干燥物料表面所产生水汽（或其他蒸气）的压力大于干燥介质中水汽（或其他蒸气）的分压，压差愈大，干燥过程进行愈迅速。所以，干燥介质须及时将汽化的水汽带走，以保持一定的汽化水分的推动力；如果压差等于零，表示干燥介质与物料间的水汽达到平衡，则无净的物质（水汽）传递，干燥即行停止。图 6-35 表明在对流干燥过程中，热空气与被干燥物料表面间的传热和传质情况。图中：t 为空气主体温度；t_w 为物料表面温度；p 为空气中的水汽分压；p_w 为物料表面的水汽分压；δ 为气膜有效厚度；q 为由气体传给物料的热量；w 为物料汽化的水分。

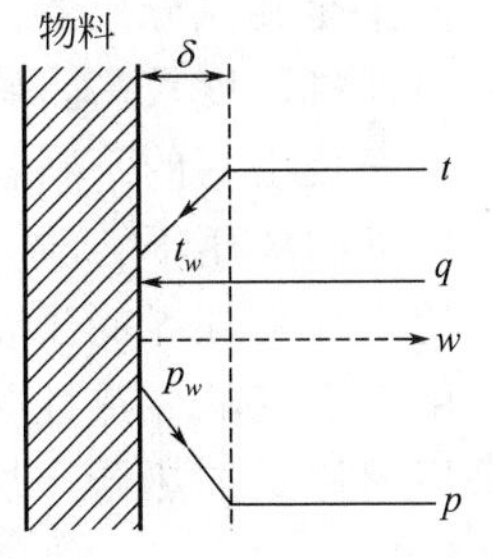

图 6-35　热空气与物料间的传热和传质

在对流干燥中，通常使用的干燥介质为不饱和的热空气。在高温干燥时可采用烟道气。如果为了避免物料被污染或氧化，可采用过热蒸汽，由于过热水蒸气的比热容［1.88kJ/(kg·K)］比空气的比热容［1.01kJ/(kg·K)］大，因此干燥时能提供较多的热量，而过热蒸汽经加热后可以循环使用，故其热的利用程度也比热空气为高。然而，对于难净制的粉末状物料的干燥采用过热蒸汽作干燥介质是不适宜的。对于含有有机溶剂的物料干燥，与上述方法相似，可采用溶剂的过热蒸气作干燥介质，比用热空气作干燥介质除了上述优点之外，还能使溶剂回收完全，不仅在经济上节约，而且可以避免污染环境。

按干燥操作的压力可分为常压干燥和真空干燥。真空干燥适用于对热敏性、易氧化或要求产品含水量极低的物料干燥。按操作方式则可分为连续式和间歇式。连续式的优点是生产能力大、热效率高、劳动条件比间歇式为好又能得到较均匀的产品。间歇式的优点是设备费用较低、操作控制方便、能适应多品种物料，常用于干燥时间比较长的和生产能力较小的物料干燥。

6.3.2　对流干燥流程

对流干燥的流程，可用图 6-36 所示的气流干燥为例予以说明。

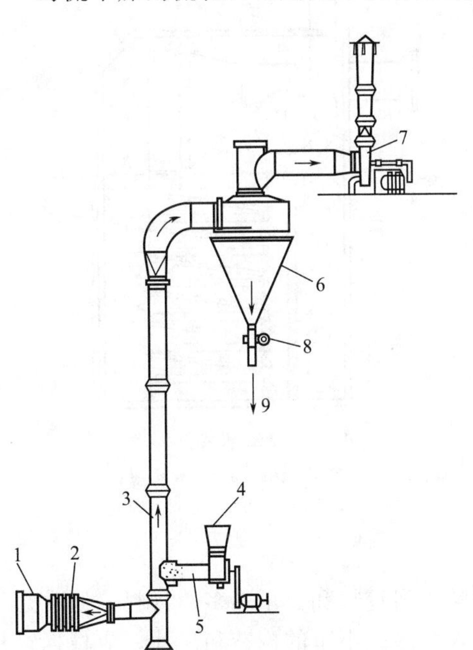

图 6-36　气流干燥流程

1—空气过滤器；2—预热器；3—气流干燥管；4—加料斗；5—螺旋加料器；6—旋风分离器；7—风机；8—气封；9—产品出口

物料由加料斗 4 经螺旋加料器 5 送入气流干燥管 3 的底部。空气由风机 7 吸入，通过空气过滤器 1 滤去其中之尘埃，经预热器 2 加热至一定温度送入气流干燥管。由于热气流作高速度的流动，使物料颗粒能分散而悬浮于气流之中，在干燥管内热气流与物料颗粒发生传热和传质作用，使物料得到干燥，已干燥的物料颗粒随气流带出，经旋风分离器 6 而回收产品，产品通过气封 8 而由产品出口 9 卸出收藏，废气经风机而放空。所以，整个对流干燥装置中包括：空气过滤器、风机、预热器、加料及卸料器、加料斗、干燥器、气固分离设备及控制系统等。关于空气是否需要过滤，须由产品所要求的洁净程度及周围空气的情况而定。

风机须由系统的流体阻力和所需的风量而定。通常，风机安置在气固分离设备之后，使整个干燥装置在负压下操作，这样可以避免粉尘由不严密处漏出而污染环境，当进入气流温度过高时也不至于损坏风机，同时，负压操作有利于物料中水分的汽化。但是，对于无菌类物料的干燥，须采用正压操作，风机应安置在预热器之前。此外，负压操作使旋风分离器的出料口密封成问题，如果采用封料办法，对于有些物料（如保险粉等）因堆料温度较高，物料内部易分解发热将会引起燃烧。对于此类情况，可在旋风分离器出料口安装密封的下料器，既可防止外界空气抽入，又可以顺利出料。在特殊情况下，如果一台风机的风压不够时，可采用两台风机，分别安装在干燥装置的前后，一台送风，一台抽风，使系统与外界的压差小，即使有不严密的地方，也不至于产生大量漏气现象。

由于空气的导热性能差，传热表面至空气的传热系数很小，因此，空气预热器的型式通常采用翅片式加热器。加料及卸料器对于保证连续式干燥器稳定操作及干燥产品质量是很重要的。

干燥装置中最常用的气固分离设备是旋风分离器。因其构造简单而费用低，压降中等，对于粒径大于 5μm 颗粒的分离可达到较高的分离效率，有时可用旋风分离器组以提高分离效率。或者，经旋风分离器后再经过袋滤器作进一步分离。因干燥的目的是为了获得干燥的固体产品，所以很少采用湿法分离的设备。

6.3.3 干燥设备

6.3.3.1 厢式和带式干燥器

厢式干燥器，主要是以热风通过潮湿物料的表面达到干燥的目的。热风沿着物料的表面通过，称为水平气流厢式干燥器，如图 6-37 所示；热风垂直穿过物料，称为穿流气流厢式干燥器，如图 6-38 所示。由于物料在干燥时处于静止状态，所以在设计厢式干燥器时，要注意空气与物料相对流动方向的选择，以达到干燥均匀的效果。

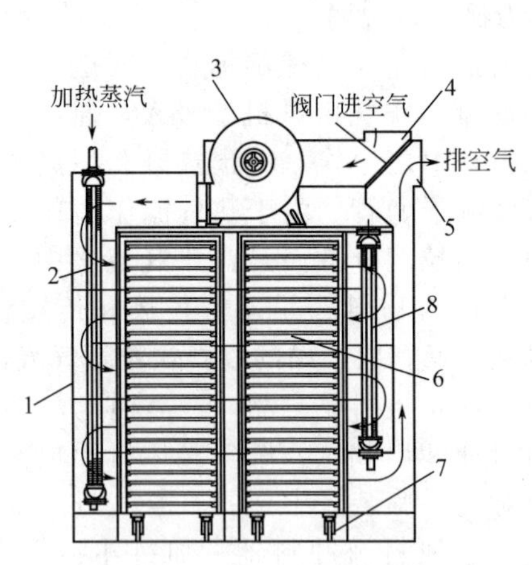

图 6-37　厢式空气干燥器

1—外壳；2—加热器；3—风机；4—进风口；5—排风口；6—托盘；7—脚轮；8—循环风加热器

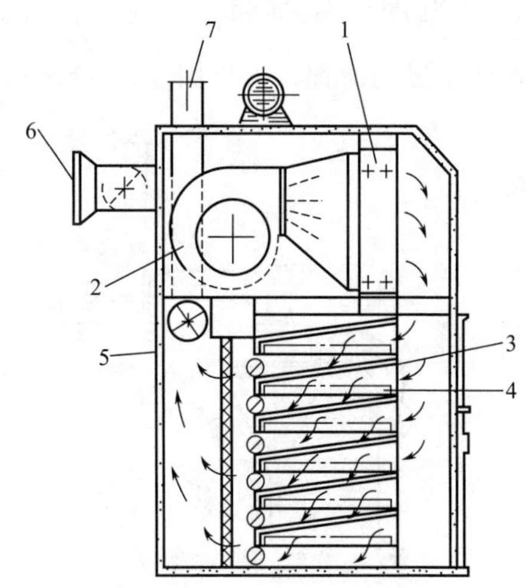

图 6-38　穿流厢式干燥器

1—加热器；2—循环风机；3—干燥板层；4—支架；5—干燥主体；6—吸气口；7—排气口

厢式干燥器一般为间歇操作，其广泛应用于干燥时间较长和数量不多的物料。通常是将被干燥物料用人工放入干燥厢，或置于小推车上送入厢内。小车的构造和尺寸，应根据物料的外形和干燥介质的循环方式决定。

支架或小车上置放的料层厚度为 10～100mm。空气速度以被干燥物料的粒度而定，要求物料不致被气流所带出，一般气流速度为 1～10m/s。厢式干燥器的器门应严密，以防空气漏入。干燥介质一般采用热空气或烟道气。

在设计干燥器时，应有一定风量循环，使进口与出口处空气的温度变化小，这样在同一温度降下，可使物料的湿含量在沿物料堆放的宽度上较为均匀。

为了提高厢式干燥器的干燥强度和降低费用，大都从加大空气的速度和改进结构设计着手。但厢式干燥器操作上一个突出的问题是干燥不均匀，因为它是一种不稳定干燥，由于干燥条件的不断变化，即使同一个截面，其干燥的程度也有所不同。

间歇操作的厢式干燥器，结构简单，设备投资少，适应性强，故使用较多。缺点是每次操作都要装卸物料，劳动强度大，设备利用率低。每干燥 1kg 水，约消耗加热蒸汽 2.5kg 以上，热效率只有 40%左右。同时产品质量也不够均匀。所以它只能在下列情况下使用才合理：

ⅰ. 小规模生产；

ⅱ. 物料允许在干燥器内停留时间长，而不影响产品质量；

ⅲ. 同时干燥几种产品。

带式干燥器可分为单带式、复带式和翻板三种。由于单带式干燥器对物料层的干燥不均匀，故较多的采用复带式干燥器，这种干燥器由若干运输带组成。物料落在第一条带子上，随着带子通过一段路程后，再倾撒到下一条带子上，下一条带子作反方向的运动，又倾撒到第二、三条带子上，如此类推。带子的宽度一般在 2m 以下。

多层带式干燥器的主要优点是：当物料从一条带子落到另一条带子上时，物料受到翻动，适用于容易结块和变硬物料的干燥。同时，干燥器的尺寸可大大减少，从而占地面积较小。

6.3.3.2　气流干燥器

随着干燥技术的发展，古老的箱式干燥设备已逐步被气流干燥和沸腾干燥等设备所代替。气流干燥设备发展迅速，已广泛在发酵、食品、制药工业中使用。

目前使用的气流干燥器类型可分为长管气流干燥器（其长度 10～20m）和短管气流干燥器（其长度在 4m 左右），总称为管式干燥器。此外还有旋风气流干燥器等，其构造原理和流程是相似的。

(1) 气流干燥原理和特点

对于潮湿状态时仍能在气体中自由流动的颗粒物料，如味精、柠檬酸和葡萄糖等，则可采用气流干燥。其工作原理是利用热空气与粉状或颗粒状湿物料在流动过程中充分接触，气体与固体物料之间进行传热与传质，从而使湿物料达到干燥的目的。干燥时间极短，一般为 1～5s。以味精为例，用箱式干燥需 2h 以上，而用气流干燥，从加料至卸料整个过程约 5～7s。气流干燥有以下的特点。

ⅰ. 干燥强度大。由于气流干燥过程物料在热风中呈悬浮状态，每个颗粒周围都被干燥介质即热空气所包围，因而使物料最大限度地与热空气接触，改善了气固接触条件。此外气流在干燥管内速度较大，一般为 10～20m/s，因而固体物料与空气之间有剧烈的相对运动，使汽化表面的干燥介质不断更新，大大降低了传热和传质的气膜阻力，所以干燥强度和体积传热系数比较大，高达 2300～6900W/(m^3·℃)，故干燥时间很短。

ⅱ. 由于干燥时间短，因此对于热敏性物料仍可选择较高温度，物料性质不会发生变化。如用 140℃的热空气干燥赤霉素，130℃热空气干燥四环素均能获得优质产品。

ⅲ. 由于干燥强度大，整个设备比较紧凑，生产能力大，结构也较简单，从而节省钢材及占地面积，投资费用少，加工方便。

ⅳ. 可以有机地把干燥、粉碎、输送、包装等组成一道工序，整个过程在密闭条件下进行，减少物料飞扬，防止杂质污染，既改善了产品质量，又提高了收得率。

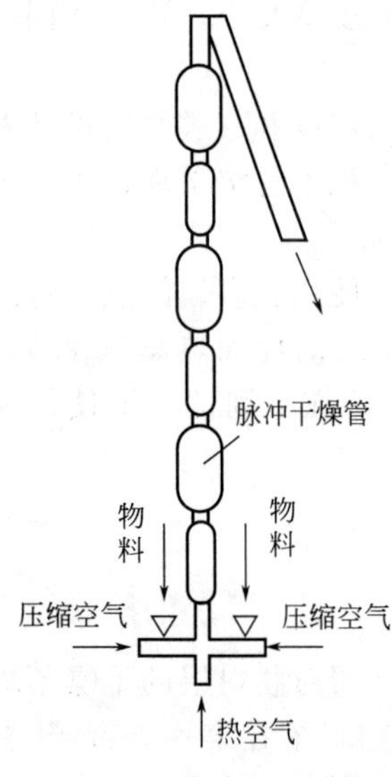

图 6-39 脉冲式干燥管

Ⅴ. 设备的缺点为晶形磨损厉害。对物料有一定要求，即物料的颗粒必须是大小接近。对于粘性物料不宜采用。由于干燥时间短，干燥介质与物料接触时间也短，故热能利用程度也较低，例如目前采用间接蒸汽加热空气系统，其热利用率仅为 30% 左右。

(2) 气流干燥设备

图 6-36 所示为气流干燥的基本流程。

干燥管一般多采用圆形，其次有方形和不同直径交替的所谓脉冲管，如图 6-39 所示。

为了充分利用气流干燥器中颗粒加速运动段具有很高的传热和传质作用来强化干燥过程，采用管径交替缩小和扩大的脉冲气流干燥管来达到。即加入的物料颗粒，首先进入管径小的干燥管内，气流以较高的速度流过，使颗粒产生加速运动，当其加速运动终了时，干燥管径突然扩大，由于颗粒运动的惯性，使该段内颗粒速度大于气流速度，颗粒在运动过程中，由于气流阻力而不断减速，直至其减速终了时，干燥管径再突然缩小，如此颗粒又被加速，重复交替地使管径缩小与扩大，使颗粒的运动速度在加速后又减速，不进入等速运动阶段，使气流与颗粒间的相对速度和传热面积较大，从而强化了传热、传质速率。另外，在扩大段气流速度大大下降，也相应地增加了干燥时间。

加料器有螺旋加料器和文丘里管加料器等。一般多采用螺旋加料器，如图 6-40 所示。两段螺旋中间有物料，造成料封，防止热风向外流而造成物料的飞扬损失，这种加料器不易堵塞。文丘里管加料器如图 6-41 所示，它是利用管截面缩小时，产生的负压把物料吸入。当这种加料器使用的时间长时物料在边上粘住易堵塞，对黏性不大的物料可采用这种加料器。

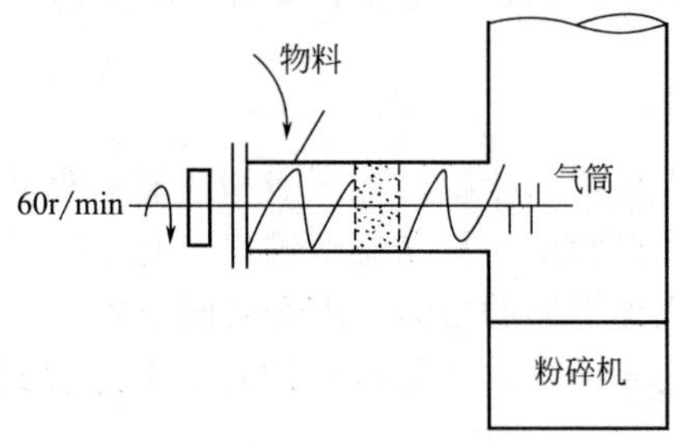

图 6-40 螺旋加料器示意图

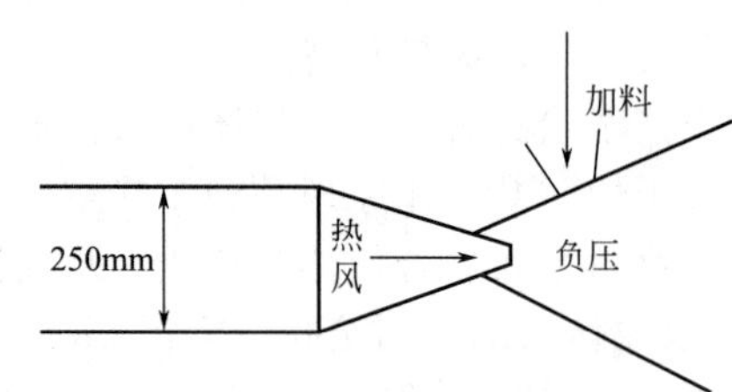

图 6-41 文丘里管加料器

6.3.3.3 沸腾床干燥器

沸腾干燥又名流化干燥，是流化技术在干燥器上的应用，如图 6-42 所示的单层圆筒沸腾床干燥器，散粒状物料由床侧加料器加入，热气流通过多孔分布板与物料层接触，只要气流速度保持在颗粒的临界流化速度与带出速度（颗粒沉降速度）之间，颗粒就能在床内形成流化，颗粒在热气流中上下翻动，互相混合与碰撞，与热气流进行传热和传质从而达到干燥的目的。当床层膨胀至一定高度时，床层空隙率增大而使气流速度下降，颗粒又重新落下而不致被气流所带走。经干燥后的颗粒由床侧出料管卸出，气流由顶部排出并经旋风分离器回收其中夹带的粉尘。

在沸腾床中颗粒被热气流猛烈地冲刷，冲刷的速度不断在脉动，促使气流边界层湍流化，强化了传热与传质，而且气流与颗粒间的接触表面很大，因此具有较高的体积传热系数，通常可达 2300～7000W/(m^3・℃)。

由于颗粒在沸腾床中能达到完全混合，为了限制未干燥颗粒由出料口带出，保证物料干燥均匀，则须增长颗粒在床内停留的时间，因而就需要很高的沸腾床层，以致造成气流压降增大。此外，在降速阶段干燥时，从沸腾床排出的气体温度较高，被干燥物料带走的显热也较大，使干燥器的热效率降低。因此，单层圆筒沸腾床干燥器可用于处理量大而且干燥要求不严格的产品，特别适用于表面水分的干燥。由于上述原因而发展了如图 6-43 所示的多层圆筒沸腾床干燥器。湿物料由第一层加入，而热气流由底层送入，在床内进行逆流接触，颗粒由第一层经溢流管流至第二层，颗粒在每一层内流化时可以互相混合，但层与层之间没有混合，同时，热的利用效率也可显著提高，产品能达到很低的含水量。多层沸腾床操作上的困难是如何将物料定量地依次送入下一层，并且使热气流不致沿溢流管走短路。

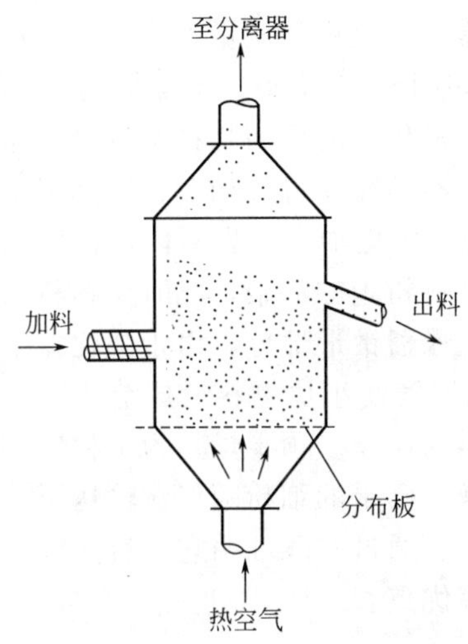

图 6-42　单层圆筒沸腾床干燥器

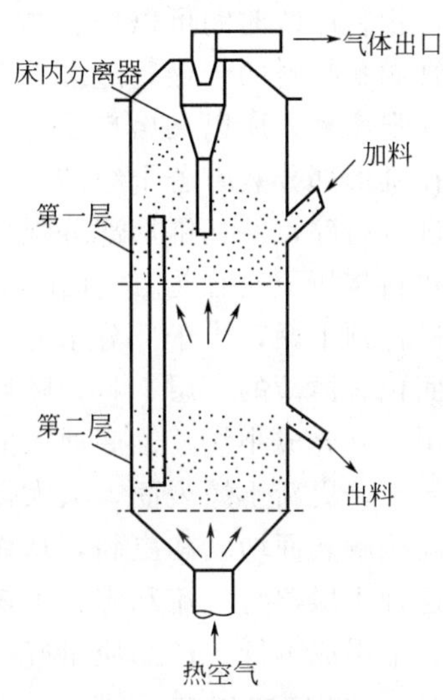

图 6-43　多层圆筒沸腾床干燥器

为了降低气流压降，保证产品均匀干燥和操作上的稳定方便起见，采用如图 6-44 所示的卧式多室沸腾床干燥器。器身横截面为长方形，在长度方向用垂直挡板将器内分隔成多室（一般 4～8 室），挡板下沿与多孔分布板之间留有几十毫米的间隙（一般取为沸腾床静止时物料高度的 1/4～1/2），使颗粒能逐室通过，最后越过堰板而卸出。这个结构的特点是把热空气分别通入各室，当第一室的物料较湿时，该室所用的热空气流量可以大些，在最后一室可通冷空气对干燥物料进行冷却，便于产品收藏，因此，各室的空气温度与速度都可以进行调节。卧式多室的气流压降比多层式为低，操作也较稳定，但热效率比多层的差。

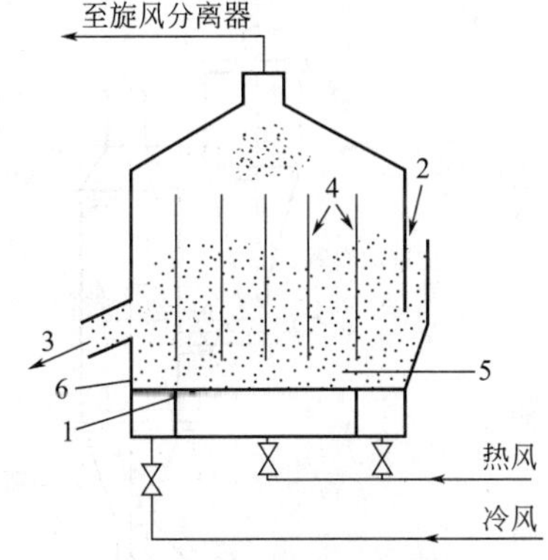

图 6-44　卧式多室沸腾床干燥器

1—多孔分布板；2—加料口；3—出料口；4—挡板；5—物料通道（间隙）；6—出口堰板

沸腾床干燥器适宜于处理粉粒状物料，而且要求物料不会因水分而引起显著结块，同时，由于物料在沸腾床内的停留时间可以任意调节，因而对于如气流干燥或喷雾干燥后的物料中所含的结合水分需要经过较长时间的降速干燥阶段更为合适。对物料粒径的要求最好能在 30～60μm，因物料粒径小于 20～40μm 时，气流通过多孔分布易产生局部沟流，当粒径大于 4～8mm 时，需要高的流化速度，气流阻力大对动力消耗与物料磨损方面都不利。处理的物料含水量，对于粉状要求在2%～5%；颗粒状可在10%～15%，如高于上述含水量范围时，物料的流动性就差，此时可掺入部分干料在第一室中或在床内加搅拌器，以利于物料的流动和防止结块。

沸腾床干燥器的操作速度，当静止物料层的高度在0.05～0.15m时，对于粒径大于0.5μm的物料，通常采用气速为 $(0.4\sim0.8)w_t$（w_t为颗粒沉降速度）。对于较小颗粒，由于颗粒间的结块，采用上述速度范围则太小。但良好的流化状态流化速度是在0.5～0.6m/s，因此对于较小颗粒的操作速度须由实验测定。

沸腾床干燥器的结构简单，造价低，可动部件少，维修费用低，与气流干燥器相比，它的气流压降低，物料磨损较少，气固分离方便而热效率较高（对于非结合水分的干燥热效率可达60%～80%；结合水分的干燥，尚能达到30%～50%），体积传热系数与气流干燥器相当，而且，物料停留时间可以任意调节。因此，这种干燥器将会得到广泛地使用。

对于膏糊状物料的干燥，过去大多是用厢式干燥器，不仅产品质量不均匀，而且操作条件差，劳动强度大。所以又出现了沸腾气流干燥器，如图6-45所示。干燥器为具有锥形底的圆筒，在锥形部分装有若干组动牙和静牙的强化器，强化器的作用是将定量加料器加入的条形物料进行粉碎，并在锥形部分强化沸腾。整个干燥器的操作过程如下：螺旋定量加料器将膏糊状物料挤压成直径为5～10mm的条形并连续而稳定地加入干燥器内，借助热气流将条形物料进行预干燥，由于部分水分的蒸发和气流中干料粉尘的沾染，此时，物料黏性大大减小，表面包有薄薄的一层干料，随后条形物料落入干燥器锥形部分，由于强化器中动静牙的粉碎作用将其碎成小块，锥底通入的500～1000K烟道气使小块物料形成沸腾，在沸腾过程中不断粉碎，更新干燥表面，大大促进了传热和传质的速率。预干燥是为了粉碎，粉碎是为了使气固接触表面增大和更新，从而获得快速的干燥。已干的细粉随气流输送至分离器回收。所以这种干燥器将气流和沸腾干燥的优点结合起来。通过实践证明它具有热效率高、干燥强度大、干燥成本低、产品质量好和操作控制稳定等优点。

6.3.3.4 喷雾干燥器

(1) 喷雾干燥原理及特点

将溶液、乳浊液、悬浮液或料浆在热风中喷雾成细小的液滴，在它下落过程中，水分被蒸发而成为粉末状或颗粒的产品，称为喷雾干燥，如图6-46所示。

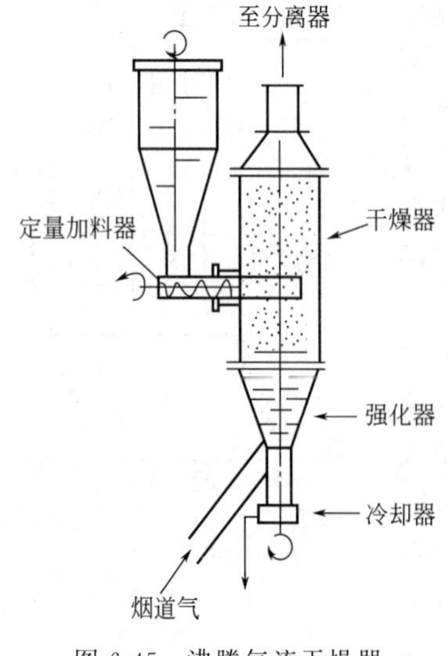

图6-45 沸腾气流干燥器

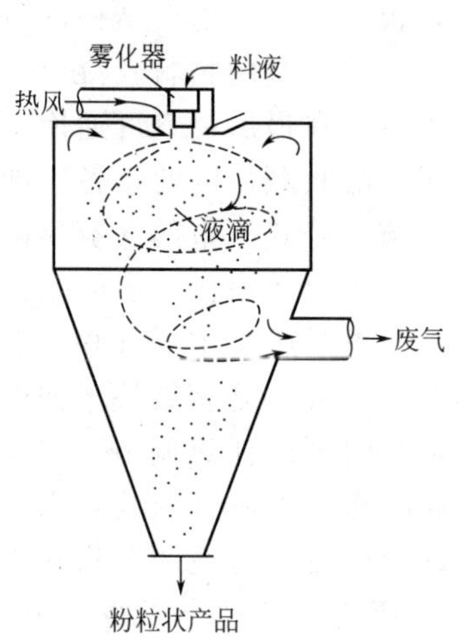

图6-46 喷雾干燥示意图

在干燥塔顶部导入热风，同时将料液泵送至塔顶，经过雾化器喷成雾状的液滴，这些液滴群的表面积很大，与高温热风接触后水分迅速蒸发，在极短的时间内便成为干燥产品，从干燥塔底部排出。热风与液滴接触后温度显著降低，湿度增大，它作为废气由排风机抽出。废气中夹带的微粉用分离装置回收。

（2）喷雾干燥的特点

① 干燥速度十分迅速　料液经喷雾后，表面积很大，如将 1L 料液雾化成粒径为 50μm 的液滴，表面积可增大至 120m^2。在高温气流中，瞬间就可蒸发 95%～98%的水分，完成干燥时间一般仅需 5～40s 左右。

② 干燥过程中液滴的温度不高，产品质量较好　喷雾干燥使用的温度范围非常广（80～800℃），即使采用高温热风，其排风温度也不会很高。在干燥初期，物料温度不超过周围热空气的湿球温度，干燥产品质量较好。例如不容易发生蛋白质变化、维生素损失、氧化等缺陷。对热敏性物料、生物和药物的质量，基本上能接近于真空下干燥的标准。

③ 产品具有良好的分散性、流动性和溶解性　由于干燥过程是在空气中完成的，产品基本上能保持与液滴相近似的球状，具有良好的分散性、流动性和溶解性。

④ 生产过程简化，操作控制方便　喷雾干燥通常用于处理湿含量 40%～60%的溶液，特殊物料即使湿含量高达 90%，也可不经浓缩，同样能一次干燥成粉状产品。大部分产品干燥后不需要再进行粉碎和筛选，从而减少了生产工序，简化了生产工艺流程。产品的粒径、松密度、水分，在一定范围内可用改变操作条件进行调整，控制管理都很方便。

⑤ 防止发生公害，改善生产环境　由于喷雾干燥是在密闭的干燥塔内进行的，这就避免了干燥产品在车间里飞扬。对于有毒气、臭气物料，可采用封闭循环系统的生产流程，将毒气、臭气烧毁，防止大气污染，改善生产环境。

⑥ 适宜于连续化大规模生产　喷雾干燥能适应工业上规模生产的要求，干燥产品经连续排料，在后处理上可结合冷却器和风力输送，组成连续生产作业线。

⑦ 蒸发强度小　当热风温度低于 150℃时，体积传热系数低［(23～116)W/(m^3·℃)］，蒸发强度小，干燥塔的体积比较大。

⑧ 废气中回收微粒的分离装置要求较高　在生产粒径小的产品时，废气中约夹带有20%左右的微粒，需选用高效的分离装置，结构比较复杂，费用较贵。

（3）喷雾干燥器的型式

按喷雾和气体流动方向，喷雾干燥分为并流型、逆流型和混合流型。

① 并流型喷雾干燥器　在喷雾干燥室内，液滴与热风呈同方向流动。这类干燥器的特点是被干燥物料容许在低温情况下进行干燥。由于热风进入干燥室内立即与喷雾液滴接触，室内温度急降，不会使干燥物料受热过度，因此适宜于热敏物料的干燥，排出产品的温度取决于排风温度。

并流型喷雾干燥器是工业上常用的基本型式，如图 6-47 所示。图（a）、图（b）为垂直下降并流型，这种型式塔壁粘粉比较少。图（c）为垂直上升并流型，物料和热风均由下部进入，这种型式要求干燥塔截面风速要大于干燥物料的悬浮速度，以保证干燥物料能被带走。由于在干燥室内细粒干燥时间短，粗粒干燥时间长，产品具有比较均匀干燥的特点，适用于液滴高度分散均一的喷雾场合，但是动力消耗较大。图（d）为水平并流型，热风在干燥室内运动的轨迹呈螺旋状，以便与液滴均匀混合，并延长干燥时间。

② 逆流型喷雾干燥器　在喷雾干燥室内，液滴与热风成逆向流动，如图 6-48 所示。这类干燥器常用于压力喷雾场合，其特点是高温热风进入干燥室内首先与将要完成干燥的粒子接触，使其内部水分含量达到较低的程度，物料在干燥室内悬浮时间长，适用于含水量高的物料干燥。设计时应注意塔内气流速度应小于成品粉粒的悬浮速度，以防止粉粒与废气夹带。

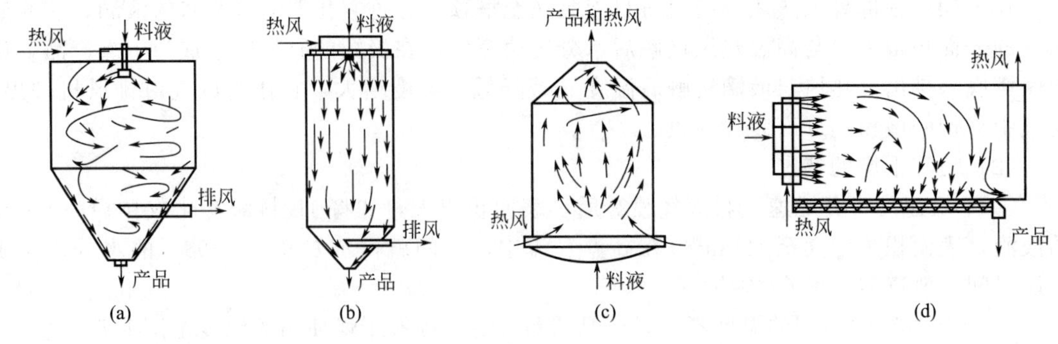

图 6-47　并流型喷雾干燥器

③ 混合流型喷雾干燥器　在喷雾干燥室内，液滴与热风呈混合交错的流动，如图 6-49 所示。其干燥性能介于并流和逆流之间。这类干燥器的特点是液滴运动轨迹较长，适用于不易干燥的物料。但如果设计不好，往往造成气流分布不均匀、内壁局部粘粉严重等弊病。

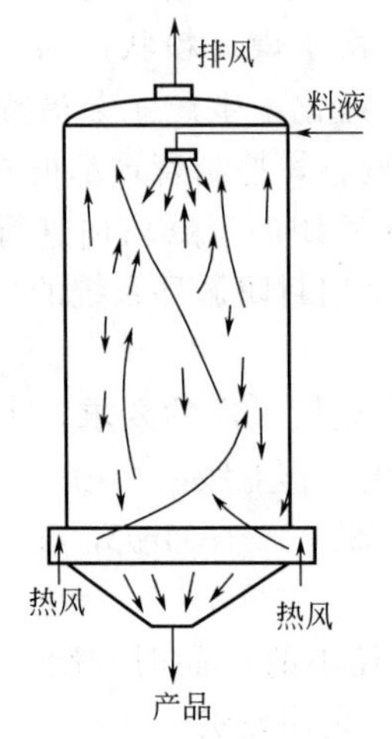

图 6-48　逆流型喷雾干燥器

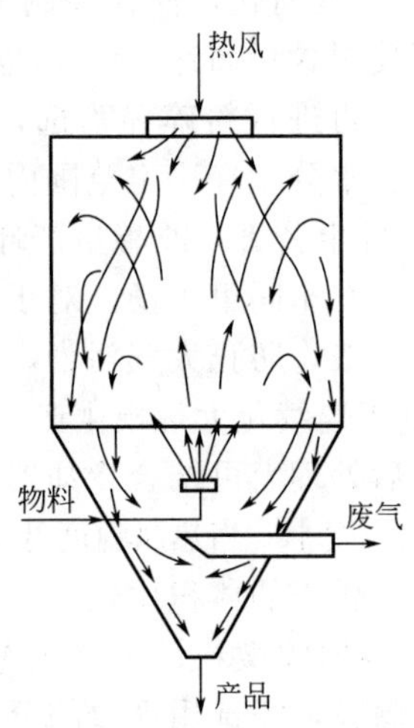

图 6-49　混合型喷雾干燥器

（4）喷雾器

喷雾器是喷雾干燥器的关键部分，它将影响到产品质量和能量消耗。喷雾器有以下三种型式。

① 离心式　图 6-50 所示为一高速旋转的圆盘（4000～20000r/min），圆盘的圆周速度 100～160m/s，圆盘里有放射型叶片，料液送入圆盘中央受离心力作用加速，到达周边时成雾状洒出。

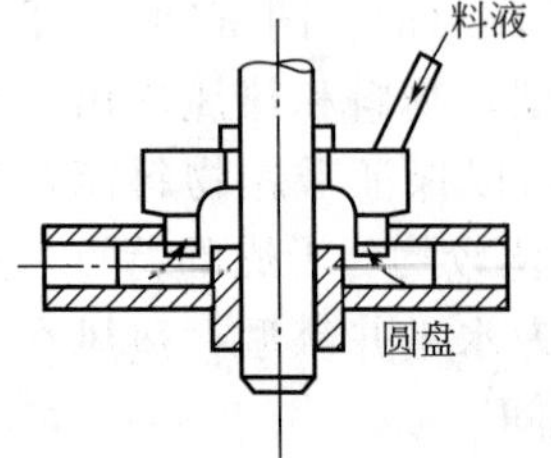

图 6-50　离心式喷雾器

② 压力式　如图 6-51 所示，图中 1 是外套，2 是圆孔板，泵将料液在高压 10～20MPa 下打入喷雾器通过 6 个小孔 4 进入空腔室，并经切线通道（一般为 2～4 个）进入旋涡室 3，然后从喷出口 5 喷成雾状。

③ 气流式　如图 6-52 所示，用压缩空气或过热水蒸气（0.2～0.5MPa）抽送料液经过喷嘴喷出，并把它吹成雾滴。

三种型式的喷雾器，以压力式用得最普遍。离心式用于大型干燥器，气流式用于生产能力小的干燥器。表 6-2 列出了三种喷雾器优缺点的比较。

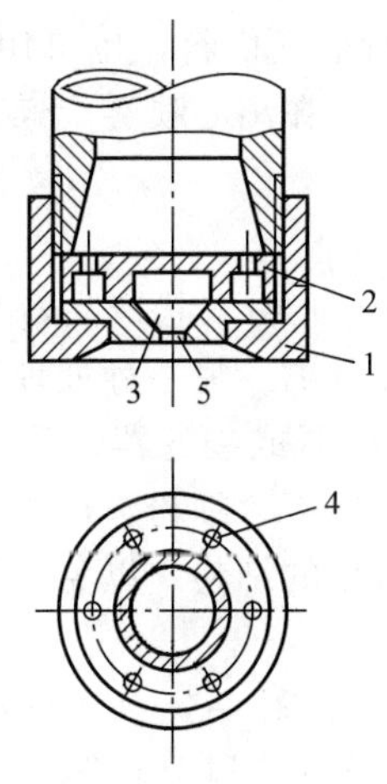

图 6-51　压力式喷雾器

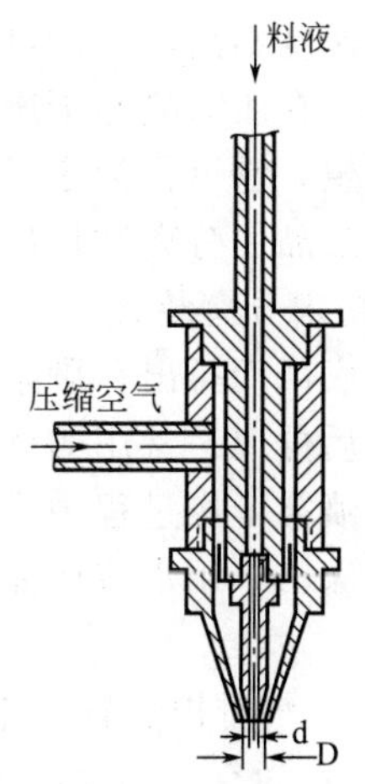

图 6-52　气流式喷雾器

表 6-2　三种喷雾器比较

型式	优　点	缺　点
离心式	1. 操作简单,对物料的物性适应性强,操作弹性较大,在料液量变化 25%时,对产品质量如粒度分布,松密度等没有多大影响 2. 产品的粒度分布均匀 3. 不易堵塞 4. 操作压力低	1. 干燥器直径大,不适用于卧式干燥器,不适用于逆流操作 2. 喷雾器的制造价格高,安装要求高 3. 颗粒孔隙率大,松密度小 4. 不适用于制备粗颗粒
压力式	1. 大型干燥器可用几个喷雾器 2. 适用并流或逆流操作,同样适用于立式或卧式干燥器 3. 喷雾器价格便宜 4. 可制备粗颗粒产品 5. 动力消耗较低	1. 操作弹性小,供液量和液滴直径随操作压力而变化 2. 产品粒径分布不均匀 3. 不适用于处理高黏度料液 4. 喷嘴容易被堵塞、腐蚀、摩损,从而影响雾化性能
气流式	1. 可制备粒径 5μm 以下的产品 2. 能处理黏度较大的料液	1. 动力消耗过大 2. 不适用于大型设备

(5) 热风分布器

喷雾干燥技术的另一个重要问题是液滴和气体的有效混合。液滴和气流的混合形式有并流、逆流、混合流三种。喷雾可以垂直向下或向上，也可作水平喷雾，或与垂线成一角度喷雾。影响混合的主要因素是各种雾化器喷雾轨迹和热风导入口的形式。离心式雾化器的喷雾与气流完全混合要比压力式雾化器的锥形喷雾的混合更为困难。图 6-53 为一离心喷雾热风分配器结构示意图。

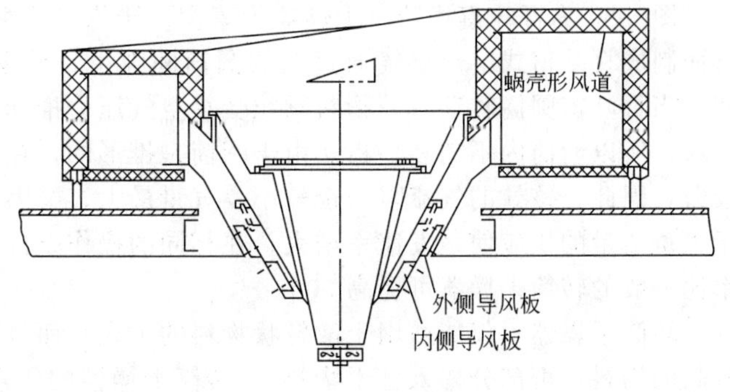

图 6-53　离心喷雾热风分配器

(6) 供料装置

喷雾干燥器的供料，要求速率稳定，工作可靠。若供料波动过大，必然导致产品含水率的不均匀。任何型式的喷雾干燥器在生产运转过程中是不允许发生断料的。在气流喷雾干燥器中，由于料液要求速度不高，一般可用高位储槽供料，或用压缩空气供料，也可用螺杆泵供料，装置比较简单。在压力喷雾干燥器中，通常使用柱塞泵供料。在离心喷雾干燥器中，以螺杆泵供料较为理想，它可作为定量供料泵使用。

(7) 干燥产品的分离和排出装置

① 气体-粉末分离装置　料液在喷雾干燥以后，生成颗粒或粉末状产品，其中大部分粗粉落到干燥室底部而排出，剩余的细粉随气体排出干燥器外分离。另一种处理方法是全部粉料随气体排出后分离。常用的气体-粉末分离装置是旋风分离器或袋滤器。静电除尘器的初置费较高，在喷雾干燥过程中采用不多。为了保证排出的空气不含细粉，往往在干式除尘器后安装湿式洗涤塔，用水或产品的稀溶液洗净空气中尚未除尽的细粉，以免大气污染，并回收细粉。

② 干粉和空气排出装置　干粉在干燥室底部收集和排出。图 6-54 为不同型式的几种排出装置。图 (a) 为空气和全部干粉一同排出，在干燥室外通过旋风分离器分离。这种方法消除了产品在干燥室内停留而过度受热的影响。但由于空气中粉尘浓度较大，从而对分离器提出更高的要求。这种方法适用于细粒产品和颗粒不破碎的产品。图 (b) 为粗干粉从干燥室锥底通过星形阀排出，夹带着细粉的空气用导管引出室外分离。为了防止粉尘附着于锥体壁上，装有振动器。图 (c) 是喷雾干燥器最常见的布置。当锥角太大或室底是平面时，就安装旋转刮粉器以便粉料排出，如图 (c)、图 (d) 所示。必要时，也可引风吹扫四壁以便干粉沿室壁落下而排出。

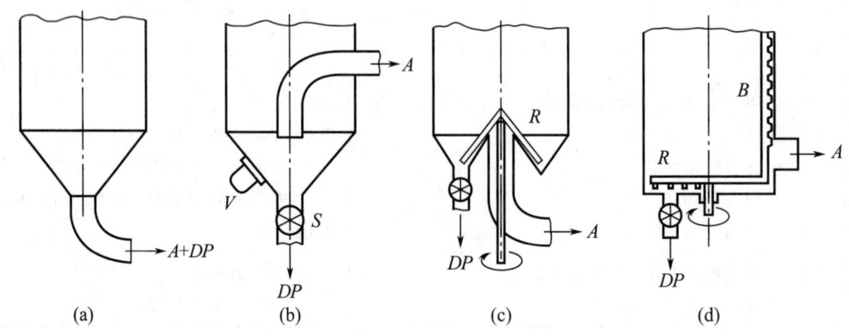

图 6-54　不同型式的排出装置

A—出口空气；DP—干粉；S—星形阀；V—振动器；R—旋转刮粉器

6.3.3.5　转筒干燥器

图 6-55 为百叶窗式转筒干燥器示意图。干燥器由两层圆筒组成，里面一层圆筒壁为锥形而制成百叶窗式，热空气通过两层圆筒间隙由百叶窗缝中进入干燥器内穿过物料颗粒之间。当百叶窗圆筒转动时，物料颗粒受热空气压力推动而作上下跳动，并从进口端移动至出口端，所以，筒内不需装抄板。由于圆筒是锥形的，在加料口　端的筒壁上，物料层的厚度较薄，因此，该处的气流阻力也较小，气量最大，又因进口端物料的含水量最高，所以，由于大量热量的供应使蒸发速率增大。在相同的操作条件下，百叶窗式转筒干燥器的体积蒸发率比一般的转筒干燥器可提高 50%。

转筒干燥器不仅能适用于散粒状物料的干燥，而且可以用于干燥黏性膏状物料或含水量较高的物料（可部分掺入已干物料）。转筒干燥器的优点是生产能力大、气流阻力小、操作弹性大和操作方便。缺点是耗钢材量多、基建费较高和占地面积大。

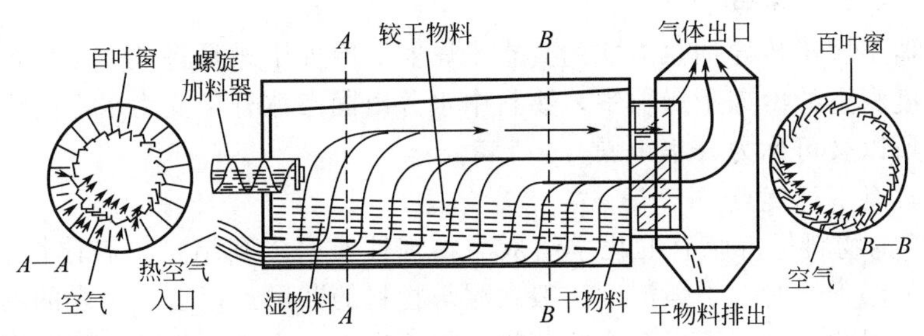

图 6-55　百叶窗式转筒干燥器

6.3.3.6　滚筒干燥器

如图 6-56 所示为单滚筒干燥器。它为一钢制中空圆筒，由传动装置带动，转速约为 4～10r/min。加热水蒸气在筒内加热而冷凝，冷凝液由虹吸管排出，筒体的一部分浸于料液之中，厚度约 3～5mm 的一层薄物料膜布于筒上而汽化水分，水汽散于周围大气之中，筒转一周，物料即达到干燥，由筒壁刮刀刮下，经螺旋输送器排出收集。有时，在螺旋输送器外壳加装水蒸气加热夹套，进行补充干燥。

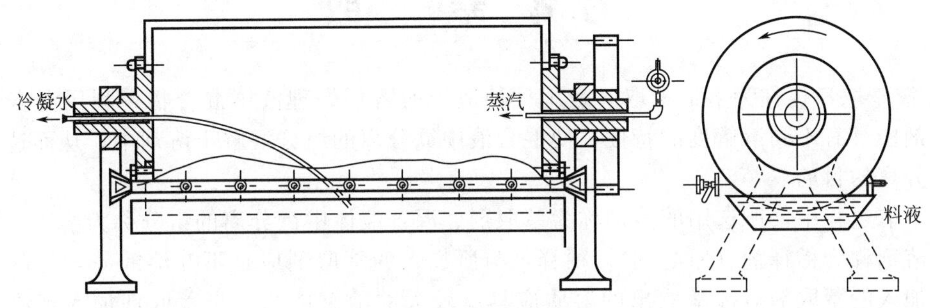

图 6-56　单滚筒干燥器

如果为避免料液沸腾或过分浓缩，可采用如图 6-57 所示的加料方式，在此双滚筒干燥器中，干料层的厚度由两滚筒之间的间隙来控制。如果料液是溶解度较低或有晶体析出的悬浮液，可采用如图 6-58 所示的洒溅法加料双滚筒干燥器，料液由浸于槽中的洒溅器洒在滚筒壁面进行干燥。

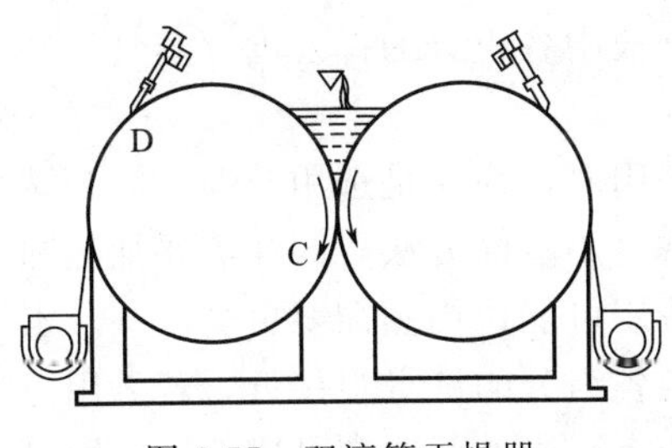

图 6-57　双滚筒干燥器

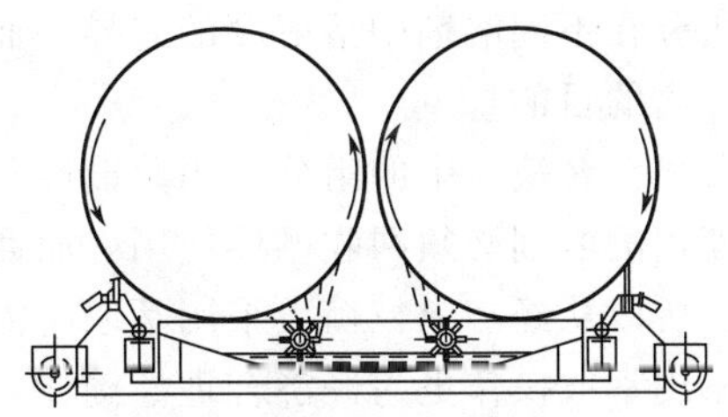

图 6-58　洒溅法加料双滚筒干燥器

滚筒的直径为 0.5～1.5m，长度为 1～3m，滚筒转一周与物料接触时间只有几秒至几十秒钟，处理料液含水量在 40%～80%，一般情况可干燥到 3%～4%，甚至可降低到 0.5%。滚筒干燥器适用于悬浮液、溶液和可流动的胶状物料，而不适用于含水量过低的热敏性物料（在壁面易产生过热）。

6.3.3.7 冷冻干燥器

冷冻干燥器是属于传导加热方式的真空干燥器。冷冻干燥是将被干燥物料冷冻至冰点以下，放置于高度真空的冷冻干燥器中，物料中水分由固态冰升华变为水汽而除之，从而达到干燥的目的，所以又可称为升华干燥。

冷冻干燥具有下列优点：

ⅰ. 干燥后的物料保持原有的化学组成与物理性质（多孔结构，胶体性质等）。如胶体物料，以通常方法干燥时，干燥温度一般在冰与物料的共融点以上，干燥的物料将会失去原有的胶体性质，因此，冷冻干燥对有些药物（如抗生素、生物制剂等）的干燥是不可缺少的干燥方法。

ⅱ. 冷冻干燥时，所消耗的热量较其他干燥方法为低，如干燥器中压力为 0.27kPa（绝对压力）时，冰的升华温度为 263K，所以常温或稍高温度的液体或气体已是良好的热载体，具有足够的传热推动力，因此，热源供应充分而方便。冷冻干燥器往往不需绝热，甚至以导热性较好的材料制成，以便利用外界的热量。冷冻干燥主要用于医药及食品工业方面。

6.4 萃　取

液-液萃取，也称为溶剂萃取。是用一种适当的溶剂处理液体混合物，利用混合液各组分在溶剂中具有不同溶解度的特性，使混合液中欲分离的组分溶解于溶剂中，从而达到与其他组分分离的目的。

在萃取过程中，所选用的溶剂称为萃取剂。混合液体中欲分离的组分称为溶质。混合液体中的溶剂称为稀释剂（原溶剂）。稀释剂与所加入的萃取剂应是不互溶的或者是部分互溶的。所加入的萃取剂对欲萃取出的溶质应具有较大的溶解能力。当萃取剂加入到混合液体中，经过充分混合后，溶质即由原混合液（原料液）向所加入的萃取剂中扩散，使溶质与混合液中其它的组分分离，故萃取操作是一种传质过程。例如在含有乙酸的水溶液中加入乙酸乙酯并进行搅拌，原混合液中的乙酸与水，分别依其溶解度的不同而进入乙酸乙酯的液相中。当达到平衡时，停止搅拌，静置后由于密度不同而分层，形成水相和脂相，可用倾析法使两液层分开。

蒸馏也是使液体混合物进行组分分离的一种单元操作。所不同于萃取的是：蒸馏并不利用某组分在不同溶剂中溶解度的差异，而是利用混合液中各组分的挥发度（蒸气压）不同来达到分离的目的。

分离混合液体中的组分，当蒸馏或萃取均可以采用时，往往是选用蒸馏。因为萃取操作中所使用的溶剂必须回收循环使用，而回收溶剂通常是用蒸馏方法，同样需要加热和冷却等操作。所以从经济上权衡，采用萃取所需要的操作费用可能比用蒸馏要更高一些。不过有时又以采用萃取操作更为经济合理。例如，需要分离的各组分的沸点很接近，若采用蒸馏方法则所需要的理论塔板数很多，设备费用很高，此时若有适当的萃取剂可以选用，则可采用萃取操作。此外，若混合液中的组分形成共沸物，用一般蒸馏方法不能得到所需要纯度的产品，或需要分离的组分浓度很低，用蒸馏方法所消耗的热量很大；或混合溶液中组分的热敏性很高，用蒸馏方法分离容易受热分解、聚合或发生其他化学变化，遇有以上这些情况则采用萃取方法进行分离可能是更为适宜的。

6.4.1　液-液萃取操作流程

进行液-液萃取操作的设备有多种型式，按操作进行方式可分为分级接触萃取设备和连续微分萃取设备两大类。前者多为槽式设备，后者多为塔式设备。在分级接触萃取操作中，两相的组成是沿着其流动方向连续变化的。分级接触萃取设备中，两相液体在级与级之间要能充分混合和充分分离。在连续接触萃取设备中，则要使一相充分分散于另一相中进行逆流萃取，但在离开设备之前，又要使两相分开。

6.4.1.1　塔式液-液萃取设备流程

图 6-59 所示为塔式萃取操作流程图。原料液 F 由塔的上部进入塔内，这种安排是由于原料液的密度较萃取剂的密度大。反之，若原料液的密度比萃取剂的密度小，则原料液应由塔的下部进入塔内。两个液相在塔内经过充分混合以后，由于两种液体的密度不同，以及萃取剂与原料液有不互溶或仅部分互溶的性质，故萃取剂 S 沿塔向上流至塔的顶部，原料液沿塔向下流至塔的底部。萃取剂 S 在塔内向上流动的过程中逐渐溶解原料液 F 中的溶质。故当其由塔顶排出时所含有的溶质量已大为增加。此排出之液体称为萃取相（在此为轻液相），以 E 表示之。而原料液 F 由塔顶部向下流的过程中溶质含量逐渐减少，当其由塔底部排出时，所含溶质量已很低（应达到生产要求的指标）。此排出之液体称为萃余相（在此为重液相），以 R 表示之。由于萃取相中的溶剂必须回收循环使用，故将萃取相 E 引入溶剂回收塔中。回收溶剂一般采用蒸馏（或蒸发）法。溶剂的沸点若低于溶质的沸点，则可由蒸馏塔顶得到溶剂，由塔底得到富有溶质的萃取液。回收的溶剂可供萃取塔循环使用。若萃余相 R 中也含有一定数量的萃取剂 S 需要回收时，则应再增加一个萃取剂回收设备，以回收萃余相中的萃取剂。

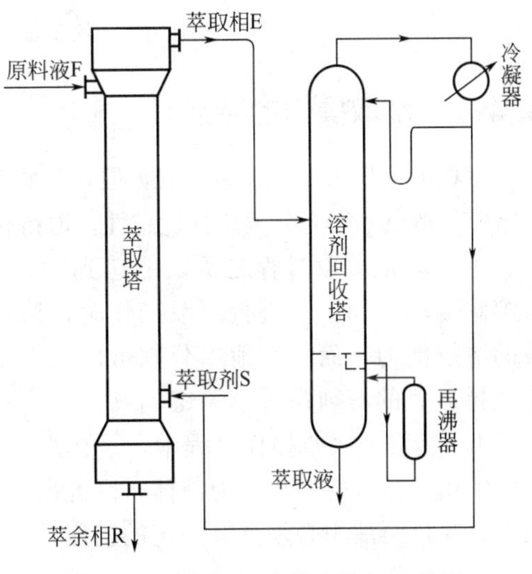

图 6-59　塔式液-液萃取设备流程图

6.4.1.2　混合-沉清槽式萃取设备流程

图 6-60 所示为三级逆流混合-沉清槽萃取设备流程。每一级均有一个混合槽和一个沉清槽。原料液由第一级混合槽加入，而萃取剂则由第三级混合槽加入。各流股在每级之间可用泵输送。若空间高度足够时，也可以利用位差使混合液进入下一级的设备中。

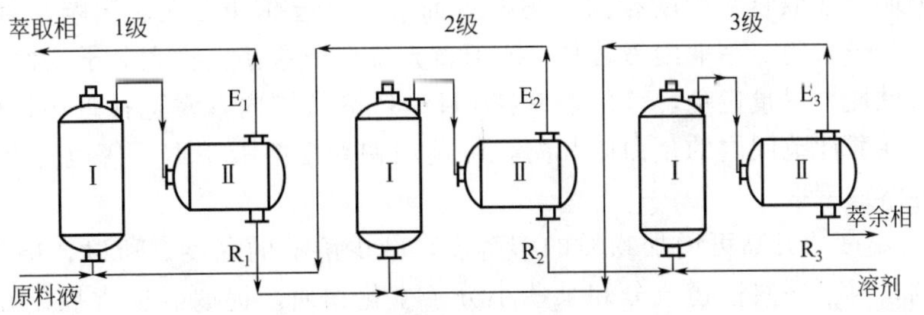

图 6-60　三级逆流混合-沉清槽萃取设备流程

Ⅰ—混合槽；Ⅱ—沉清槽

为了减少各级之间的管道以及使设备更为紧凑，混合-沉清槽大都设计成如图 6-61 所示的型式。混合槽沉浸在沉清槽中，重液相依靠位差在级间流动，而轻液相的流动则依靠吹入的压缩空气的气提作用送入下一级。已经沉清分层后的轻液相，有需要时可靠溢流使其部分返回混合器。图中只示出了两个组合在一起的混合沉清槽的流程，如有必要，也可由若干个混合-沉清槽组成多级式。

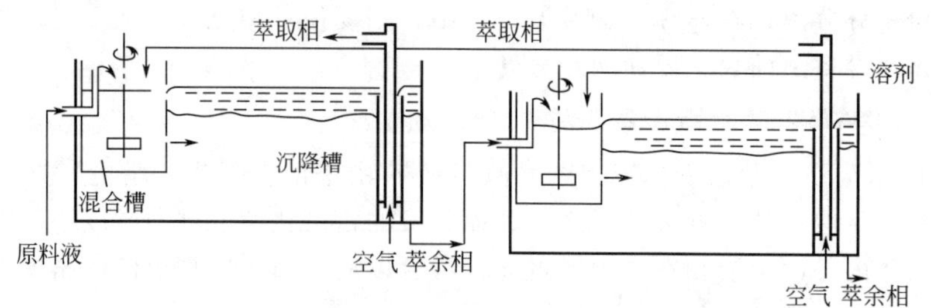

图 6-61　多级混合-沉清槽各流股流向示意图

6.4.2　萃取操作的特点

萃取的应用虽不及蒸馏普遍，但在某些情况下已成为一种有效的分离手段。应用萃取操作必须掌握其特点才能充分发挥其优越性，取得较好的经济效果。其主要特点可概括为以下几方面。

ⅰ. 液-液萃取过程之所以能达到预期的组分分离目的，是靠原料液中各组分在萃取剂中溶解度的不同。故进行萃取操作时，所选用的溶剂必须对混合液中欲萃取出来的溶质有显著的溶解能力，而与其他组分则可以完全不互溶或仅有部分互溶能力。由此可见在萃取操作中选择适宜的溶剂是一个关键问题。

ⅱ. 精馏或吸收操作过程中，是在汽-液相（或气-液相）间进行物质传递。而在液-液萃取操作中相互接触的两相均为液体，因此所加入的溶剂必须在操作条件下能与原料液分成两个液相层，并且两液相必须具有一定的密度差。这样方能促使两相在经过充分混合后，可以靠重力或离心力的作用有效地进行分层。在萃取设备结构方面，也必须适应萃取操作的此项特点。

ⅲ. 在液-液萃取中使用了相当数量的溶剂，为了获得溶质和回收溶剂并将其循环使用以降低成本，故所选的溶剂应当回收方便和费用低廉。一般应可通过蒸馏或蒸发等方法即能回收溶剂。

ⅳ. 液-液萃取是用溶剂处理另外一种混合液体的过程，溶质由原料液通过界面向萃取剂中转移。故液-液萃取过程也与其他传质过程一样，是以相际平衡作为过程的极限。

6.4.3　影响萃取操作的因素

① 酸度（pH 值）　在萃取操作中正确选择 pH 值，有很重要的意义。一方面 pH 影响分配系数，因而对萃取收率影响很大。另一方面 pH 对选择性也很有影响，对蛋白质、酶、核酸等生物大分子来说，萃取溶液选择 pH 值首先要保证这些生物大分子活性不受破坏为前提，过酸、过碱性均尽量避免，一般控制在 pH＝6～8 范围内，常选接近中性的 pH 比较稳定。如等电点在酸性范围内的蛋白质和酶，可选用偏碱性溶液萃取，等电点在碱性范围时，则选用偏酸性溶液萃取。

② 温度　温度的升高可增加物质的溶解度，减少溶液的黏度。所以，略为提高温度对萃取是有利的，对于一些植物成分和某些小分子生化物质，提取温度常控制在 50～70℃左右。对于绝大多数生物大分子，一般提取温度选择 0～10℃范围，选择低温萃取主要是防止生物大分子的变性。

③ 离子强度　绝大多数球蛋白和酶，在低离子强度的溶液中都有较大的溶解度，如在纯水中加入少量中性盐，蛋白质溶解度比在纯水时大大增加。称为“盐溶”现象。但中性盐的浓度增加至一定值时，蛋白质的溶解度又逐渐下降，直至沉淀析出，则称为“盐析”现象。盐溶现象的产生主要是少量离子的活动，减少了偶极溶质分子之间极性基团静电吸引力，增加了溶质和溶剂相互作用力的结果，即增加了物质的溶解度，所以稀盐溶液常用于大多数生化物质的萃取。

④ 去垢剂　去垢剂是一类即具有亲水基又具有疏水基的物质。可分阴离子、阳离子和中性去垢剂等多种类型，去垢剂一般具有乳化、分散和增溶作用，其中中性去垢剂对蛋白质的变性作用影响较小，宜于蛋白质或酶萃取之用。某些阴离子去垢剂如十二烷基磺酸钠，它可以促进核蛋白的解体，将核酸释放出来，并对核酸酶有一定抑制作用，常用于核酸的萃取。

6.4.4　萃取设备

6.4.4.1　混合-沉降器

混合-沉降器是一种分级接触设备，它包括混合区和分离区两部分，图 6-62 是一个机械混合-沉降器的示意图。操作时溶剂和料液在混合器 1 中经搅拌器 3 的作用发生密切接触，然后流入沉降器 2，经沉降分离成两个液层，即萃取相和萃余相。混合-沉降器可按间歇式或连续式操作，也可按生产要求组合成多级。

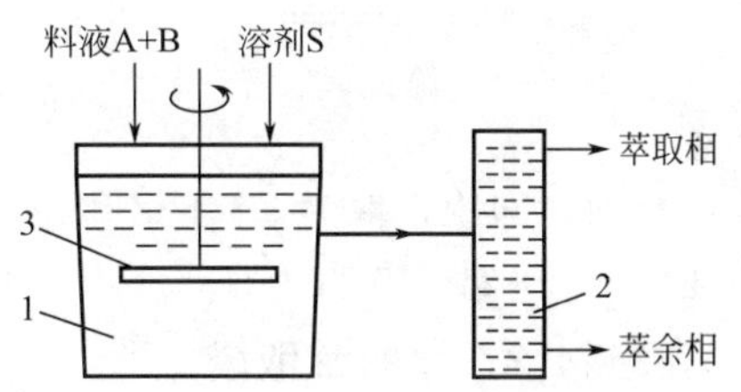

图 6-62　机械混合-沉降器示意图

1—混合器；2—沉降器；3—搅拌器

混合器的形式有多种，机械搅拌是主要的一种，但也可用气流搅动，此时气流必须不与物料发生作用，不会带走物料。此外还可借助于物料本身流动的动能发生混合，图 6-63 是三种结构形式。沉降器可以是重力式的，也可以是离心力式的。

混合-沉降器的操作可靠，两相流动比可在大范围内改变；两相能充分混合和分离，每级效率很高，近乎一个平衡级，从小试验可以简便地放大；但占地面积大，投资和运转费较高。近年来发展出了结构紧凑的多级混合-沉降器，图 6-64 就是这种结构的示意图。

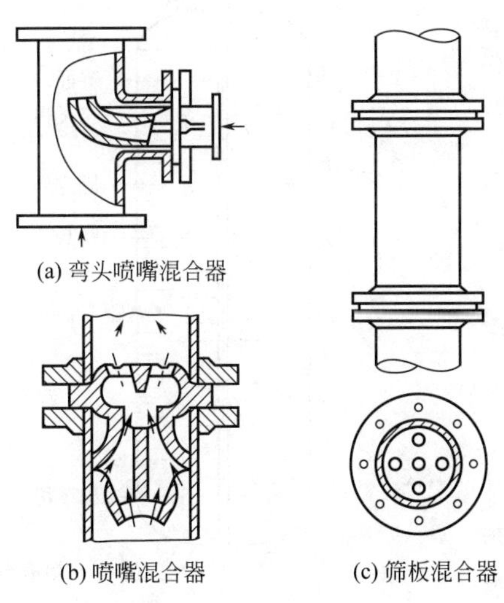

图 6-63　流动混合器

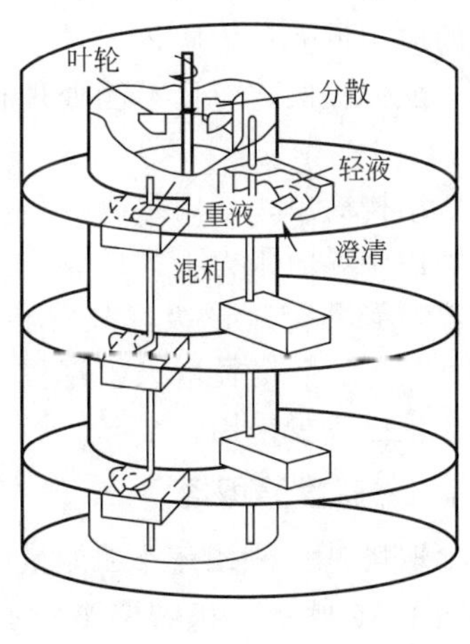

图 6-64　多级混合-沉降器

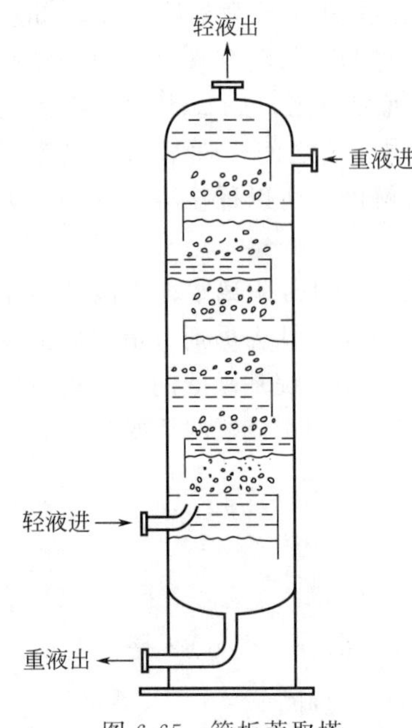

图 6-65　筛板萃取塔

6.4.4.2　筛板萃取塔

筛板萃取塔的结构与气-液传质设备中所用的筛板塔很相似，如图 6-65 所示，塔中设有一系列筛板，塔下端引入的轻相经筛孔分散后，在连续相（重相）中上升，到上一层筛板下部集聚成一层轻液；由于重度差，轻相经筛孔重新分散、上升再集聚，如此重复流至塔上端分层后引出；重相则由塔顶端引入，经溢流部分逐板下降成连续相但不必设置溢流堰。只要将溢流板改装为升液板，溢流部分成为升液部分，就可以使轻相成为连续相，重相为分散相，以适应不同的生产需要。

塔中装设的一组筛板起两个作用：ⓘ使分散相经受反复的分散和集聚，强化传质；ⓘⓘ基本上消除了不同板层间液体的返混，提高了传质推动力。筛板萃取塔应用于界面张力较低的系统可以达到较高的效率，但对界面张力高的系统，难以实现有效的分散，效率很低。

筛孔的直径一般为 3～8mm，对于界面张力稍高的物系，宜取较小孔径，以生成较小的液滴。筛孔大都按正三角形排列，间距常取为 3～4 倍孔径。板间距在 150～600mm 之间，工业规模的筛板塔其间距建议取 300mm 左右为宜。

6.4.4.3　填料萃取塔

填料萃取塔与蒸馏用的填料塔结构基本一样。填料的主要作用是减少轴向混合，同时造成了复杂的流道，使分散相液滴经受不断的冲撞、扭曲以致破碎，增大了分散相的持液量和传质面积，强化了传质。当采用乱堆填料时，填料尺寸要大于其临界直径。若填料尺寸小于临界直径，液滴将被填料层捕捉而集聚，层中运动的液滴直径反而较大，对传质不利。而当填料尺寸大于临界直径时，液滴直径与填料尺寸几乎无关。一般情况下，填料的直径又不能大于塔径的 1/8，否则填料层的孔隙很不均匀，会造成严重的沟流，恶化了传质。此外，所用填料的材料必须不被分散相润湿。

填料的应用可强化传质，但是因自由流通截面减小了，生产能力较低，而且不能处理含有固体颗粒的物料。

填料塔结构简单，易用耐腐蚀材料制作，在塔径较小时，易用于界面张力不大的物质，效率尚可，一个塔中可以达到几个理论级，故曾获得广泛的应用，但生产能力较低。随塔径增大效率更差，轴向混合还是个问题，现已较少采用。

6.4.4.4　转盘萃取塔

转盘萃取塔是一种具有外加能量的萃取塔，其基本结构如图 6-66 所示。在塔壁上设有一系列等间距的定环，塔中心轴上水平地装有一组转盘，每一转盘正好位于定环中间，轴由电机带动回转。轻液和重液

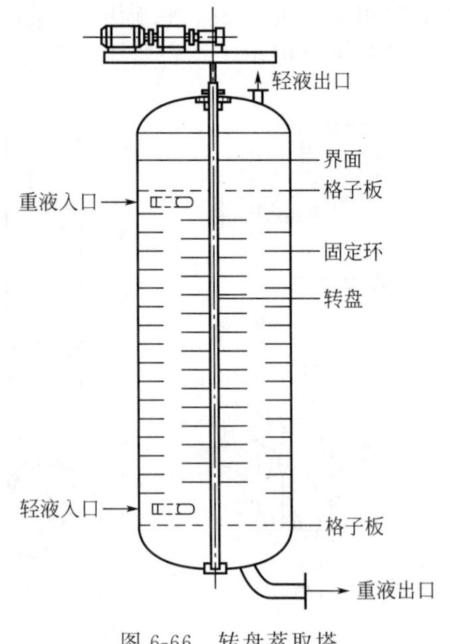

图 6-66　转盘萃取塔

导入塔后不需要分布器，只是对于大直径的塔宜以切向导入，以避免破坏塔中流型。转盘塔两端有一个两相分层的沉降区，在进口与沉降区之间装有一块固定栅板，使传质接触区和沉降区分开。

当转盘由电机驱动回转后，带动分散相和连续相一起转动，液流中产生了高的速度梯度和切应力，切应力一方面使连续相产生强烈的旋涡，另一方面使分散相破裂成许多小的液滴，这样就增加了分散相的截留量和相际接触面积。同时转盘和固定环薄而光滑，所以在液体中没有局部的高切应力点，液滴的大小比较均匀，有利于两相的分离。塔中由于被定环分为各个区间，转盘带动引起的旋涡就能大体上被限于此区间，减小了轴向返混。因此转盘塔具有较高的分离效率。

转盘萃取塔的结构和操作参数影响塔的分离效能和生产能力，对于具体生产条件必须合理的改变。这些参数中最重要的是转盘转速，它直接涉及输入的能量，应该进行细心调节。一些结构参数通常在下列范围：塔径/转盘直径＝1.5～3；塔径/固定环开孔直径＝1.3～1.6；固定环开孔直径/转盘直径＝1.15～1.5；塔径/盘间距＝2～8。据试验证明，这些参数的增加将引起生产能力和分离效率的改变，见表 6-3。

表 6-3　生产能力和分离效率的改变

特性	参数					
	转速	转盘直径	定环孔径	盘间距	塔径	分散相流量 连续相流量
生产能力	－	－	＋	＋	0	＋
分离效率	＋	＋	－	－	0	＋

注：“＋”代表增加；“－”代表减小；“0”代表没有影响。

转盘萃取塔具有较高的效率，能满足大生产能力的要求，能量消耗不大。

6.4.4.5　往复筛板萃取塔

往复筛板萃取塔的基本结构如图 6-67 所示。塔的上部和下部扩大部分是两相分离区，中间是工作区。在工作区内，一系列多孔筛板固定在一根作上下往复运动的轴上。当浸在液体中的筛板作往复运动时，液体经筛孔喷射引起分散混合，进行接触传质。影响该塔的生产能力和传质效果的参数很多，往复的冲程和频率、筛板间距、筛板上开孔情况均起较明显的影响，目前还只能通过试验进行合理的选择。总的看来，筛板间距较小，有在 20～50mm 之间的，但也有达到 200mm 的，同一塔中筛板间距可按各区的传质情况各自调整。往复筛板萃取塔具有较高的效率，但由于机械方面的原因，其塔径受到一定限制，目前还不能适应大规模生产的需要。

6.4.4.6　脉冲萃取塔

为了提高萃取塔的分离效能，可以通过回转搅拌装置（如转盘塔），或浸在液体中作往复运动的筛板向塔中物料输入外能，此外还可以直接使液体产生脉动而输入外能。如图 6-68 所示是脉冲筛板萃取塔。在一个通常无溢流部分的筛板塔下部设置一套脉冲发生器（可以是往复活塞、隔膜等），使塔中物料产生频率较高（30～250 次/min），冲程较小（6～25mm 左右）的脉动，凭借此往复脉动，轻液和重液通过筛孔被分散，增大了传质界面和传质系数，因此得到了较高的分离效率。脉冲频率和振幅是重要的操作参数，太大或太小容易造成液泛，使生产能力变小，或分离效率变差。无溢流脉冲筛板塔的板间距一般 50～75mm 左右，孔径只有 1.2～3mm，开孔率为 20%～25%左右。

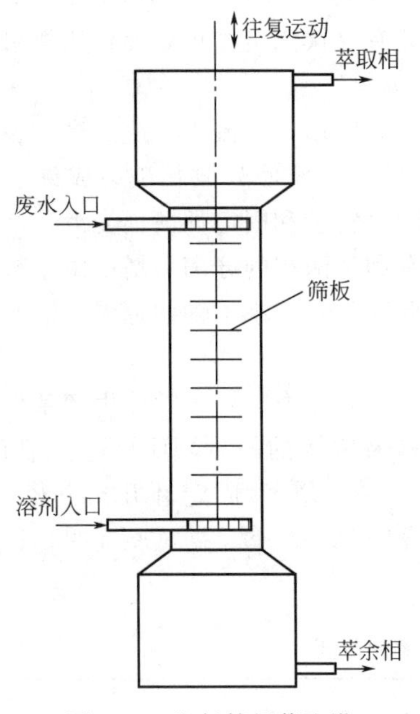

图 6-67　往复筛板萃取塔

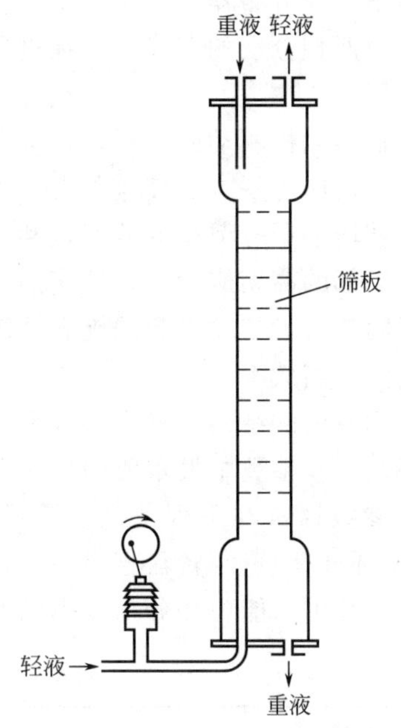

图 6-68　脉冲筛板萃取塔

塔身部分也可以是填料塔，分离效率与脉冲筛板塔差不多，但由于料液脉动会促使普通乱堆填料重排引起沟流，因此要有适当的内部再分布器。

脉冲筛板塔的突出优点在于塔内不专门设置机械搅动或往复的构件，而脉冲的发生可以离开塔身，这样就易解决防腐问题。脉冲方式引入外能可以促进两相接触传质。但是生产能力变低了，消耗功率也较大，轴向混合也比无脉冲时有所加剧。

6.4.4.7　离心萃取机

离心萃取机的一种结构如图 6-69 所示。它主要是一个由多孔的长带卷成的可以高速旋转的螺旋转子，装在一固定的外壳中组成，旋转速度为 2000～5000r/min。操作时，轻液被送至螺旋的外圈，而重液则由螺旋的中心引入，在离心力场的作用下，重液相由里向外，通过小孔运动，两相发生密切接触，因而萃取的效率是较高的。但由于单机不能造得过大，故一般单机只能提供几个平衡级。

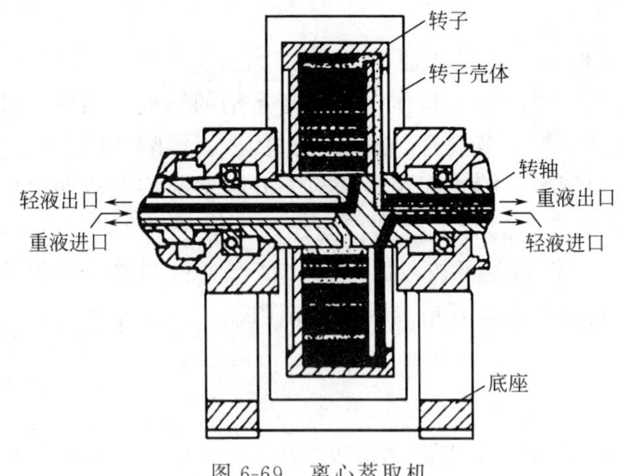

图 6-69　离心萃取机

离心萃取机的特点在于高速旋转时，能产生 500～5000 倍重力的离心力来完成两相的分离，所以即使密度差很小，容易乳化的液体，都可以在离心萃取机内进行高效率的萃取。

离心萃取机的结构紧凑，可以节省空间，降低机内储液量，再加高流速，使得料液在机内的停留时间很短，这在处理抗菌素类物料时，就显得很有成效。但是离心萃取机的结构复杂，制造较困难，设备投资高，消耗能量又大，使其推广应用受到了限制。

6.4.4.8　萃取设备的选择

萃取设备的形式很多，新型设备还在不断出现，上面仅对应用较广的几种设备的结构和特点作了简要的介绍。对于具体的生产情况，为能选取合适的设备，必须首先搞清生产的要求、条件等，再结合设备的特点选定。由于影响选择的因素较多，对萃取设备的性能研究又很不充分，因此实际选择时，往往根据实际经验进行。下面对选择设备时需要考虑的一些因素作一简要介绍。

① 所需的平衡级数　当只要 2～3 个平衡级数时，各种萃取设备均可以采用，当需要更多级数（如 10～20）时，可供选择的设备形式就有限了。一般而言，转盘塔、脉冲塔、往复筛板塔、筛板塔适用于中等平衡级情况。当所需级数更多时，则宜采用混合-沉降器。

② 塔的生产能力　对于中、小处理量，可用填料塔和离心萃取机；对于中、大处理量，转盘塔、筛板塔以及混合-沉降器可以采用。脉冲塔和往复筛板塔比较适用于中等规模的生产能力。

③ 溶剂在设备中的停留时间　对停留时间要求很短的萃取操作，如抗菌素生产等，离心萃取机是很合适的。但若萃取物系中发生慢的化学反应，要求有足够的停留时间时，混合-沉降器是适合的。

④ 系统的物理性质　无外能加入的萃取器中，液滴的大小及其运动情况与界面张力 σ 和两相密度差 $\Delta\rho$ 比值（$\sigma/\Delta\rho$）有关，若 $\sigma/\Delta\rho$ 大，液滴较大，两相接触界面减小，液滴本身环流减弱，传质效果差。因此无外能输入的设备仅宜用于界面张力较小、重度差较大的系统。当 $\sigma/\Delta\rho$ 较大时，应选用有外能输入的设备，以破坏界面张力的作用，使液滴尺寸适度减小，增强湍动，提高传质性能。对密度差很小的系统，离心萃取机比较适用。此外 σ 小，$\Delta\rho$ 小的易乳化的物系，只宜用无外能输入设备或离心萃取机。对于腐蚀性强烈的系统，宜选取结构简单的填料塔或脉冲塔，对于放射性系统，脉冲塔用得较广。

⑤ 系统含有固体或易沉淀物质　这时不少设备要周期地停工清洗，混合-沉降器比较适用。往复筛板塔、脉冲塔具有一定的自清洗作用，填料塔和离心萃取机不太适用。

6.5　精　　馏

发酵产品中采用精馏（或蒸馏）方法提取的有：白酒、酒精、甘油、丙酮、丁醇以及某些萃取过程中的溶剂回收。

6.5.1　精馏的概念

6.5.1.1　蒸馏

蒸馏是将液固、液液混合物分离成较纯或近于纯态组分的单元操作。蒸馏分离的基本依据是：混合液中各组分的液体具有不同的挥发度，即在同温度下各自的蒸气压不同。利用此原理，将混合液加热至沸，部分气化，把所气化的蒸气冷凝，其结果易挥发组分在冷凝液中的含量较原液中增多。

图 6-70 所示为简单蒸馏装置。待分离的溶液加到蒸馏釜 1 中，在釜中被加热而气化，产生的蒸气不断引入冷凝-冷却器 2，被冷凝成为液体，称为馏出液。馏出液可按不同的组成范围导入到容器 3 中。

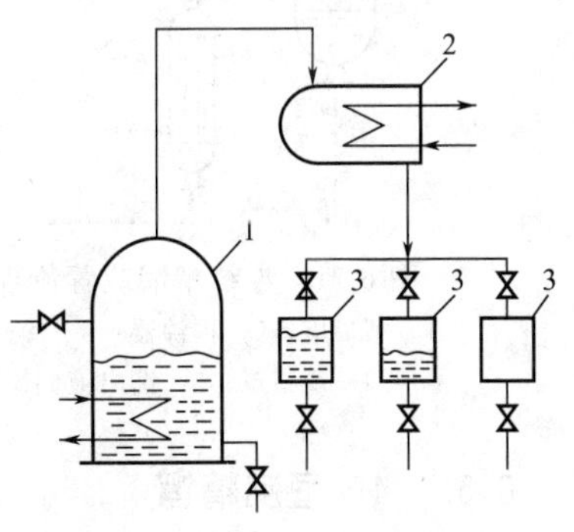

图 6-70　简单蒸馏装置图

1—蒸馏釜；2—冷凝-冷却器；3—容器

6.5.1.2 精馏

用简单蒸馏分离混合液不能获得纯度高的产品，因此需要采用由多次部分气化、部分冷凝演变而成的精馏方法来分离混合液，以获得纯度高的产品。

图 6-71 所示为常用的连续精馏装置流程图。其主要设备为精馏塔，它是由若干层塔板组成的板式塔，有时也用充满填料的填料塔。溶液经预热后（预热器没有画出），由塔的中部引入。因为原料中各组分的沸点不同，沸点低的组分较易气化而向上升，最后在冷凝器 3 中冷凝成易挥发组分含量高的液体，一部分作为塔顶产品（又称馏出液），余下的送回塔内作为回流（称为回流液）。沸点高的组分则从蒸气中不断地冷凝到沿各板下流的回流液中，最后从塔底排出的釜液中难挥发组分含量较高。釜液的一部分被引出作为塔底产品，余下的再送入再沸器（或称蒸馏釜）2 被加热气化后又返回塔中。

6.5.1.3 间歇精馏

若所处理的液体混合物是分批生产的、或是生产量不大、或是浓度经常改变、或是要求用同一个塔分离多组分混合物成为几个不同馏分等，此时可采用间歇精馏方法进行分离。间歇精馏的流程如图 6-72 所示。

间歇精馏与连续精馏的不同在于：①间歇精馏只有精馏段没有提馏段；ⓘ原料在操作前一次加入釜内，其浓度随着操作的进行而不断降低。因此，各层板上气、液相的状况相应地随时在改变。间歇精馏属于不稳定操作。

间歇精馏可以按以下两种方式进行：①保持馏出液浓度恒定而相应地改变回流比；ⓘ保持回流比恒定，而馏出液浓度逐渐降低。

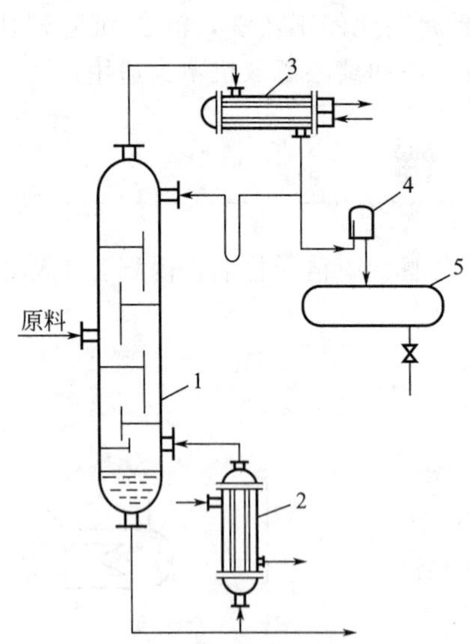

图 6-71 连续精馏装置流程图

1—精馏塔；2—再沸器；3—冷凝器；4—观察罩；5—馏出液储罐

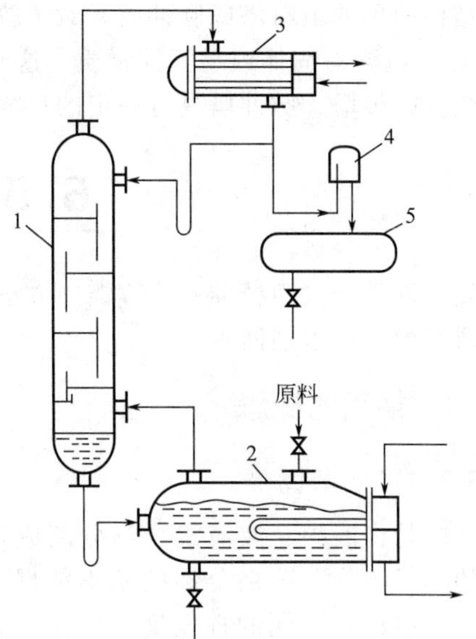

图 6-72 间歇精馏装置流程图

1—精馏塔；2—再沸器；3—冷凝器；4—观察罩；5—馏出液储槽

6.5.1.4 恒沸精馏

恒沸精馏常用来分离具有恒沸点的溶液。在双组分恒沸溶液中加入称为挟带剂的第三组分，该组分能与原溶液中一个或两个组分形成新的恒沸物，从而使原溶液能用精馏方法得到分离，这种精馏操作称为恒沸精馏。

例如，常压下用普通精馏方法分离乙醇-水溶液时，获得的馏出液中乙醇摩尔分率最高只能达到恒沸组成 0.894。若要获得“无水酒精”，就要采用恒沸精馏。图 6-73 为恒沸精馏流程示意图。在工业酒精中（乙醇摩尔分率最高为 0.894，相应的质量分率为 0.9557）加入适量的挟带剂苯，苯与原料形成新的三元非均相恒沸溶液（相应的沸点为 64.85℃，组分的质量分率为：苯 0.741、乙醇 0.185、水 0.074）。三元恒沸液中的水分是由酒精中带来的，只要苯的加入量适当，则原料中的水分几乎能全部转移到三元恒沸液中去，剩下的就几乎是纯的乙醇，称为无水酒精。

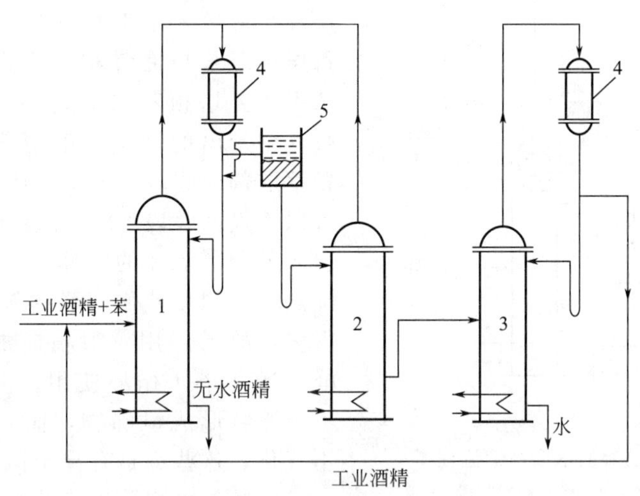

图 6-73　恒沸精馏流程示意图

1—恒沸精馏塔；2—苯回收塔；3—乙醇回收塔；4—冷凝器；5—分层器

如图 6-73 所示，将酒精和苯引入恒沸精馏塔 1 中，由于常压下三元恒沸物的恒沸点只有 64.85℃，故塔顶蒸出的是三元恒沸物的蒸气，塔釜排出的是无水酒精。蒸气在冷凝器 4 中冷凝后，部分回流到塔 1，余下的引入分层器 5，分为轻、重两层液体。轻相（质量分数为：苯 0.845%、乙醇 0.145%、水 0.01%）全部返回塔 1 作补充回流。重相（质量分数为：苯 0.11%、乙醇 0.53%、水 0.36%）送入苯回收塔 2 的顶部以回收其中的苯。在塔 2 中也形成和塔 1 相同的三元非均相恒沸溶液，它的蒸气由塔顶引出与来自塔 1 的蒸气汇合共同进入冷凝器 4。塔 2 底部出来的釜液为稀酒精，引到乙醇回收塔 3 中，塔顶得到乙醇-水二元恒沸物（即工业酒精），送至塔 1 作为原料。底部引出的几乎是纯水。

从以上的讨论可知：在系统中苯是循环使用的，最初加入的苯量应使原料中的水分几乎都能全部进入三元溶液中为最好。操作中应每隔一定时间补充适当数量的苯以弥补过程中的损耗。制备无水酒精所用的挟带剂除苯以外，还可选用其他与水不互溶的溶剂，如四氯化碳、戊烷等。选择挟带剂除应考虑无毒性、无腐蚀性、来源方便、价格低、受热不分解、回收容易、不与被分离组分起化学反应等条件以外，还应考虑：①挟带剂至少应与两组分之一形成新的恒沸物，其恒沸点要比另一纯组分的沸点为低，而且越低越好；ⅱ挟带剂最好是与原料中数量少的那个组分形成恒沸溶液，并且希望新形成的恒沸溶液中被分离组分与挟带剂的质量比应尽量大些，以便减少挟带剂的用量和汽化所需的热量；ⅲ挟带剂最好使形成的恒沸液为非均相的，便于用分层方法分离。

6.5.1.5　萃取精馏

萃取精馏常用来分离组分沸点相差很小的溶液。萃取精馏与恒沸精馏相似，也是向原料中加入称为萃取剂的第三组分，所不同的是萃取剂不与原料中任何组分形成共沸溶液。又因为萃取剂具有较高的沸点，能与原料中某个组分有较强的吸引力，可显著地降低该组分的蒸气压，从而加大了原料中两组分的相对挥发度，使原料中的组分易于分离，这就是萃取精馏的简单原理。

在 1atm 下，苯的沸点为 80.1℃、环己烷的沸点为 80.73℃。由这种沸点很接近的组分所构成的溶液，是难于用一般精馏方法分离的。若在混合液中加入萃取剂，例如糠醛，则混合液中两组分的相对挥发度将发生显著的变化。相对挥发度随萃取剂的加入量增加而加大。

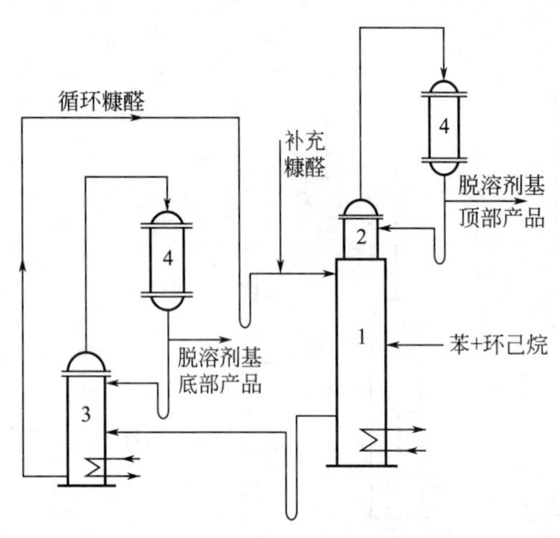

图 6-74　苯-环己烷的萃取精馏流程图

1—萃取精馏塔；2—萃取剂回收段；3—苯分离器；4—冷凝器

萃取精馏的流程如图 6-74 所示。苯-环己烷混合液送入萃取精馏塔 1 的中部，为了使每层板上苯与糠醛相结合，故糠醛由塔 1 顶部引入。塔顶蒸出的是环己烷蒸气，为了回收其中带出的微量糠醛蒸气，在塔 1 上部设置萃取剂回收段 2（若萃取剂的沸点甚高，也可以不设回收段 2）。含有苯和糠醛的釜液被引入苯分离塔 3 的中部，由于在 1atm 下苯的沸点（80.1℃）比糠醛的沸点（161.7℃）低得多，故易于用一般精馏加以分离。釜液糠醛再送往塔 1 循环使用。由此看出，萃取剂不与原料形成恒沸物，而且萃取剂本身基本不气化，这些都是有异于恒沸精馏的。

选择萃取剂除应考虑无毒性、无腐蚀性、来源方便、价格低、受热不分解、回收容易、不与被分离组分起化学反应等条件外，还应考虑：ⓘ萃取剂应使原组分间的相对挥发度有较显著的变化；ⓘⓘ萃取剂本身的挥发度要低，即应比被分离两个组分的沸点都高；ⓘⓘⓘ应不与被分离组分生成恒沸溶液。

萃取精馏与恒沸精馏相比有如下特点。

ⅰ. 萃取剂比挟带剂易于选择。

ⅱ. 一般萃取剂在操作中基本不气化，故热量消耗比恒沸精馏小。

ⅲ. 恒沸精馏中所形成的恒沸溶液的组成是恒定的，因此挟带剂加入量也就一定。萃取剂加入量影响待分离组分的相对挥发度，故涉及所采用塔板数的多少，但加入量可变范围较大，这一点比恒沸精馏要灵活。但对间歇精馏来讲，恒沸精馏又比萃取精馏方便，因为挟带剂和原料可以同时放入釜内。

ⅳ. 恒沸精馏温度比萃取精馏的低，故恒沸精馏适用于分离热敏性物料。

6.5.2　板式精馏塔

精馏塔的结构型式有板式塔和填料塔。塔板的结构有泡罩型、筛孔型、浮阀型、喷射型等，填料分为散装型和规整型。

6.5.2.1　泡罩型塔板

(1) 泡罩塔板

泡罩塔板出现最早。它操作性能稳定、操作弹性大、塔板效率高、能避免脏污和阻塞，适宜于处理易起泡的液体，因而得到广泛应用。但由于泡罩结构复杂、成本高、生产能力低、压降大，逐渐被其他形式的塔板所取代。

泡罩是由固定于塔板上的升气管和支持在升气管顶部的泡罩所组成，如图6-75所示。操作时泡罩底部浸没在塔板上的液体中，形成密封。气体自升气管上升，流经升气管和泡罩之间的环形通道，再从泡罩齿缝中吹出，最后进入塔板上的液层中鼓泡传质。常见的泡罩为圆形，顶稍突起，周边有齿缝。齿缝一般有矩形、三角形及梯形三种，常用的是矩形。窄缝对传质有利，但易堵塞。圆形泡罩有标准（JB/T 1212—1999），公称直径有80mm、100mm、150mm三种。

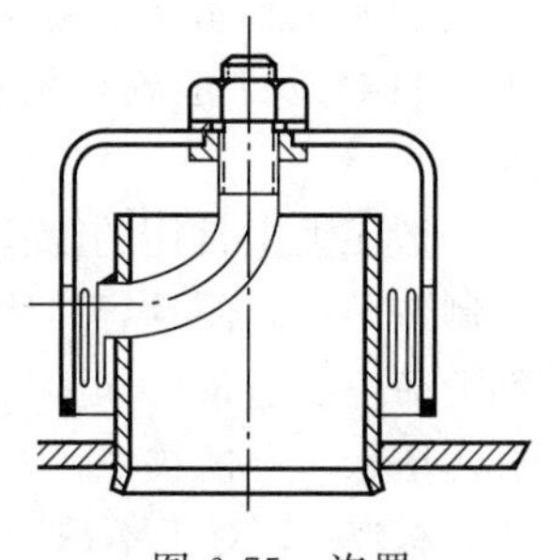

图6-75　泡罩

(2) S形泡罩塔板

S形塔板是由数个S形泡罩互相搭接而成，泡帽只有一面开口，沿此井口一边有许多齿缝。蒸气从S形泡罩的齿缝内喷出与板上液相接触，板上液流越过泡罩的顶部与鼓泡的气流并流而行，气液流动状态如图6-76所示。蒸气自齿缝喷出后形成两方面的作用力，一方面化阻力为动力，借气体喷出时的动能，推动液体流动，这样板上的液层分布比较均匀，液面落差小、雾沫夹带少、气液接触充分。另一方面，接触所生成的蒸气同时产生一股向上升腾的作用力，在这种升力的作用下，蒸气进入一塔板的空间后又顺序进入上层塔板，直至塔顶排出为止。因此，此塔板具有一定的驱动能力，可将物料中的污秽物质带走，防止泥沙等杂物的沉积，提高了排污排杂性能。

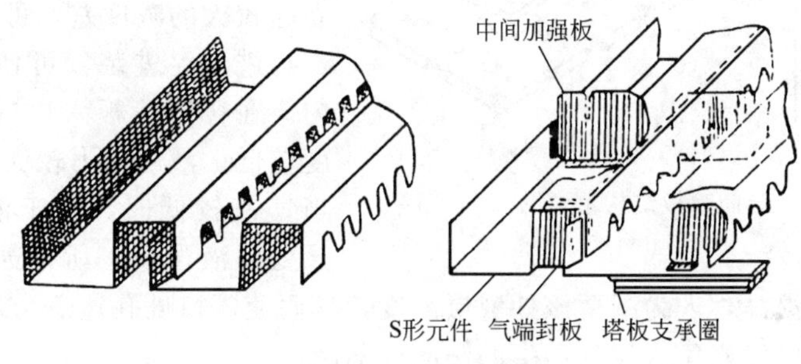

图6-76　S形泡罩

S形塔板的优点是：

ⅰ. 上升气流通路的面积比普通泡罩大2～4倍，这样允许较高的气速和液速，其处理能力比一般泡罩板大50%左右；

ⅱ. 气流与液流并行，液面落差小，所以在大液流下塔板仍能平稳操作；

ⅲ. 结构比一般泡罩板简单，制造、安装方便，造价低。

但这种塔板的结构拐弯较大，上升蒸气受到的阻力大，增加了塔板的压力降。

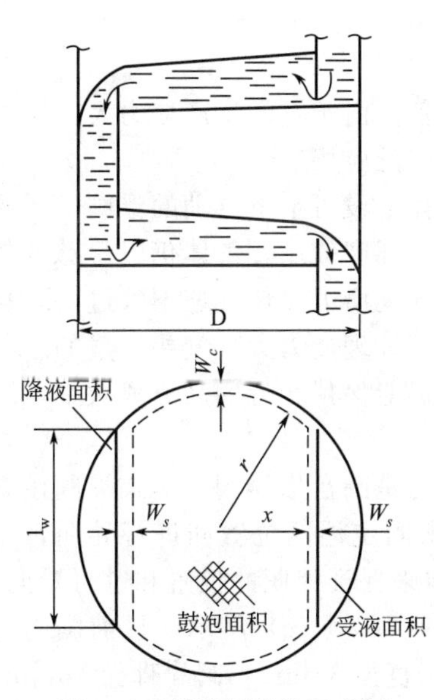

图6-77　筛孔板结构示意图

6.5.2.2　筛孔型塔板

(1) 筛孔塔板

筛孔板是所有塔板中结构最简单的精馏塔板，板上只有筛孔和降液管，如图6-77所示。筛孔板几乎与泡罩板同时出现，但当时认为筛孔板容易漏液，操作弹性小，难以操作而未被使用。然而筛孔板的结构简单、造价低廉却一直吸引着不少研究者。随着对筛孔板机理研究的不断深入，它的性能和规律也逐渐被人们所掌握。只要设计正确，筛孔板具有足够的操作弹性。目前，已成为应用最为广泛的一种板型。

一般工业上常用的筛孔板，孔径为 3～8mm，较适宜的孔径推荐为 4～5mm。孔径太小，加工制造困难，而且容易堵塞。近年来逐渐有采用大孔径 10～25mm 的筛板，因大孔径筛板具有制造简单、造价低和不易堵塞等优点，只要设计合理，同样可以得到满意的塔板效率。筛孔直径与塔板厚度的关系，主要考虑加工的可能性。当用冲孔法加工时，对于碳钢，孔径 d_0 应不小于板厚 δ，对于不锈钢板，$d_0>(1.5\sim2)\delta$。一般碳钢的筛板厚度为 3～4mm，合金钢板厚度为 2～2.5mm。筛孔中心距 t 一般为 $(2.5\sim5)d_0$，t/d_0 过小，易使气流相互干扰，过大则鼓泡不均匀。筛孔塔空塔速度一般在 0.8m/s 以上，孔速一般为 13m/s 左右。

(2) 导向筛板

导向筛板是一种改进型的筛板，是在普通筛板的基础上做了两点改进，即增加了导向斜孔和鼓泡促进器，其结构见图 6-78。

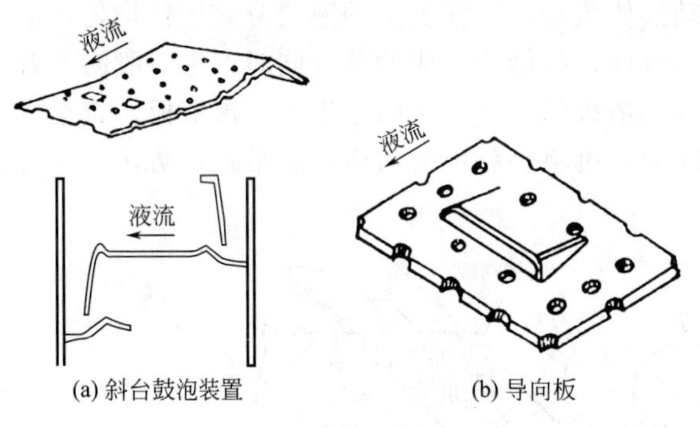

图 6-78　导向筛板结构示意图

导向斜孔的作用是利用部分气体的动力推动液体流动，以降低液层厚度并保证液层均匀。同时，由于气流的推动，板上液层很少混合。在液体行程上能建立起较大的浓度差，可提高塔板效率。

鼓泡促进装置可使气流分布更加均匀。在普通筛板入口处，因液体充气程度较低，液层阻力较大而气体孔速较小。当气速较低时，由于液面落差的存在，该处漏液严重。所谓鼓泡促进装置就是将塔板入口处适当提高，人为减薄该处液层高度，从而使入口处孔速适当地增加。在低气速下，鼓泡促进装置可以避免入口处产生的倾向性漏液。

与普通板相比，导向筛板具有压降低、效率高、负荷大的优良性能，并具有结构简单、加工方便、造价低廉和使用中不易堵塞的特点。

6.5.2.3　浮阀型塔板

浮阀塔板是 20 世纪 50 年代初期发展起来的一种传质设备。由于它的生产能力大，结构简单，造价较低，塔板效率高，操作弹性大等优点很快得到广泛应用。

浮阀板对泡罩板的主要改革是取消了升气管，在塔板开孔上设可上下浮动的浮阀。浮阀可根据气体的流量自动调节开度，在低气量时阀片处于低位，开度较小，气体仍以足够的气速通过环隙，避免过多的漏液；在高气量时阀片自动浮起，开度增大，使气速不致过高，从而降低了高气速时的压降。浮阀板气相分布均匀，板效率高而处理能力大，气相流量的下限比筛孔板低得多，阻力降小于泡罩板，在较宽的操作范围内仍能保持相近的高分离效率，因此浮阀板兼有泡罩板和筛孔板的某些优点。

浮阀板上的阀片分为条形和圆盘形两种，其中应用最广的是圆盘形浮阀。盘式浮阀按支架型式可分为两种：一种是十字架型（T 型），利用十字架来固定浮阀位置和进行导向，支架嵌在塔板上，如图 6-79 (a) 所示；另一种是用阀上的支腿来保证浮阀的位置和进行导向，它又可按阀片型式分为 V 型（F 型）和 A 型两种，如图 6-79 (b)、(c) 所示。目前国内以 V-1(F-1) 阀片最为常用，已有标准（JB/T 1118—2001），阀直径 38mm，阀片直径 48mm，腿长 19.5～21.5mm，塔板厚度 3～6mm，塔板上阀孔直径 39mm。

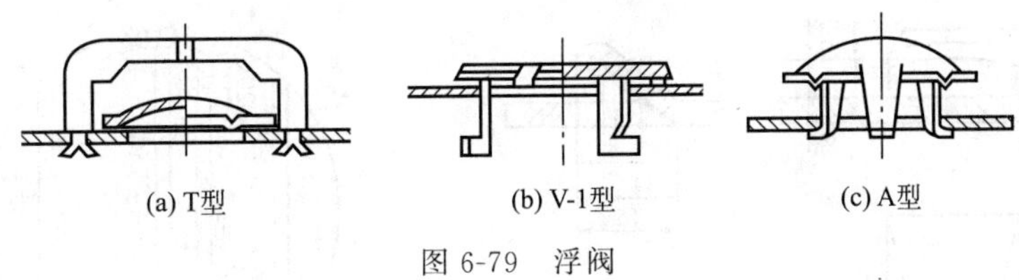

图6-79　浮阀

浮阀塔具有如下优点：

ⅰ. 处理量大，可比泡罩塔提高20%～30%，这是因为气流水平喷出，减少了雾沫夹带以及浮阀塔板可以具有较大的开孔率；

ⅱ. 操作弹性大，可以达到7～9，比泡罩塔的4～5要大；

ⅲ. 分离效率较高，可比泡罩塔高10%左右；

ⅳ. 每层塔板的气相压降不大，因为气体通道比泡罩塔简单得多，因此也可用于真空精馏；

ⅴ. 因塔板上没有复杂的障碍物，所以液面落差小，流经塔板的气流分布比较均匀；

ⅵ. 塔板的结构简单，易于制造，其造价一般为泡罩塔的60%～80%，但比筛板塔高。

浮阀不宜用于结焦的介质系统；浮阀处在中间位置（最大开度以下）是不稳定的，造成气流通道面积的变化，增加压降。

6.5.2.4　喷射型塔板

（1）舌形塔板

舌形塔板的结构简单，只需将塔板冲以舌孔即可。舌孔的形式和在塔板上的安排见图6-80。舌孔有三面切口和单面切口两种，即图6-80中的Ⅰ和Ⅱ，这两种舌片的传质性能无多大差别。三面切口的舌孔由于三面都有气体喷出，两侧的气流无助于对液流的推动，塔板压降略有增高。舌片的张角以20°左右为宜。舌片的尺寸有50mm×50mm和25mm×25mm两种，一般推荐用25mm×25mm的舌片。舌形塔板不设溢流堰，板上液体与气体喷射传质后，直接进入降液管，并可带有大量气体。因此，舌形塔板的降液管要比一般塔板的大。

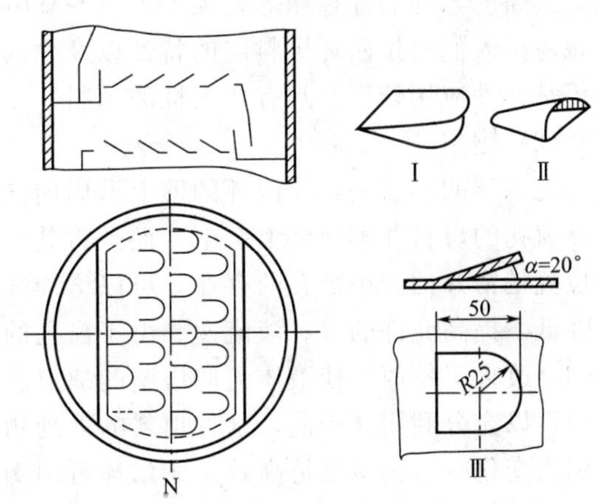

图6-80　径流型舌形塔板

N—塔板；Ⅰ—三面切口舌片；Ⅱ—拱形舌片；Ⅲ—50mm×50mm定向舌片的尺寸和倾角

（2）斜孔塔板

斜孔塔板又叫鱼鳞板，其结构如图6-81所示。塔板上冲有一排排整齐排列的斜孔，斜孔与液流方向垂直，每一排孔口都朝一个方向，于是气体也朝一个方向喷出。相邻两排孔口方向相反，其相邻两排孔口喷出的气体也是方向相反，因此相互间起了牵制作用，使塔板具有气流水平喷出的优点。同时由于相邻两排孔口气体反向喷出，既可减少甚至消除液体被不断加速的现象，又可避免因气流对冲而造成往上直冲的现象。因此塔板上液层均匀，气液接触良好，雾沫夹带少，允许的气体负荷高。由于采用较高的气流速度，增大了板上液层的湍动程度，而喷射状又增加了气流两相的传质效果，从而提高了板效率和生产能力。

斜孔的形状有两种，一种是闭型（B型），斜孔前端开口，两侧封闭；另一种是开型

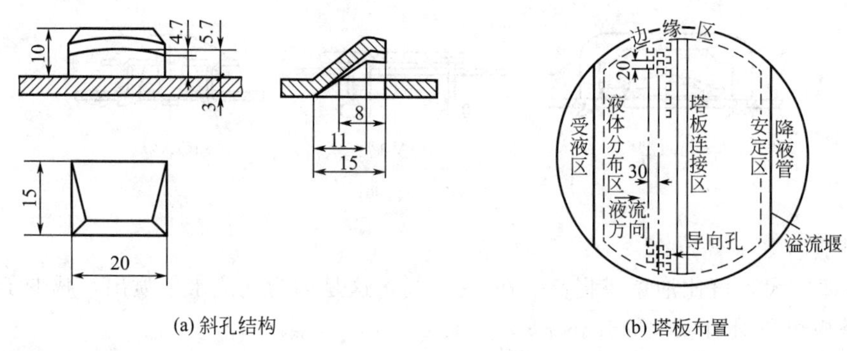

(a) 斜孔结构 (b) 塔板布置

图 6-81 斜孔板结构示意图

(K 型)，斜孔前端和两侧都开口。这两种型式以 K 型为好，原因是 B 型斜孔在一定条件下，由于两侧的封闭，相邻两排孔的气液互相牵制的作用较小，液体仍有被气体不断加速吹向两边的可能。K 型则可以改善相邻两排气流的牵制作用，使塔板上气流更为均匀。K 型斜孔如图 6-82 所示。每个斜孔宽为 20mm，孔口高 5～5.5mm，相邻两行孔的行距为 30mm，每行孔间距为 20mm，孔的倾斜角为 26°～28°，开孔面积按孔口前端及两侧孔口截面积之和计算。开孔率为 14%～15%。制造斜孔塔板的材料宜用压延性强的金属板，厚度 2mm。

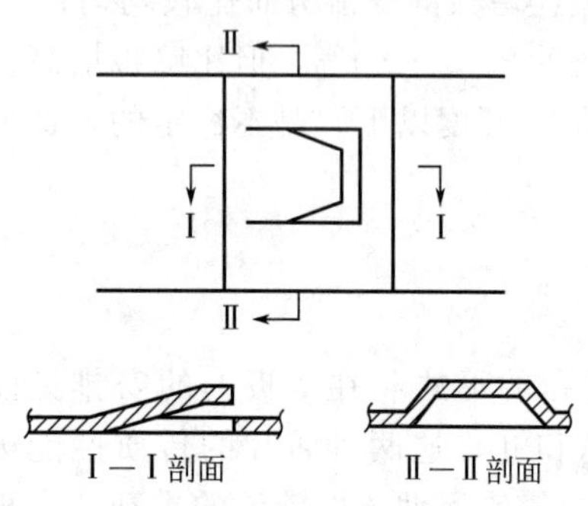

图 6-82 K 型斜孔结构

6.5.3 填料精馏塔

6.5.3.1 散装填料

(1) 拉西环

填料中最早使用的是拉西环，通常用陶瓷或金属做成，其高度与环的外径相等，大小在 6～150mm 之间。在强度许可的情况下，环的壁应尽量减薄。人们对拉西环填料层的特性以及它的水力学和传质性能都有较为系统的了解，故目前仍是一种应用较广、具有代表性的填料。

(2) 鲍尔环

鲍尔环的形状是在拉西环的壁上沿周向开一层或两层每层有几个长方形的小窗孔，制造时，窗孔的母材并不从环上落下，而是将其弯向环的中心，并在中心处搭接，上下两层窗孔的位置是错开的。小窗孔的存在，可以增加气体和液体的流通截面，使乱堆填料层的阻力大为降低，提高允许的气、液流速。由于窗孔的叶片弯向中心，故这种填料使液体的分布较为均匀，改善了拉西环使液体流向塔壁的缺点。小窗孔还使环内气液流通性能改善，使环的内表面得以充分利用。因此，这种填料的处理物料能力较大，传质效果较好，且当气速在较大范围内变化时，仍能维持高效。鲍尔环可用陶瓷、钢材、塑料等制成。

(3) 弧鞍形填料

弧鞍形填料是一种表面全部呈展开状没有内表面的填料，用陶瓷烧成，其形如马鞍。弧鞍形填料的表面利用率好，气流通过填料层时的压降也小，缺点是壁较薄，容易破碎，由于其两面是对称的结构，有时会使填料迭合，影响它的性能。

(4) 矩鞍形填料

矩鞍形填料是弧鞍形填料的一种改进形式，这种填料两面不对称，且大小不等，不会产生叠合，强度也较弧鞍形填料高。它的流体阻力小，处理物料能力大，传质效果较好，比鲍尔环制造方便，是一种性能优良的填料。

(5) 阶梯环填料

阶梯环填料与鲍尔环相似，环壁上开有窗孔，环内有两层十字形翅片，两层翅片交错45°。阶梯环比鲍尔环短，高度通常只有直径的一半，并将一端做成喇叭口形状，喇叭口的高度约为环高的1/5。这种填料的比表面积和空隙率都比较大，填料之间多呈点接触，可使液体不断得到更新。与鲍尔环相比，阻力约可降低25%，生产能力约可提高10%。

上述几种填料的结构如图6-83所示。

图6-83　几种典型的散装填料

6.5.3.2　规整填料

规整填料是一种在塔内按均匀几何图形排布，整齐堆砌的填料。它规定了气液流路，改善了沟流和壁流现象，压降可以很小，同时却可以提供更多的比表面积，在同等容积中可以达到更高的传质、传热效果。规整填料还由于结构的均匀、规则、对称性，在与散装填料具有相同的比表面积时，填料的空隙率更大，具有更大的通量，综合处理能力比板式塔和散装填料塔大得多。

(1) 波纹填料

波纹填料有板波纹和丝网波纹两大类，材质可以是金属或非金属。板波纹填料是一种通用型的规整填料。

金属板波纹填料是由若干波纹平行且垂直排列的金属波纹片组成，如图6-84所示。波纹片上开有小孔（或根据需要不开孔），波纹顶角 α 约90°，波纹形成的通道与垂直方向成45°或30°角，相邻二波纹片流道成90°，上下两盘波纹填料旋转90°叠放。在直径较小用法兰连接的塔内，波纹填料做成一个个圆盘（图6-85），直径略小于塔的内径。在直径较大的塔内，每盘波纹填料分成数块，通过人孔放入塔内，在塔内拼成一个个完整的圆盘，上下两盘填料的波纹片旋转90度安装，使液体在塔内充分混合。

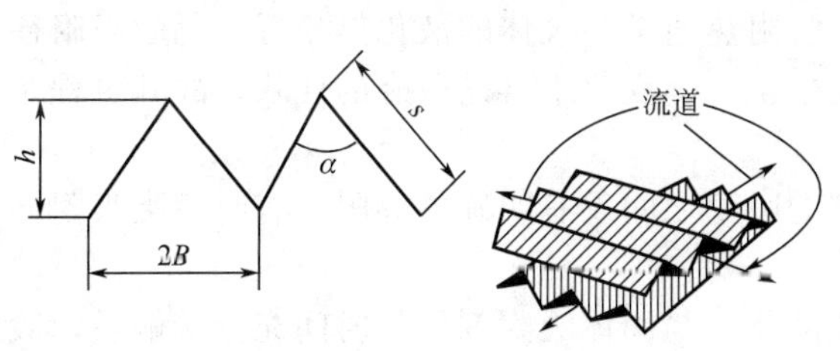

图6-84　波纹片形状

图6-85　金属板波纹填料形状

(2) 格栅填料

格栅填料的比表面积低，因此主要用于大负荷、防堵及要求低压降的场合。

格栅填料的几何结构主要以条状单元结构为主；以大峰高板波纹单元为主或斜板状单元为主进行单元规则组合而成，结构变化颇多，但基本用途相近。其中格里奇最具代表性。

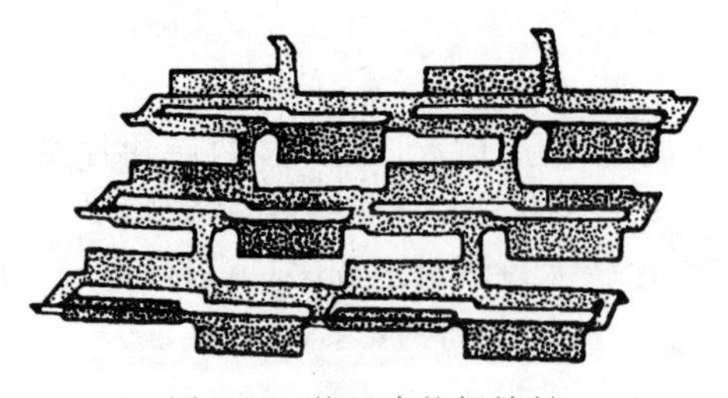

图 6-86　格里奇格栅填料

格里奇填料是由单元构件（图 6-86）按照一定的方向排列而成。此单元构件由 1.5～2mm 厚的条形钢冲制成许多定向舌片，舌片翻转 90°，上下两舌片翻转的方向相反。两组舌片之间冲有连接爪。单元构件的宽度一般为 57mm 或 67mm，高 6mm，长度由塔的尺寸确定。两个单元构件之间用连接小爪点焊在一起，连成一体。对于大直径塔分装块的宽度小于 450mm（小于设备人孔）。塔内同一层栅条的排列方向一致，上下两层栅条排列的方向旋转 45°角。

6.6　吸附和离子交换

6.6.1　吸附

吸附操作是指流动相与多孔固体颗粒相接触，固体颗粒有选择性地累积和凝聚流动相中的一定组分在其内外表面上，从而达到分离的目的。其中有吸附作用的固体物质称为吸附剂，在固体表面被吸附的物质称为吸附质。吸附分离过程广泛应用于化工、石油、食品、医药和发酵工业中，已成为一种必不可少的单元操作。

6.6.1.1　吸附的基本原理

众所周知，吸附作用是一种界面现象。按照吸附质与吸附剂表面分子间结合力的不同，吸附一般可分为物理吸附与化学吸附。

物理吸附是指被吸附的流体分子与固体表面分子间的作用力为分子间吸引力，即所谓的范德华力（Van der waals）。因此，物理吸附又称范德华吸附，它是一种可逆过程。当固体表面分子与气体或液体分子间的引力大于气体或液体内部分子间的引力时，气体或液体的分子就被吸附在固体表面上。从分子运动观点来看，这些吸附在固体表面的分子由于分子运动，也会从固体表面脱离而进入气体（或液体）中去，即所谓“脱附”。工业上就利用这种吸附—脱附的可逆现象，通过改变操作条件，吸附和脱附交替进行，达到物质分离以及吸附剂再生的目的。

化学吸附则是固体表面与被吸附物间的化学键力起作用的结果。这种类型的吸附需要一定的活化能，故又称“活化吸附”。这种化学键亲和力的大小可以差别很大，但它大大超过物理吸附的范德华力。化学吸附放出的吸附热比物理吸附所放出的吸附热要大得多，达到化学反应热这样的数量级。而物理吸附放出的吸附热通常与气体的液化热相近。化学吸附往往是不可逆的，而且脱附后，脱附的物质常发生了化学变化不再是原有的性状，故其过程是不可逆的。化学吸附具有很高的选择性。

溶液中的吸附现象较为复杂，各种类型的吸附之间没有明确的界限，有时各类吸附同时发生，很难区别。

在一定温度和压力下，当流体（气体或液体）与固体吸附剂经长时间充分接触后，吸附质在流体相和固体相中的浓度所达到的平衡状态，称为吸附平衡。吸附平衡决定了吸附过程的方向和极限，是吸附过程的基本依据。若流体中吸附质浓度高于平衡浓度，则吸附质将被吸附，若流体中吸附质浓度低于平衡浓度，则吸附质将被解吸，最终达到吸附平衡。吸附平衡关系，通常用等温条件下单位质量吸附剂的吸附容量 q 与流体相中吸附质的分压 p（或浓度 C）间的关系来表示，通常称为吸附等温线。吸附等温线的形状能很好地反映吸附剂和吸附质之间的物理、化学相互作用，通常用吸附等温线来表示吸附平衡关系。学者们提出了多种假设和理论，得到不同的等温吸附模型，但可靠的吸附等温线只能通过实验测定。

吸附过程是一个物质传递的过程，吸附质被吸附剂吸附的过程一般分为以下三步：

ⅰ．吸附质从流体主体扩散到吸附剂颗粒的外表面，称为外扩散过程；

ⅱ．吸附质从吸附剂颗粒的外表面扩散到吸附剂颗粒内部表面，称为内扩散过程；

ⅲ．在吸附剂的内表面上吸附质被吸附剂吸附。

吸附的逆过程为脱附过程，被吸附的物质脱附，经内扩散传递到外表面，再从外表面扩散到流体主体，完成脱附。

吸附动态平衡和吸附速度都涉及物质的传递现象与物质扩散速度的大小，除了与温度、浓度（压力）等外界条件有关外，还与吸附剂的孔结构、颗粒形状等内在因素有关。吸附动力学决定了吸附过程的传质速率，是吸附过程模拟的关键之一。

6.6.1.2　常用吸附剂

吸附剂的种类很多，工业上常用的吸附剂可分为四大类，即活性炭、沸石、分子筛、活性氧化铝和硅胶。

因为吸附是一种在固体表面上发生的过程，所以吸附剂的主要特征是多孔结构和具有很大的比表面积，从而增大吸附容量，提高分离能力。吸附剂比表面积一般约从 $100m^2/g$ 到超过 $3000m^2/g$，工业上最常用的吸附剂的比表面约为 $300\sim1200m^2/g$。

吸附剂的选用首先取决于它的吸附性能。根据吸附剂表面的选择性，吸附剂可以粗分为亲水与憎水两类。活性氧化铝和多数分子筛沸石具有亲水表面，活性炭憎水，而硅胶则介于两者之间。一般说，吸附性能不仅取决于其化学组成，而且与其制造方法以及先前使用的吸附和解吸史有关。

根据使用的要求吸附剂可以制成片状、粒状等，也常常使用粉状吸附剂。

（1）活性炭

活性炭是最常用的吸附剂，由木炭、坚果壳、煤和石油渣等含碳原料经炭化与活化制得，它具有多孔结构和很大的比表面。活性炭的优点是吸附容量大、化学稳定性好、耐酸碱，在高温下进行解吸再生时晶体结构不发生变化，热稳定性高。通常活性炭的表面憎水，工业用活性炭分为液相用和气相用两类。

液相用活性炭通常用木屑、木质素和泥煤等制成，多为蓬松的粉状，比表面约为 $300m^2/g$。这类活性炭的孔径一般为 30Å（$1Å=10^{-10}m$）或更大，以利于加快物质扩散。液相用活性炭主要用于水溶液的脱色与脱臭，此外还用于溶剂的回收以及医药、食品、饮料和油脂精制等生产过程。用于水溶液脱色的活性炭，为了加速脱色过程，可以采用适当的活化方法使其具有较好的湿润性。

气相用活性炭由坚果壳、煤和石油渣等制造，一般为坚固的粒状或片状。这类活性炭的孔径小于 30Å，比表面较大，通常为 $1000m^2/g$ 左右。气相用活性炭主要用于溶剂蒸气回收，烃类气体的分离以及各种气体物料的纯化，例如：通风系统中空气的除臭；生产车间排放气的处理，以防止大气污染。近年来在三废处理上活性炭得到了广泛应用。

（2）沸石、分子筛

沸石分为天然沸石和合成沸石（一般称为分子筛）两类。人工合成的沸石分子筛是一种高选择性的吸附剂。分子筛是结晶硅铝酸盐的多水化合物，化学通式为 $M_{2/n}O \cdot Al_2O_3 \cdot ySiO_2 \cdot wH_2O$，其中 M 为金属离子，多数为钠、钾和钙，$n$ 表示金属离子的价数，y 与 w 分别表示 SiO_2 与 H_2O 的分子数。

分子筛是具有特定且均一孔径的多孔吸附剂，它只能允许比其微孔孔径小的分子吸附，比其大的分子则不能吸附，具有筛分的作用，故称为分子筛。根据其原料配比、组成和制造方法的不同可以制成不同孔径（一般从 3～8Å）和形状（圆形、椭圆形）的分子筛。

分子筛的选择性吸附作用是基于吸附质分子尺寸、形状和极性等性质的不同，对性质相近而分子大小和形状不同的物质进行分离。分子筛是极性吸附剂，对极性分子，特别是对水有很大的亲和力。

由于分子筛突出的吸附性能，使它在吸附分离中广泛应用，它可用于各种气体和液体的干燥，芳烃和烷烃的分离等方面。

（3）活性氧化铝

活性氧化铝为无定形的多孔结构物质，一般由氧化铝的水合物（以三水合物为主）加热、脱水和活化而得，孔径为20～50Å，典型的比表面积为200～500m^2/g。这类吸附剂也可由铝土矿直接活化制得，称为活性铝土矿。根据所用原料的组成与结构形态不同，所制得的活性氧化铝的性能不同。

活性氧化铝对水具有很强的吸附能力，主要用于液体与气体的干燥脱水。

（4）硅胶

硅胶是由无定形SiO_2构成的多孔结构的固体颗粒，其分子式是$SiO_2 \cdot nH_2O$。用硫酸处理硅酸钠水溶液生成凝胶，所得凝胶用水洗去硫酸钠后，进行干燥，便得到硅胶。根据制造过程条件的不同，可以控制微孔尺寸、空隙率和比表面积的大小。

硅胶是极性吸附剂，易于吸附水和醇等极性物质，主要用于气体和液体的干燥。

6.6.1.3 吸附工艺及其操作

（1）固定床吸附器

在固定床吸附器中，吸附剂颗粒均匀地堆放在多孔支撑板上，流体自下而上或自上而下地通过颗粒层。固定床吸附器结构简单，操作方便，是吸附分离中应用最广的一类吸附器。因为吸附剂需要再生循环使用，所以为使吸附操作连续进行，固定床吸附器至少需要两个吸附器轮换循环使用。图6-87为双器流程，有A、B两个吸附器，A正在进行吸附，B进行再生。下一个周期是B吸附，A再生。操作可用单柱、双柱、三柱或四柱系统。固定床中吸附剂的装填方式有立式、卧式及环式等。

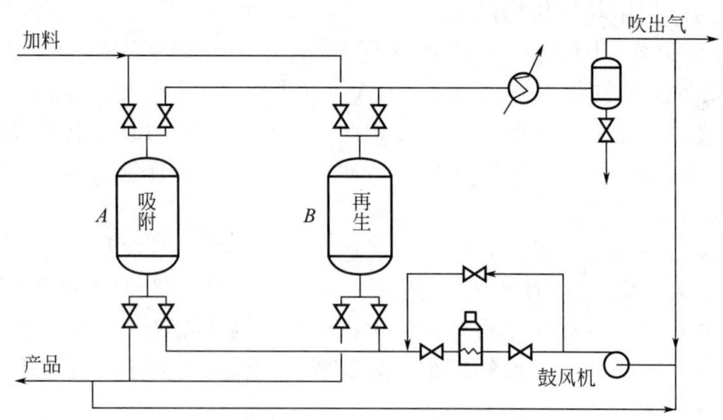

图6-87　固定床双器流程

固定床吸附器中一般使用粒状吸附剂，根据流体通过床层的压力降和吸附速率等具体情况，床层高度可从几百毫米到十几米，甚至更高。对于高床层，为了避免颗粒承受过大的压力，宜将吸附剂分层放置，每层1～2m。固定床间歇操作效率低，吸附剂和脱附剂用量大。

（2）移动床吸附器

在移动床吸附器中，吸附剂颗粒以密集的整体态向下移动与自下而上的流体连续逆流接触进行吸附。其可用于单组分吸附，也可用于双组分的分馏吸附。图6-88为移动床吸附装置示意图。

由于吸附剂在操作过程中也处于运动状态，因此移动床设备具有以下特点：可以处理较高浓度的溶液；可以根据需要增加柱高，比固定床占地小；处理后的水，离开设备之前与新吸附剂接触，故得到的水质量较好；设备底部吸附剂排出之前与原水接触，故吸附剂的利用率较高。

移动床吸附设备的缺点是装置复杂，易堵塞，操作控制要求严格，要求吸附剂具备一定的机械强度。

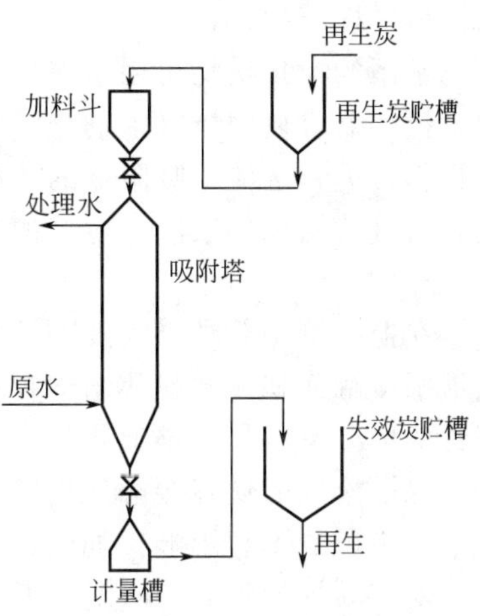

图 6-88　移动床吸附装置

（3）流化床吸附器

流化床内吸附粒子呈流化态。流化床吸附器分单层与多层两类。所用的吸附剂颗粒一般较粗，粒径在 1mm 左右，可用于气体和液体的吸附。

图 6-89 是多层逆流接触的流化床吸附装置，用于硅胶除去空气中水汽的示意图，它包括吸附剂的再生，用于从非吸附气中除去蒸气（单组分吸收）。全塔分为两段，上段为吸附段，下段为再生段，两段中均设有一层层筛板，板上为吸附剂薄层。在上部的吸附段内，湿空气与硅胶逆流接触，干燥后的空气从顶部流出。硅胶沿板上的溢流管逐板向下流动，同时不断吸附水分。吸足了水分的硅胶从吸附段下端进入再生段与热空气逆流接触进行了再生。再生后的硅胶用气流提升送至吸附塔的上部重新使用。如果被吸附的蒸气是有价值的产品需要回收（例如用活性炭吸附回收有机物蒸气），则可以用水蒸气再生，此时整个再生部分的流程要做相应的改变。

图 6-90 为流化床移动床联合装置。多层流化床也可用于两组分的分馏吸附。与移动床相比，流化床中固相的连续输入和排出方便。流化床的缺点是吸附剂磨损较大，操作弹性很窄，床内固相和液相的返混剧烈，特别是高径比较小的流化床。流化床的吸附剂利用率远低于固定床。

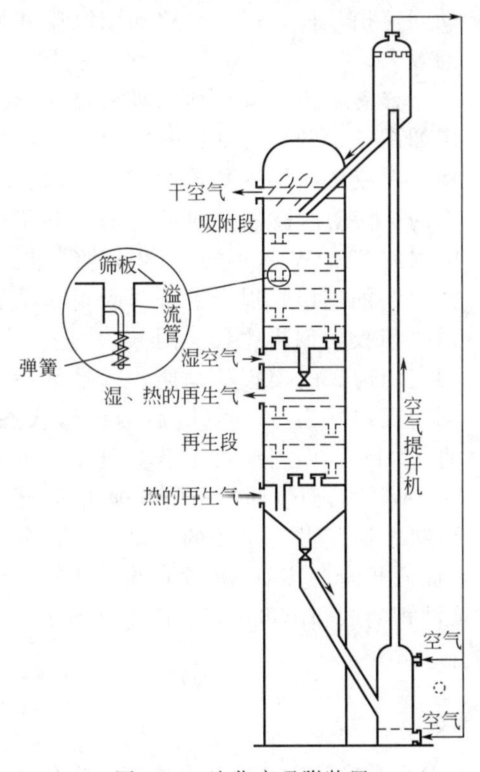

图 6-89　流化床吸附装置

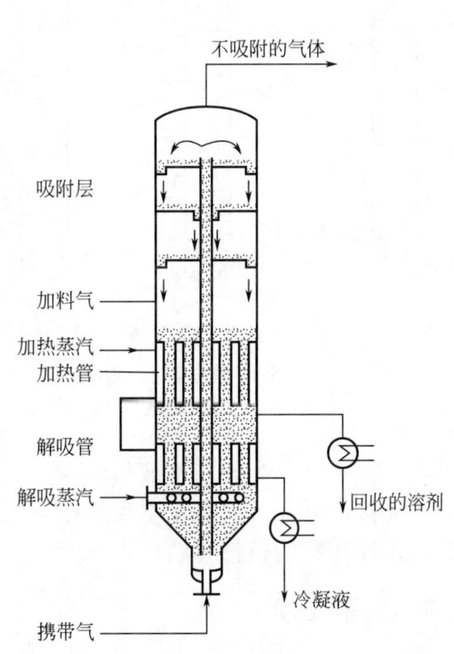

图 6-90　PURASIV HR 流化床移动床联合装置

（4）搅拌槽

常用的搅拌槽均可用于液体的吸附分离。将要处理的液体与吸附剂一起加入搅拌槽中，启动搅拌器，使固体吸附剂悬浮与液体均匀接触，液体中的吸附质被吸附。经过一定时间停止操作，进行液体与吸附剂的分离。一般用过滤的方法，可以直接过滤，也可以先经澄清增稠，再过滤增稠的浆液。搅拌槽吸附操作通常为间歇分批操作，可以单个操作，也可以组成多级操作。

在搅拌槽中要求吸附剂颗粒悬浮并与液体充分接触。另一方面为了减少内扩散阻力，增大液固接触面积，一般使用细颗粒的吸附剂，要求全部通过200目或更细的筛。操作温度在允许的情况下应尽可能高，因为温度高，液体黏度小，扩散速度快，颗粒易于在液体中移动，保证液固的良好接触。当然温度高对吸附平衡不利，但扩散速度加快的有利面通常可以抵消对平衡的不利影响。如果高温对物质无不利影响，吸附过程可在接近沸点的条件下进行。对于易挥发物质的吸附，温度对吸附平衡的影响较大，一般宜在常温下进行。吸附过程中吸附热所引起的温度变化通常可以忽略不计。

用过吸附剂的再生方法视情况而异。如果吸附质是有用的物质，可以用其他适当溶剂来解吸。解吸过程可以在过滤机上用溶剂洗涤的方法进行，也可在搅拌槽中进行。如果吸附质为挥发性物质，可以用热空气或蒸汽进行解吸。对于溶液脱色过程，吸附质一般为无用物，可以用燃烧法再生，但吸附剂的活性损失快，通常只能重复使用几次。

（5）模拟移动床

移动床连续操作效率较高，但是由于吸附剂在设备内不能以活塞流方式运动，难以得到高浓度的产品，并且动力消耗大，吸附剂易磨损等使应用受到限制，目前广泛应用的是模拟移动床。

模拟移动床是固定相本身不移动，而移动切换料液和洗脱液的入口和出口位置，如同移动固定相一样，产生与移动床吸附相同的效果。

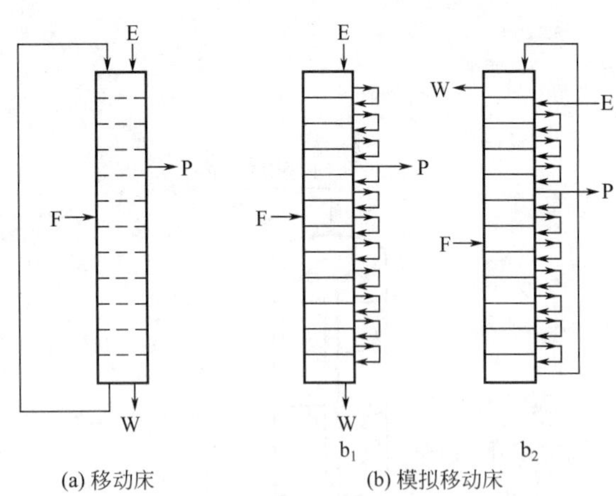

图 6-91　移动床和模拟移动床吸附操作示意图

（其中，F—料液；P—吸附质；E—洗脱液；W—非吸附质）

移动床和模拟移动床吸附操作示意图如图 6-91 所示。图（a）为移动床操作，料液从床层中部连续进料，固相从上向下移动。被吸附的吸附质 P 和不被吸附的溶质 W 从不同的出口连续排出。溶质 P 的排出口以上部分为吸附质洗脱回收和吸附剂再生段。图（b）为 12 个固定床构成的模拟移动床，b_1 是某一时刻的操作状态，b_2 为 b_1 后的操作状态。将 12 个床中最上一个看作是处于最下面一个床的后面（即各床循环排列），则从 b_1 状态到 b_2 状态液相的入口和出口分别向下移动了一个床位，相当于液相的入、出口不变，而固相向上移动了一个床位的距离，形成液固逆流接触操作。固定相本身不移动而通过切换液相的入和出口位置，产生移动床的分离效果，该操作称为模拟移动床。

6.6.2 离子交换

离子交换法是通过带电的溶质分子与离子交换剂中可交换的离子进行交换而达到分离目

的的方法。该法主要依赖电荷间的相互作用，利用带电分子中电荷的微小差异而进行分离，具有较高的分子容量。几乎所有的生物大分子都是极性的，都可使其带电，所以离子交换法已广泛用于生物大分子的分离纯化。

通常离子交换过程包括吸附、解吸和再生三个程序。吸附就是具有特殊交换能力的介质——离子交换剂与混合溶液均匀充分接触，把所需的物质充分吸收在离子交换剂上。解吸就是对已经吸附有机物料的离子交换剂通入解吸剂，使各种物质因其置换能力不同而按顺序被解吸剂置换出来，从而得到较浓的溶液。再生就是把用过而又解吸了的交换剂用药品使之活化而重新具备吸附能力。

离子交换过程是液固两相间的传质与化学反应过程，通常在离子交换剂表面进行的离子交换反应很快，过程速率主要由离子在液固两相间的传质过程决定。作为液固相间的传质过程，离子交换与液固相间的吸附过程相似。例如过程均包括物质从液相主体到固体外表面的外扩散和由固体外表面到内表面的内扩散。与吸附剂一样，离子交换剂使用一段时间而达到接近饱和时也需要再生，再生后重新投入使用。因此，离子交换过程的传质动力学特性、采用的设备型式、设备设计和操作与吸附过程相似，可以把离子交换看成吸附的一种特殊情况。

可用作离子交换剂的物质有离子交换树脂、无机离子交换剂（如天然与合成沸石）和某些天然有机物质经化学加工而得的交换剂（如磺化媒等），其中应用最广的是离子交换树脂。

6.6.2.1 离子交换树脂

6.6.2.1.1 种类

离子交换树脂是带有可交换离子的不溶性固体高聚物电解质，实际上是高分子酸、碱或盐。其中可交换的离子电荷与固定在高分子基体上的离子基团的电荷相反，故称它为反离子。根据可交换的反离子的电荷性质，离子交换树脂分为阳离子交换树脂与阴离子交换树脂两大类，每一类中又可根据其电离度的强弱分为强型与弱型两种。

根据树脂的物理结构，离子交换树脂分为凝胶型与大孔型两类。

① 凝胶型 这类树脂为外观透明的均相高分子凝胶结构，其中没有毛细孔，通道是高分子链间的间隙，称为凝胶孔，一般孔径在30Å以下。离子通过高分子链间的这类孔道扩散进入树脂粒内进行交换反应。凝胶孔的尺寸随树脂的交联度与溶胀情况而异。

② 大孔型 大孔型树脂具有与一般吸附剂一样的毛细孔，孔径从几十到上万Å，这类树脂的孔结构较稳定，受外界条件的影响小。

目前各国生产的离子交换树脂种类繁多，均按上述分类，但每类中各种牌号树脂的性能亦有较大差别，要根据使用情况的具体要求选取。

国外树脂的生产为几家大公司垄断，生产的树脂往往以该公司的名称或商业名称来表示。我国树脂的命名方法为：从1～100号为强酸性阳离子交换树脂，101～200号为弱酸性阳离子交换树脂，201～300号为强碱性阴离子交换树脂，301～400号为弱碱性阴离子交换树脂。例如弱酸101×4、强酸1×3、弱碱327（“×”号后面的数字表示交联度，即二乙烯苯的含量），但某些工厂沿用习惯命名。

6.6.2.1.2 物理化学性质

① 交联度 离子交换树脂是具有立体交联结构的高分子电解质，立体交联结构使它对水和有机溶剂呈现不溶性和物理化学稳定性。交联结构由树脂合成时加入交联剂来实现，交联的程度（交联度）由合成时所用交联剂量的多少决定，所以交联度用合成所用单体中交联剂的质量分数表示。交联度直接影响树脂的诸多性质，如交联度大，树脂的结构愈紧密，溶胀小，选择性高，稳定性好。但交联度太高，结构过于紧密，影响树脂内的扩散速率。

② 粒度　离子交换树脂通常为粒状，粒径一般为 0.3～1.2mm，特殊用途的树脂粒径可小到 0.4mm。

③ 亲水性　离子交换树脂都具有亲水性，所以常含有水分，其含水量与官能团的性质和交联度有关，且随空气的湿度而异。一般为 40%～50%（质量分数），有的高达 70%～80%。

④ 密度　单位体积树脂的质量称为真密度；当树脂在柱中堆积时，单位体积树脂的质量称为视密度。离子交换树脂的密度随水含量而异，一般阳离子交换树脂的密度比阴离子交换树脂大，前者的真密度一般在 $1300kg/m^3$ 左右，而后者为 $1100kg/m^3$ 左右。各种阳离子交换树脂的视密度多为 $700～850kg/m^3$，阴离子交换树脂的视密度为 $600～750kg/m^3$。

⑤ 溶胀性　离子交换树脂在水中由于溶剂化作用体积增大，称为溶胀。树脂的溶胀度与其交联度、交联结构、活性基团和反离子的种类等有关。交联度大，溶胀度小，一般弱酸和弱碱型树脂的溶胀度较大。在离子交换柱的设计时，需考虑离子交换树脂的溶胀特性，在使用过程中常常可以从树脂的膨胀程度的变化估计树脂结构的变化。

⑥ 稳定性　离子交换树脂的稳定性包括机械稳定性、热稳定性和化学稳定性。机械稳定性是指树脂在各种机械力的作用下抵抗破碎的能力。离子交换树脂在使用中要经历交换再生周期操作，反复膨胀收缩，树脂间和树脂与器壁间不断摩擦碰撞，将使树脂粉碎，影响操作使用，所以树脂的机械强度高是实际使用中很重要的要求。树脂受热会发生分解，因此使用温度有一定限制。一般阳离子交换树脂的热稳定性好，最高使用温度一般可达 120℃，有的可达 150℃。阴离子交换树脂的热稳定性差，通常最高使用温度 40～60℃，高的可达 100℃。化学稳定性指树脂抵抗氧化剂和各种溶剂、试剂的能力。

⑦ 化学交换性能　当溶液与离子交换树脂接触时，发生交换反应：

$$A(溶液)+RB(固相)=RA(固相)+B(溶液)$$

其中 R 为树脂上的固定基团，B 为原树脂上与基团结合的反离子，A 为溶液中的反离子。在交换反应中 A 取代了 B。交换反应是可逆的，交换反应过程的特性可用两个指标来说明。

交换容量　离子交换树脂的交换容量用单位质量或体积的树脂所能交换的离子的当量数表示，有三个不同的概念：总交换容量（或理论交换容量）、再生交换容量和工作交换容量。总交换容量是指单位质量（或体积）的树脂中可以交换的化学基团的总数，故也称理论交换容量。实际反应时溶液中 A 与树脂上 B 的交换量称为工作交换容量，因为树脂上总有一部分 B 不能完全被取代，所以工作交换容量小于总交换容量。工作交换容量与树脂结构和溶液组成、温度、流速、流出液组成以及再生条件等操作因素有关。树脂一次交换后需再生以重新使用，再生时使用含反离子 B 的溶液进行上述反应的逆反应。与正反应一样，再生反应也不可能完全，树脂中总有一部分 RA 不能转变为 RB，所以再生后的树脂能被反离子 A 交换的基团数小于总交换容量，称它为再生交换容量。一般情况下总交换容量、工作交换容量与再生交换容量的关系如下：

$$再生交换容量-0.5～1.0\ 总交换容量$$

$$工作交量容量=0.3～0.9\ 再生交换容量$$

工作交换容量与再生交换容量之比称为离子交换树脂的利用率。

选择性　选择性是离子交换树脂对不同反离子亲和力强弱的反映。与树脂亲和力强的离子选择性高，在树脂上的相对含量高，可取代树脂上亲和力弱的离子。

⑧ 吸附性能　与一般非离子型吸附剂一样，离子交换树脂也具有吸附性能，特别是大孔型离子交换树脂。离子交换树脂用于分离时，主要利用它的离子交换性能，有时也利用它

的吸附和吸水性能，这时实质上是吸附过程。

6.6.2.1.3　离子交换树脂的选用

为使树脂能长期、重复使用，须对其质量与规格提出要求。

（1）基本要求

① 交换容量与选择性　为满足一定生产规模的要求，并减少投资费用，单位体积树脂的交换容量越大越好；为满足分离工艺的要求，树脂还应具备足够的选择性。

树脂容量与选择性往往受再生效果与交换速率的影响。因此，要求树脂易于再生，交换速率要快。

② 机械强度与化学稳定性　树脂应该有耐磨损、不破碎、不流失、寿命长、耐酸碱、抗氧化及抗污染的能力。

③ 结构与物理性能　树脂应具备满足工艺要求的密度、粒度与孔结构。如孔径大小与分布、比表面积等。

（2）树脂选用注意事项

① 树脂种类　在回收、浓缩与纯化操作中，若交换离子是无机阳离子，则用阳离子树脂；若为阴离子或金属络合阴离子，则用阴离子树脂；两性化合物（如氨基酸的提取与分离）可根据具体 pH 条件选用阳离子或阴离子树脂。

② 官能团与离子型式　离子交换能力强的离子，因洗脱、再生困难，应选用弱酸或弱碱树脂。

要求交换后的溶液呈中性时，须用 Na^+ 型或 NH_4^+ 型等盐型树脂。若用 H^+ 型树脂，交换后的溶液呈酸性。

根据不同的工艺要求，阳离子树脂可用 H^+ 型、Na^+ 型（如水的软化）、NH_4^+ 型（如氨基酸提取），Ca^{2+}（如果糖分离）、Cu^{2+} 型（如色谱分离）等，阴离子树脂可根据交换体系特点选用 OH^- 型、Cl^-、SO_4^{2-} 型等。

③ 特殊考虑　大分子化合物的分离，如抗生素的生产、生物发酵液的后处理，要求有较快的交换速度或有较高的抗污染能力时，可用大孔树脂；某些贵金属（如金、银、铂）的分离，重金属污染（如 Hg、Cr 等）的治理，以及稀土金属的分离、提取，可用特种螯合树脂。

6.6.2.2　离子交换过程和装置

6.6.2.2.1　间歇式离子交换过程和装置

最简单的一种离子交换装置就是采用一个具有搅拌器的罐。稍加改进的一种方法是在罐的底部设有一块筛板以支撑离子交换剂，用压缩空气进行搅动，以达到流体化的目的，这种装置见图 6-92。

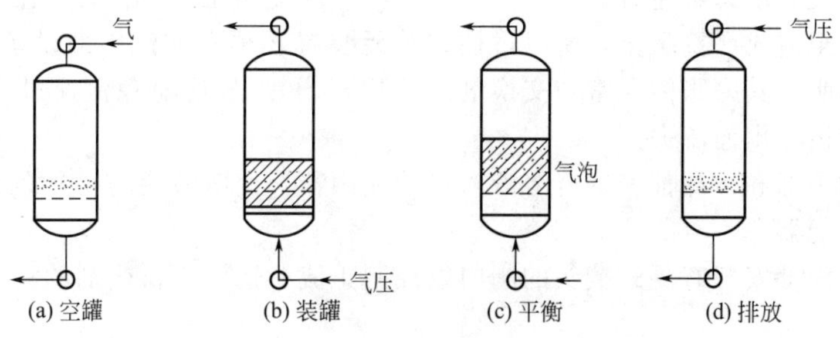

图 6-92　间歇式离子交换的操作循环

在进行离子交换时，将溶液通过下部阀门进入罐内，继续用气体压力使离子交换剂与溶液成为流体化状态以加速离子交换平衡；当已达到平衡后，溶液从下部排放出来。

当离子交换剂的交换能力已经耗尽便需进行再生，再生过程的操作与交换过程是相同的。

间歇式离子交换操作的设备简单，条件要求不严，每单位体积的离子交换剂所处理的溶液最少为 0.4 倍、最多为 15 倍的体积量。至于平衡时间，对于强酸或强碱型的离子交换树脂来说，只需几分钟便可。

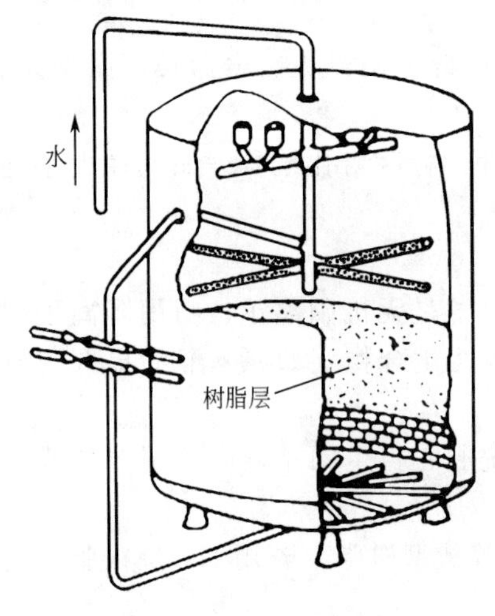

图 6-93　典型柱式离子交换罐剖视图

间歇式离子交换单元设备必须能耐酸和耐碱，通常可用不锈钢或者使用橡胶衬里。

6.6.2.2.2　柱式固定床离子交换单元装置

(1) 惯用的交换与再生顺流过程

柱式固定床是离子交换单元最常用而又有效的装置，图 6-93 是典型柱式离子交换罐的结构示意图。

柱式固定床单元装置的主体是一个直立式的罐。有两种加料方式，即重力加料和压力加料。采用重力加料方式时，罐是开放式的；采用压力加料时，罐是封闭的。压力加料单元又有两种加压方式，即气压式和水压式。

柱式离子交换罐通常用不锈钢构成。小型装置（直径 30mm 以下）可用塑料制造，大型设备则采用普通钢制成。为了避免腐蚀，罐的内部衬以橡胶、聚氯乙烯或聚乙烯，管道则使用聚氯乙烯或聚苯乙烯管。所有阀门都采用化工厂专用设备。

这种类型的单元装置需符合下面几点要求：

ⅰ. 要有一个合适的离子交换树脂床支撑体；

ⅱ. 有一进料和出料口，进料要能均匀分布流过树脂床；

ⅲ. 有逆流控制装置和逆洗液出口，要使逆洗压力分布均匀，要考虑因逆洗树脂膨胀所需的“自由空间”；

ⅳ. 再生剂的容器和引入再生剂的方法；

ⅴ. 淋洗水的引入方法。

作为树脂床的支撑体必须是多孔的，阻力不会过大以致降低流速；但同时支撑体的孔又不宜过大，否则致使树脂流失；并应具有抗蚀性。支撑树脂采用多孔陶土板、粗粒无烟煤与石英砂。

被处理的溶液和水总难免有一些悬浮物质，在每次交换循环中会黏聚在树脂床的上层而增加压力降、甚至造成严重阻塞，所以，柱式单元装置必须有逆洗辅助设备。逆洗过程中，树脂床体积会膨胀（其膨胀体积常与交换剂的体积相当），故应避免流速过大或洗水中含有气体，以致树脂被浮出而流失。

这种单元的顶部和下部都安装有溶液入口的喷洒器，使溶液能均匀分布于树脂床上；对再生剂则另设分配器。

单元装置的外部安装有复式接头的阀门以控制正流、逆流、再生剂的注入和水洗等各种操作。

(2) 逆流再生过程

在一般的离子交换与再生过程中，溶液和再生剂流动的方向是相同的，一般都是向下流动的。这种再生过程的效果是不理想的，即使使用比理论用量多几倍的再生剂，再生程度仍不够高，特别是在树脂床下层的树脂所含单价离子（主要是钠）很难完全洗脱，因而造成钠离子的泄漏。为了提高再生剂的利用率和降低再生剂的消耗成本，采用逆流再生过程。如果离子交换的溶液流动方向是自上而下，再生剂的流动方向是自下而上，这样在床下部的树脂最先与新鲜而较浓的再生剂接触，因而获得较高的再生效果——使用较少的再生剂得到较高的再生程度。

要在一般的离子交换单元设备中进行逆流再生会遇到一些困难，因为当再生剂向上流动时，树脂床体积膨胀，树脂向上浮动。要达到逆流再生的目的，要求树脂床保持原来填充状态，有各种不同的过程设计。

① 简单型的逆流再生过程　图6-94表示逆流再生过程与通常的顺流再生过程的比较。在顺流再生过程中，再生剂向下流动的同时，淋洗的水从喷洒器喷入，经树脂床往下流动再从下部引出，与再生剂一起排出。在逆流再生过程中，再生剂从单元的底部分布器进入，均匀地通过树脂床向上流动，从树脂床的上面通过一个废液收集器而流出，这个收集器并阻塞了上方淋洒下来的水直接流走。再生向上流动与淋洗水向下流动达到一定的平衡状态使树脂床不至于向上浮动，主要是控制两种溶液的适当流速。

② 流化床逆流操作过程　这种过程是再生时向下流动，而交换时向上流动，如图6-95所示。再生过程中树脂床是固定的，交换过程中，溶液向上流动的速度加以适当调整使总体树脂的25%～75%处于流化状态，在顶部分配器下有一层树脂被压成比较紧密的树脂床，这有利于减少泄漏量。

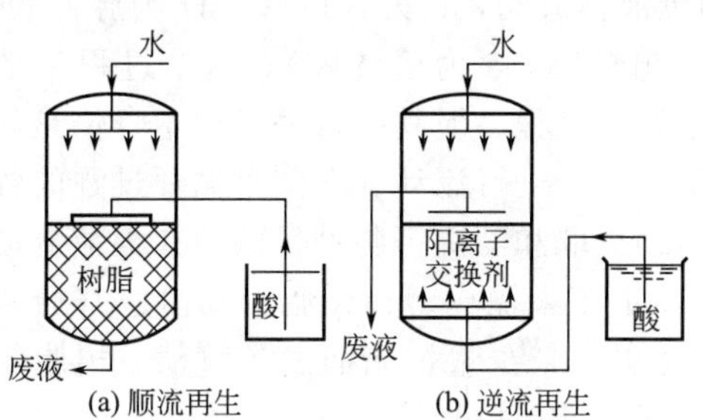

图6-94　通常顺流再生与逆流再生的比较

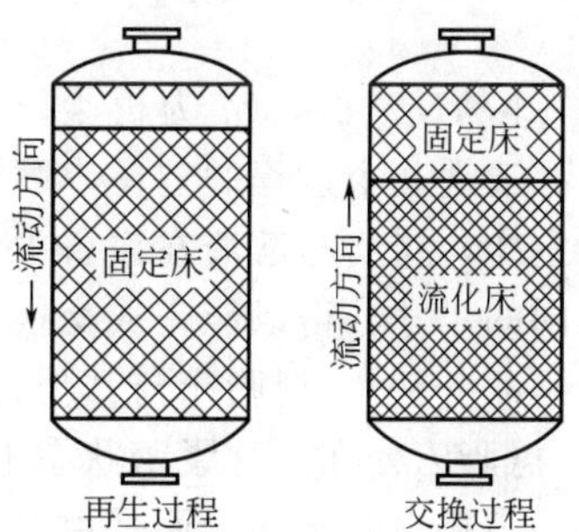

图6-95　流化床逆流操作过程

据报道，采用这种操作过程，由于再生程度高，树脂的工作容量也大；同时由于树脂在交换时处于流化状态，因此树脂的阻力小。使用通常的单元设备也可以实行这种操作过程，而且不需要考虑逆洗这个步骤，所以不需留自由空间，设备的空间利用率比通常的操作过程要高。

③ 具有两排分配器的离子交换单元　如图6-96所示，如果在单元设备中顶部和下部都装有分配器，在再生时溶液往下流动，在交换过程中使用较高的流速向上流动，树脂被压缩到上部的分配器之下形成像活塞一样的树脂床。但要保持最小的流速使树脂不致下降而又能达到流出液的质量要求，可设置一个流出液的回路，使部分流出液再循环至入料口与入料混合后再进入树脂

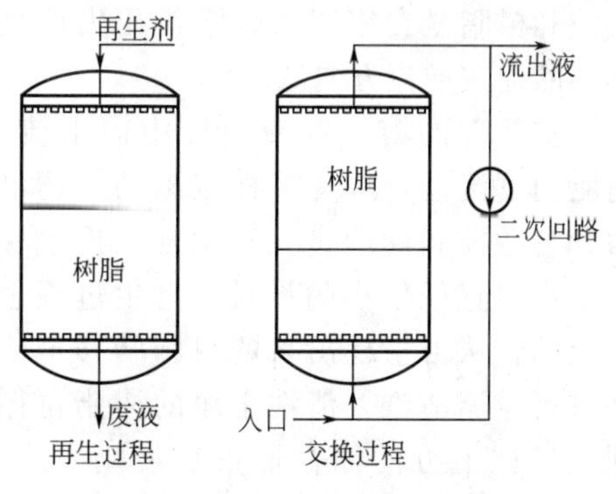

图6-96　具有两排分配器的离子交换单元的逆流操作再生

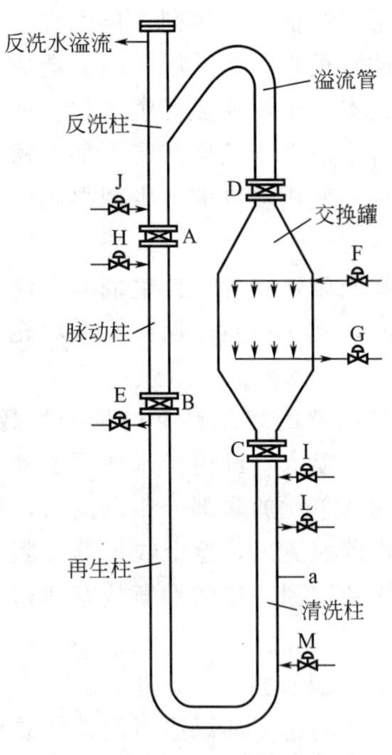

图 6-97 Higgins 连续式离子交换过程

床。再生时，再生剂向下流动；交换时，溶液向上，流出部分经回路循环。

6.6.2.2.3 连续式离子交换过程和装置

连续式离子交换过程的原理是：离子交换和再生的过程在单元装置的不同部位同时进行。真正的连续过程应是从交换柱出来的已饱和树脂被连续地转移并与新鲜再生剂接触，经过再生和洗清的树脂再循环回到交换柱使用。

连续式离子交换过程的优点首先是所需的树脂比柱式交换过程大大减少，其次是再生剂的消耗量低。

连续式离子交换过程要满足下面几点要求：离子交换剂和溶液在容器内能均匀地流动；离子交换剂有一定的耐磨性；要严格控制操作条件并保持稳定。

（1）移动床离子交换过程——Higgins 系统

移动床过程属于半连续式离子交换过程。在这种形式的设备中，交换、再生、水洗等过程是同时地连续进行的。但是树脂要在规定的周期被移动一小部分，在树脂移动过程中是不出产物的，所以从整个过程来说只是半连续式的。

这种过程的设备参见图 6-97 所示（A、B、C、D 为系统控制阀，E 为废液排放阀，F 为入口阀，H 为脉冲阀，I 为清洗阀，J 为反洗阀，M 为再生阀，L 为清洗水出口阀，a 为清洗腔）。这个过程是把交换、再生、清洗几个过程的首尾串联起来成为一个系统过程，但其中每一过程本身仍是属于通常的固定床，树脂与溶液在设备中交替地按规定的周期进行流动。在整个循环过程的各个部位有不同的尺寸，得以能完成交换、洗涤、分离、提取和漂洗等各种目的。在溶液流动阶段（通常是几分钟），树脂床与其他部分隔绝成为固定床来操作。在树脂流动阶段（通常是几秒钟），树脂床处在一种紧密状态下，由于水力冲击带来少量树脂而发生移动。树脂的脉冲移动不是直接由泵推动，而是由泵推动液体从而间接推动树脂。

这种系统有许多优点，树脂床保持为紧密状态，溶液的流速和密度都不受任何限制；所需的树脂比固定床少，占地面积只为固定床的 20%～50%；再生液的消耗也比固定床低。

（2）Asahi 连续式离子交换过程

连续式离子交换过程如图 6-98 所示。溶液和树脂是在密闭条件下借压力使之连续不断地按逆流方向流动。

被处理的溶液在交换柱中向上流动，树脂向下流动，从交换柱流出的树脂借压力和自动控制阀门进入再生柱，再生柱是一个高而直径较小的设备，再生过程也是逆流的，从再生柱出来的树脂转移至清洗柱进行逆流清洗，清洗干净的树脂再循环回交换柱上方的储存器重复使用。所以，整个过程是完全连续的。

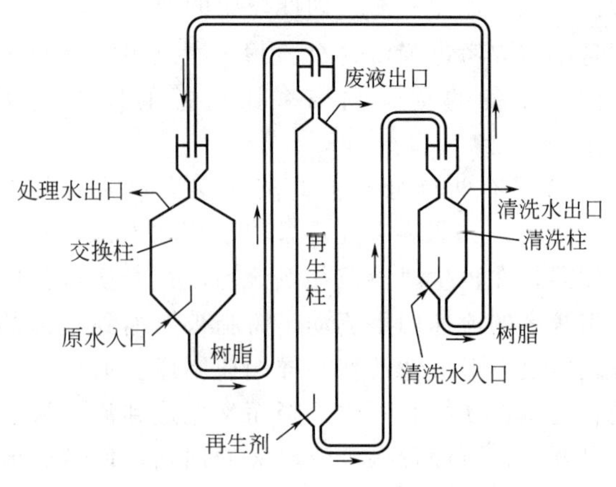

图 6-98 Asahi 连续式离子交换过程

（3）国产双柱式流动床离子交换水处

理装置和流程

连续式离子交换过程和装置在我国也有所发展，并已得到推广应用。图 6-99 为 SL 双柱式流动床水处理装置，是把再生与清除过程合在一个塔内完成，交换塔则由三室或四室所组成。在柱中溶液及水与树脂均为逆流，原水从交换柱底部进入，树脂从上部逐层降落，软水从柱顶流出，失效树脂从底部流出，由水射器抽送至再生塔经树脂回流斗、树脂贮存斗（预再生段）、再生区与柱内食盐溶液接触而被再生，再生树脂借位差而返回交换柱循环使用。

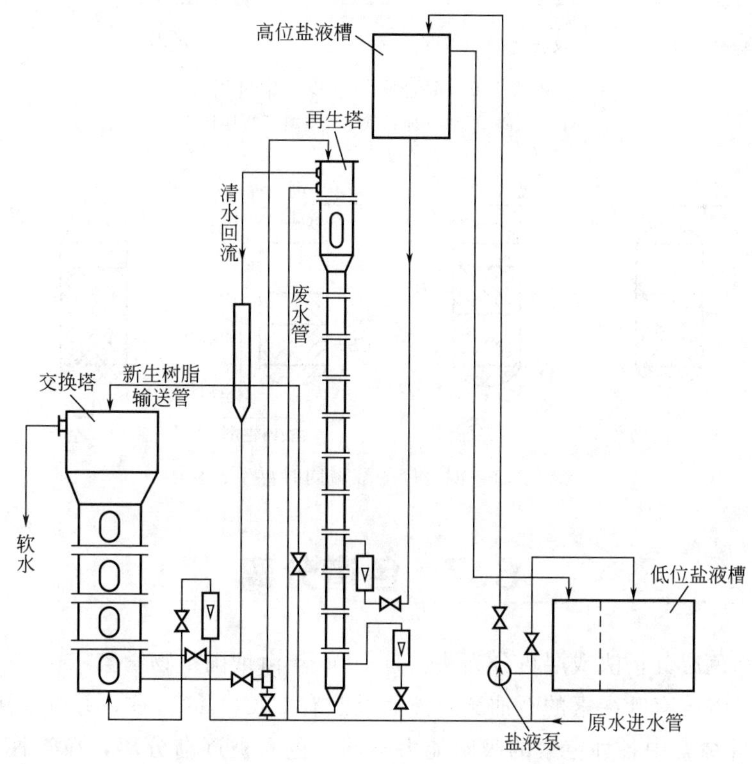

图 6-99　SL 双柱式流动床水处理装置

6.6.2.2.4　混合床离子交换过程

将阴阳离子交换树脂按一定比例混合放在同一交换柱内即为混合床。

混合床离子交换过程与固定床是相同的，主要问题是再生。为了再生有两个过程可供选择。

第一种方法是分步处理，将已失效的混合床用水逆洗，由于阴离子交换树脂较轻而上浮与阳离子交换树脂分开。由柱的顶部引入碱再生剂，再生废碱液从阴阳离子树脂分界面的排液管引出，为了避免碱液向下进入阳离子树脂层，在引入碱再生剂的同时，用原水从下而上通过阳离子树脂层作为支持层。

在再生阳离子交换树脂时，酸再生剂由底部进入，废酸再生液由阴阳离子树脂分界层排液管引出，为防止酸液进入阴离子树脂层，需自上而下通入一定量的纯水，在分别再生完后，从上下两端同时引入纯水清洗，最后用压缩空气使两种树脂再充分混合，如图 6-100 所示。

另一种再生方法是酸、碱液同时处理（图 6-101），这种处理方法不同于前一种，主要是酸、碱液可以同时引入两个树脂层进行再生，因此可以节省时间。

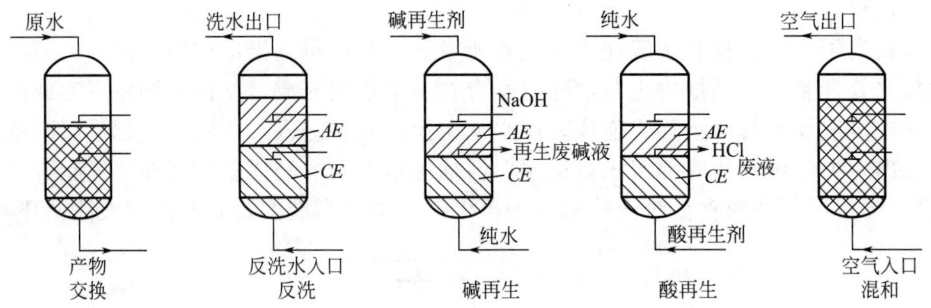

图 6-100　混合床的分步再生过程

AE—阴离子交换树脂；CE—阳离子交换树脂

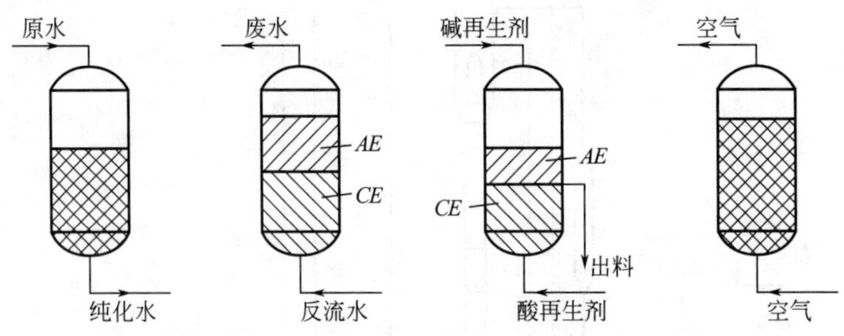

图 6-101　混合床的酸碱同时再生过程

6.7　色谱分离

色谱法又称色层分析法或层析分离法，是 1906 年由俄国植物学家 Tswett 分离植物叶绿素时提出来的。将溶有叶绿素的石油醚溶液通过装有 $CaCO_3$ 的管柱，并继续用石油醚淋洗，由于 $CaCO_3$ 对叶绿素中各种色素的吸附能力不同，色素被逐渐分离，在管柱中出现了不同颜色的色带（或称色谱图）。如今的色谱法经常用于分离无色的物质，已不局限于有色物质，但色谱法或色层分析法这个名字仍保留下来沿用。

色谱法的最大特点是分离效率高，它能分离各种性质极其相似的物质。它既可以用于少量物质的分析鉴定，又可用于大量物质的分离纯化制备。因此色谱法作为一种重要的分析分离手段与方法，广泛地应用于科学研究与工业生产中。色谱分离的优点是分离效率高，设备简单，操作方便，且可在常温下操作，因而不会使物质变性，特别适用于分离不稳定的大分子有机化合物。现在，色谱法在石油、化工、医药卫生、生物科学、环境科学、农业科学等领域都发挥着十分重要的作用。

6.7.1　色谱法的基本概念

色谱分离法是一种基于被分离物质的物理、化学性质的不同，使它们在某种基质中移动速度不同而进行分离和分析的方法。利用物质在溶解度、吸附能力、立体化学特性、分子的大小、带电荷情况及离子交换、亲和力大小等方面的差异，使其在流动相与固定相之间的分配系数不同，达到彼此分离的目的。

色谱分离过程如图 6-102 所示，将欲分离的混合物加入色谱柱的上部［图（a）］，然后加入洗脱剂（流动相）冲洗［图（b）］。如各组分和固定相不发生作用，则各组分都以流动相的速度向下移动，因而得不到分离。实际上，混合物中各组分和固定相间常存在一定的亲和力，故各组分的移动速度低于流动相的速度，如亲和力不等，则各组分的移动速度也不一样，因而能得到分离。图中各组分对固定相亲和力的次序为白球分子（○）＞黑球分子（●）＞三角形分子（▲）。当继续加入洗脱剂时，如色谱系统选择适当，且柱有足够长度，则三种组分逐渐分层［图（c）～图（g）］，三角形分子跑在最前面，最先从柱中流出［图（h）］。这种移动速度的差别是色谱法的基础。加入洗脱剂而使各组分分开的操作称为展开，而展开后各组分的分布情况称为色谱图。

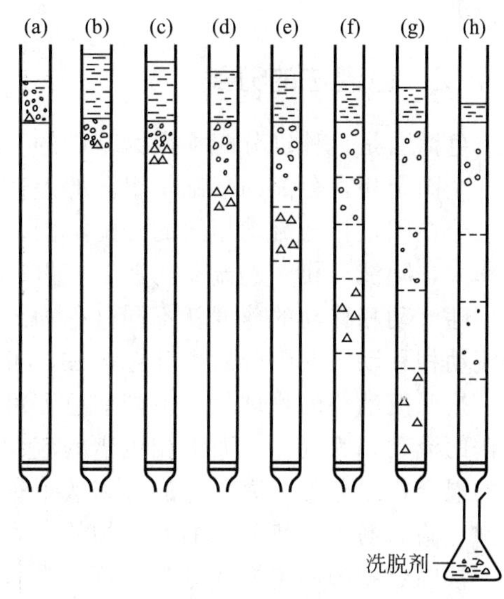

图 6-102　色谱分离过程

色谱法是一种以分配平衡为基础的分离方法。色谱分离体系包括两个相，一个是固定的，一个是流动的，当两相作相对运动时，反复多次地利用混合物中所有组分分配平衡性质的差异使彼此得到分离。

（1）固定相

固定相可以是固体物质（如吸附剂，凝胶，离子交换剂等），也可以是液体物质（如固定在硅胶或纤维素上的溶液），这些固定相能与待分离的化合物进行可逆的吸附、溶解、交换等作用。它对色谱的效果起着关键的作用。

（2）流动相

在色谱分离过程中，推动固定相上待分离的物质向前移动的液体、气体或超临界流体等都称为流动相。柱色谱中一般称为洗脱剂，薄层色谱时称为展开剂。流动相是影响色谱分离的重要因素之一。

（3）分配系数及迁移率（或比移值）

分配系数 K 是指在一定温度、压力下，组分在固定相和流动相两相间达到平衡时，组分在固定相与流动相中的浓度比值。分配系数是色谱中分离纯化物质的主要依据。

迁移率（比移值）R_f 是指在一定条件下，在相同的时间内某一组分在固定相移动的距离与流动相本身移动的距离之比值。实验中常用相对迁移率表示。相对迁移率 R_x 是指在一定条件下，在相同时间内，某一组分在固定相中移动的距离与某一标准物质在固定相中移动的距离之比值。

不同物质的分配系数或迁移率是不同的。分配系数或迁移率的差异程度是决定几种物质采用色谱方法能否分离的先决条件。差异越大，分离效果越理想。

（4）分离度

分离度 R_s 是指相邻两个峰的分开程度，是色谱柱的总分离效能指标。分离度越大，两种组分分离的效果越好。当 $R_s=1$ 时，两组分基本分离，当 $R_s=1.5$ 时，是相邻两组分完全分开的标志。可以通过增加柱长、改变柱温、改变流动相的性质及组成（如改变 pH 值、离子强度、盐浓度、有机溶剂比例等）、或改变固定相体积与流动相体积之比（如用细颗粒固定相，填充得紧密与均匀些），来提高分离度。影响分离度的因素是多方面的，应当根据实际情况综合考虑，特别是对于生物大分子，我们还必须考虑它的稳定性、活性等问题。如 pH 值、温度等都会产生较大的影响，这是生化分离绝对不能忽视的，否则将不能得到预期的效果。

6.7.2 色谱法的分类

色谱法是一种以分配平衡为基础的分离方法。分离体系包括一个流动相（气相或液相）和一个固定相，分离的基础是组分的差速迁移。在色谱柱中流动相沿固定相流动，混合物中各组分在固定相与流动相间的分配不同，在固定相中相对量多的组分与固定相在一起的时间分率大，随流动相一起流动的速度就慢。这样，混合物中各组分被固定相滞留的程度不同，它们随流动相移动的速度就不同（称为差速迁移），随着流动相移动快的组分先离开色谱柱，随流动相移动慢的组分后离开色谱柱，可使混合物的各组分互相分离。

按照流动相的物理状态不同，色谱可分为气相色谱、液相色谱和超临界流体色谱。气相色谱的流动相为气体，而液相色谱的流动相为液体。气相色谱一般用于易于气化和热稳定性好的混合物组分的分离，它的分离效果很好，但只能用于能气化的物质。液相色谱则用于组分沸点高和易于受热分解的混合物的分离。

按固定相的固定方式分类，可分为纸色谱、薄层色谱和柱色谱。纸色谱是指以滤纸作为基质的色谱。薄层色谱是将基质在玻璃或塑料等光滑表面上铺成一薄层，在薄层上进行色谱分离。柱色谱则是指将基质填装在柱中进行色谱。纸色谱和薄层色谱主要适用于小分子物质的快速检测分析和少量分离制备，通常为一次性使用。柱色谱是常用的色谱形式，适用于样品分析、分离。生物化学中常用的凝胶色谱、离子交换色谱、亲和色谱、高效液相色谱等都通常采用柱色谱形式。

根据分离的原理不同分类，色谱分离可分为以下五类。

① 吸附色谱（吸附层析） 固定相为适当的吸附剂，根据待分离物与吸附剂之间吸附力不同而达到分离目的的一种色谱技术。

② 分配色谱（分配层析） 固定相为黏附有薄层液体溶剂的固体颗粒，其中起作用的是液体溶剂，根据不同物质的分配系数不同而达到分离目的的一种色谱技术。

③ 离子交换色谱（离子交换层析） 是以离子交换剂为固定相、根据物质的带电性质不同而进行分离的一种色谱技术。组分在流动相（液体）与固定相间的分配服从离子交换平衡。凡在溶液中能够电离的物质，通常都可用离子交换色谱法进行分离。它不仅适用无机离子混合物的分离，亦可用于有机物的分离，例如氨基酸、核酸、蛋白质等生物大分子。因此，应用范围较广。

④ 亲和色谱（亲和层析） 亲和色谱是根据生物大分子和配体之间的特异性亲和力（如酶和抑制剂、抗体和抗原、激素和受体等），将某种配体连接在载体上作为固定相，而对能与配体特异性结合的生物大分子进行分离的一种色谱技术。亲和色谱是分离生物大分子最为有效的色谱技术，具有很高分辨率。

⑤ 尺寸排阻色谱（凝胶过滤层析） 固定相为具有一定大小孔道的凝胶，故称为凝胶色谱。与其他液相色谱方法原理不同，它不具有吸附、分配和离子交换作用机理，而是基于试样分子的尺寸和形状不同来实现分离的。大分子不能进入微孔，被排斥而随流动相很快流出；小分子可进入微孔，被阻滞而在固定相中停留较长时间后再流出。

凝胶色谱是生物化学中常用的一种分离手段，具有设备简单、操作方便、样品回收率高、重复性好、特别是不改变样品生物活性等优点，因此广泛用于蛋白质（包括酶）、核酸、多糖等生物分子的分离纯化，同时还应用于蛋白质分子量的测定、脱盐、样品浓缩等。

凝胶色谱是按分子大小顺序进行分离的一种色谱方法。其固定相为化学惰性多孔物质——凝胶，它类似于分子筛，但孔径比分子筛大。凝胶颗粒的内部具有立体网状结构，形成很多孔穴。当含有不同分子大小的组分样品进入凝胶色谱柱后，各个组分就向固定相的孔穴内扩散，组分的扩散程度取决于孔穴的大小和组分分子大小。比孔穴孔径大的分子不能扩散到孔穴内部，完全被排阻在孔外，只能在凝胶颗粒外的空间随流动相向下流动，较早地被淋洗出来；中等体积的分子部分渗透，渗透的程度取决于它们分子的大小，较小的分子则可以完全渗透进入凝胶颗粒内部，经历的流程长，流动速度慢，最后洗出色谱柱。这样，样品经过凝胶色谱后，分子基本上按其分子大小，排阻先后由柱中流出，分子越大的组分越先流出，分子越小的组分越后流出，从而达到了分离的目的。

6.7.3　色谱法工艺过程与设备

6.7.3.1　色谱法工艺过程

图 6-103 所示为大型色谱分离的一种典型流程。加料与循环的物料通过注射器脉冲式加入色谱柱，溶剂（或载气）连续加入色谱柱。经过色谱柱的分离作用，溶剂（或载气）在不同的时间携带不同的组分从色谱柱流出，依靠计时器或检测器的作用分别送入相应的分离器，分离器中溶剂（或载气）与产品分开，溶剂（或载气）经进一步除去夹带的产品组分后，返回色谱柱循环使用。

根据物料的情况，分离器可以采用不同的方法。对于气相色谱的气体产物，可以采用冷凝；对于液相色谱的液体产品，则可以用蒸馏、萃取、结晶等方法。

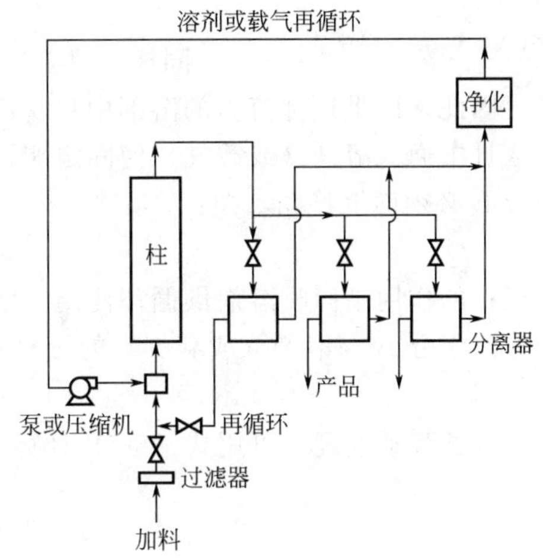

图 6-103　大型色谱的典型流程

色谱柱流出物中两相邻组分的分离度不宜太高，因为高分离度要求色谱柱很高，这在实际上是不经济的，所以色谱柱通常在较低的分离度下操作。这样，为了得到纯产品，就需要将两色谱的重叠部分分割出来，送入分离器，分离所得的混合物产品返回色谱柱再进行分离。组分的单程收率宜在 60％～80％。

色谱柱通常为固定床，对其基本要求是尽可能使流动相在床层中保持均匀的活塞流，为此要求固定相颗粒均匀的紧密堆积，没有空穴与沟流，流体进入色谱柱的分离器设计要求能保证流动相的均匀分布。

固定相与溶剂体系的选择应多方面综合考虑，首先要求对组分的选择性高，以便降低柱高和允许流动相在较高流速下操作。

对固定相颗粒除要求选择性高外，还要求坚硬、不脆、化学稳定性好、价格便宜，保证粒径 dp 必须比柱径小很多（30dp＜柱径)。颗粒必需经过严格筛分，保证粒度均匀。

对溶剂的要求除选择性高外，还要求对溶质的溶解性能好、易于与溶质分离、黏度小、无毒无害、腐蚀性小、价格便宜等。

色谱柱是由细颗粒组成的床层，相当于一个深层过滤器。原料与溶剂中含有粒状杂质将在床层中积累，使床层堵塞，流动相通过床层的压力降增大，流量减小，因此系统中需设置过滤器，床层中存在气泡对流动相的均匀流动妨碍很大，所以送入的液体应进行脱泡处理。

为了保证色谱分离过程的顺利进行，必须遵循正确的操作规程。过滤器需定期清洗与更换，色谱柱需定期反洗，以清除碎粒和积聚的气泡。如床层被污物堵塞，需用化学清洗剂洗涤，或者更换被污损的部分颗粒层。

6.7.3.2 逆流移动床

与固定床吸附和离子交换一样，固定床色谱柱的缺点是在同一时间只有一部分床层在进行分离工作，采用固定相与流动相逆流的颗粒移动床可以克服这一缺点，使柱中全部床层在任何时间都在进行有效的分离工作，从而可以减少固定相用量，减少投资。

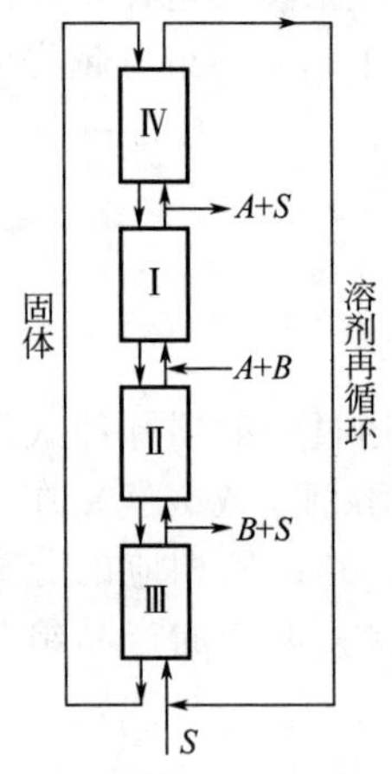

图 6-104 逆流移动床

图 6-104 是分离两组分混合物的逆流移动床流程图，整个设备分成 4 个区，携带着混合物组分 A、B 的溶剂（或载气）连续向上流动，固定相颗粒则自上而下移动，两者逆流接触。

区Ⅰ的作用是从混合物中分离出强吸附的组分 B。为了使组分 A、B 分开，在此区中组分 A 必须向上移动，组分 B 必须向下移动，因此组分 A 与 B 的平均速度应符合以下关系：

$$u_{A,Ⅰ}>0>u_{B,Ⅰ}$$

只要区Ⅰ足够高，溶剂从顶部出去时可以只含组分 A，将它送到分离器进行分离，得纯组分 A。

区Ⅱ的作用是要从组分 B 中将 A 分离出来，所以组分 A、B 的平均速度也应该符合：

$$u_{A,Ⅱ}>0>u_{B,Ⅱ}$$

同样，只要区Ⅱ足够高，区Ⅱ下端流出的固定相中可以不含组分 A。因此，区Ⅲ顶部流出的溶剂中只含组分 B，分离后可得纯组分 B。

区Ⅲ中通入溶剂（或载气）使固定相再生，根据需要，区内可加热，促进再生。在此区内组分 B 必须向上移动，即：

$$u_{B,Ⅲ}>0$$

区Ⅳ的作用是回收溶剂供循环使用。实际上也可以不要这一区，但有这一区可以减轻下一步分离组分 A 与溶剂（或载气）的分离器的负荷。在此区内组分 A 向下移动，即：

$$u_{A,Ⅳ}<0$$

组分的移动速度以可用式（6-7）计算：

$$u_i=\frac{1}{1+K_i}u \tag{6-7}$$

式中 u——流动相的移动速度；

K_i——容量因子；K_i＝组分 i 在固定相中的摩尔数/组分 i 在流动相中的摩尔数。

但用该式计算的速度 u_i 是相对固定相颗粒的速度，对于色谱柱而言，组分的速度 $u_{i,x}$ 为：

$$u_{i,x}=u_i-u_s \tag{6-8}$$

式中，$u_{i,x}$ 中的下标 x 表示所在区号；u_s 为固定相颗粒层的移动速度。

适当地控制溶剂流速与系统的平衡关系，获得合适的 u_i，并选取适宜的 u_s，可以使组分 A 与 B 在各区的移动速度满足要求，两者互相分离。

6.8 膜分离技术

膜分离是借助膜的选择性渗透作用，对混合物中溶质和溶剂进行分离、分级、提纯和富集的方法。膜分离过程一般不发生相变，因而能耗比发生相变的分离法低。膜分离过程通常在常温下进行，特别适用于热敏物质的分离。膜分离技术作为一种化工分离单元操作，近年来在化工、生物、食品、医药和环境保护等领域得到广泛应用。

6.8.1　膜种类和性能

实际应用中对膜材料的基本要求是具有良好的成膜性、化学稳定性、热稳定性、耐压、耐酸碱、耐微生物浸蚀和耐氧化性能。用于膜分离的膜种类繁多，可以按照不同方式对膜进行分类。

按照膜孔径大小分类，分为微滤膜、超滤膜、纳滤膜、反渗透膜等。

按照膜结构分类，分为对称膜、不对称膜、离子交换膜和复合膜等

按照膜材料分类，分为高分子聚合物膜和无机膜等。

膜分离所用膜的种类尽管很多，但主要是以高分子材料制成的聚合物膜居多。制膜的高分子材料主要有聚砜、纤维素酯、脂肪族和芳香族聚酰胺、聚四氟乙烯、聚氯乙烯、聚丙烯腈、聚偏氟乙烯、硅橡胶等。需根据分离过程与分离对象的不同选择合适的膜材料。

根据聚合物膜的结构与作用特点可分为以下五类。

① 致密膜　是均匀致密的薄膜，物质通过这类膜主要靠分子扩散。致密膜的渗透阻力与膜厚度成正比。致密膜的厚度为 5nm～5μm，又称为超薄膜。

② 微孔膜　微孔内有相互交联的孔道，孔道曲折，这类膜的孔径范围 0.02～10μm，膜厚 50～250μm。对于小分子物质，微孔膜的渗透性高，但选择性低。

③ 非对称膜　非对称膜的特点是膜的断面不对称，由表面活性层与支撑层组成。表面活性层很薄，对膜分离起主要作用，厚度为 0.1～1.5μm。表面活性层致密无孔或孔径小于 1nm，用于小分子物质分离不但渗透性高，而且选择性好。表面活性层孔径 1～20nm 的为超滤膜。支撑层厚 50～250μm，起支撑作用，它决定膜的机械强度。

④ 复合膜　复合膜由非对称性膜表面加一层 0.25～15μm 厚的致密活性层构成，膜的分离作用主要取决于致密活性层。复合膜的优点是活性层可选用各种材料，因此广泛应用于反渗透、气体膜分离和渗透汽化等过程。

⑤ 离子交换膜　由离子交换树脂制成，主要用于电渗析，分为阳离子交换膜和阴离子交换膜两类，工业上使用的都是均质膜，厚 200μm 左右。

当膜分离过程在较高温度下进行或原料流体为化学活性混合物时，可以采用由无机材料制成的分离膜。无机膜多以金属及其氧化物、陶瓷、多孔玻璃等为原料，制成相应的金属膜、陶瓷膜和玻璃膜等。无机膜的特点是热稳定性、力学和化学稳定性好、使用寿命长、污染少、易于清洗、孔径分布均匀。缺点是易破损、成型性差、造价高。

表征膜性能的参数主要有膜孔性能参数、膜通量、截留率与截留分子量、膜的使用温度范围、pH 范围、抗压能力和对溶剂的稳定性等参数。

膜的分离透过特性包括渗透通量、分离效率和通量衰减系数。渗透通量通常用单位时间内通过单位膜面积的透过物量表示，对任何一种膜分离过程，总希望得到比较大的渗透通量。

膜分离过程的缺点主要为膜的浓差极化和膜污染使膜寿命较短。

6.8.2　膜分离过程

膜分离过程以选择性透过膜为分离介质。当膜两侧存在某种推动力（如压力差、浓度差、电位差等）时，原料侧组分选择性地透过膜，以达到分离或纯化的目的。表 6-4 对几种主要的膜分离过程进行简单的描述。

表 6-4　主要膜分离过程

膜过程	膜结构	推动力	分离原理	透过物	截留物	应用
微滤	对称多孔膜	压力差	筛分原理	水、溶剂溶解物	悬浮物颗粒、纤维	消毒（食品、药剂）；水处理；净化（饮料）；细胞捕获和膜反应器（生物技术）
超滤	不对称多孔膜	压力差	筛分原理	水、溶剂	胶体大分子（不同分子量）	乳品（牛奶、乳清、干酪制品）；水处理；制药（酶、抗生素等）；食品（淀粉和蛋白）
纳滤	复合膜	压力差	溶解-扩散	水、溶剂	溶质、盐	水软化；废水治理；半咸水脱盐；微污染物脱除；染料截留（纺织工业）
反渗透	不对称膜或复合膜	压力差	溶解-扩散	水、溶剂	溶质、盐（悬浮物大分子、离子）	海水、半咸水脱盐；生产超纯水（电子工业）；果汁和糖浓缩（食品工业）；牛奶浓缩
渗析	非对称性膜离子交换膜	浓度差	溶质的扩散传递	低分子量物、离子	溶剂分子量 >1000	血液透析；除去小分子有机物或无机离子
电渗析	离子交换膜	电位差	Donnan 排斥机理	电解质离子	非电解质大分子物质	水脱盐；分离氨基酸；生产盐；食品和制药工业脱盐
气体分离	均匀膜、复合膜、非对称性膜	压力差	气体和蒸气的扩散渗透	渗透性的气体或蒸气	难渗透性的气体或蒸气	空气中有机蒸气脱除；烟气中脱酸性气体；H_2 的回收；CH_4 和 CO_2
渗透气化	均匀膜、复合膜、非对称性膜	分压差	选择性传递（物性差异）	溶质或溶剂（易渗组分的蒸气）	溶质或溶剂（难渗透组分的液体）	有机液体混合物分离；有机溶剂脱水
液膜	液膜	化学反应和浓度差	反应促进和扩散传递	杂质（电解质离子）	溶剂 非电解质	除去特定离子；气体脱除；有机液体分离

6.8.3　膜分离设备

为将膜用于工业生产过程，通常需要较大面积的膜，安装膜面的最小单元称为膜器。膜器是膜分离装置的核心部件。实际应用中膜分离系统并不只有一个膜器，而是由若干个膜器组成。

目前，各种膜分离过程所应用的膜分离设备主要有以下四种。

（1）板框式膜器

板框式膜器的示意图如图 6-105 所示。板框式膜器使用平板膜，其构型和实验使用的平板膜最接近。板框式膜器的结构与板框压滤机类似，由膜、导流板和多孔支撑板交替重叠组成。支撑板的表面与膜相贴，对膜起支撑作用，并且板两侧表面有孔缝，提供供透过液流动的通道。导流板起料液的导流作用。

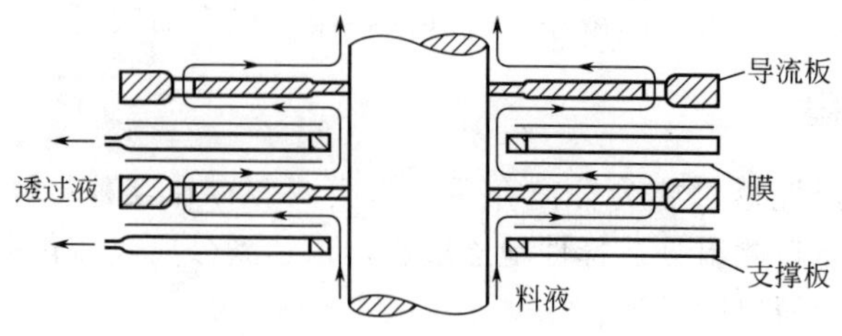

图 6-105　板框式膜器示意图

板框式膜器的优点主要是膜器组装方便，膜的清洗更换容易，料液流通截面较大，不易堵塞。缺点是结构不够紧凑，对密闭要求高。

(2) 卷式膜器

卷式膜器是平板膜的另一种形式，实际上是一个板框系统，只不过是被卷积在一个中心集合管上。螺旋卷式膜器示意图见图6-106。两片膜中间加入一层多孔支撑材料，将膜的三边密封，再在膜上铺上一层隔网，并将该多层材料卷绕到多孔管上，并将整个膜组件装入圆筒形耐压容器中。使用时液料沿隔网流动与膜接触，透过液沿膜袋内的多孔支撑流向中心管，然后导出。

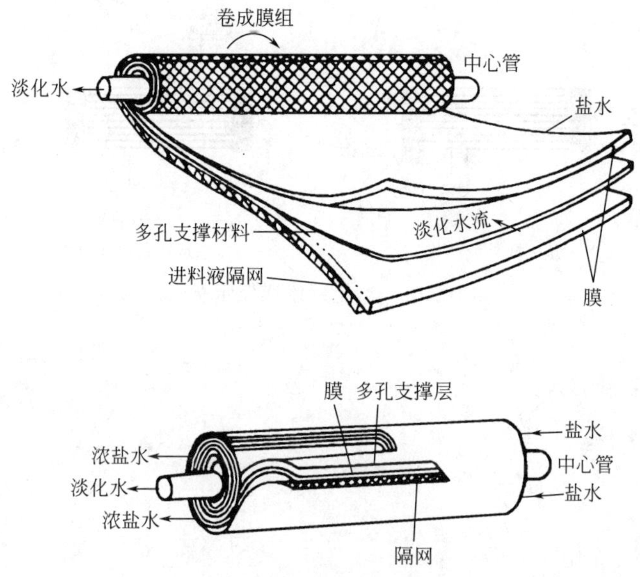

图6-106　螺旋卷式反渗透膜器示意图

卷式膜器由于结构紧凑，单位体积膜面积大，透水通量大，设备成本低，所以在反渗透中应用比较广泛。其缺点是浓差极化不易控制，易堵塞，不易清洗，换膜困难。

(3) 管状膜器

管状膜器是由管式膜制成，它的结构原理与管式换热器类似，管内与管外分别走料液与透过液，如图6-107所示。

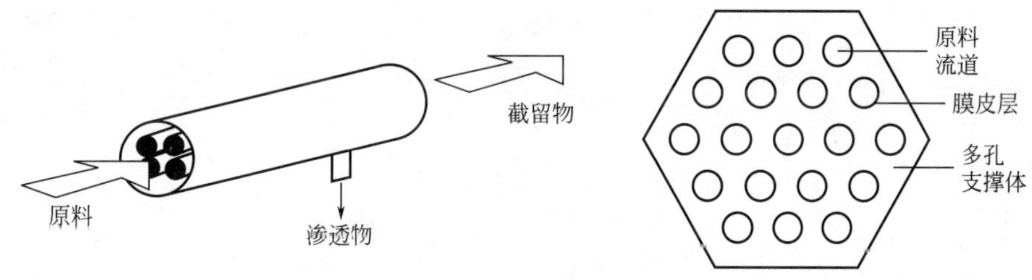

图6-107　管状膜器示意图

管状膜器分内压式和外压式，单管式和管束式。内压单管式的管状膜装在多孔的不锈钢或者用玻璃纤维增强的塑料管内，加压操作时料液从管内流过，透过膜所得产品收集在管子外侧。也可以将若干根膜管组装成管束状。外压式管状膜与上述情况相反，由于需要耐压外壳，一般少用。

管状膜器的缺点是单位体积膜组件的膜面积小。

（4）中空纤维膜器

中空纤维膜组件的结构与管式膜类似，即将管式膜由中空纤维膜代替，结构如图 6-108 所示。根据中空纤维膜使用时两侧压差的大小，分为粗细两种。细的中空纤维外径 20～250μm，用于反渗透；粗的中空纤维外径 0.5～2mm，用于超滤等操作压差小的过程。中空纤维膜一般均制成列管式，它由许多根纤维（多达几十万、甚至几百万根）组成。中空纤维膜器的特点是设备紧凑、单位体积内膜面积大（高达 16000～30000m^2/m^3），但是膜容易堵塞，对原料液的预处理要求高，换膜费用高。当料液比较干净时，可以使用中空纤维膜器，如气体分离和全蒸发。

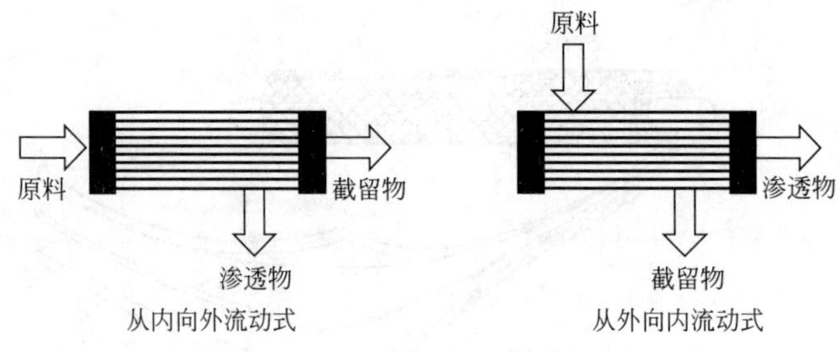

图 6-108　中空纤维膜器示意图

参考文献

[1] 马晓建．生化工程与设备．北京：化学工业出版社，1996.
[2] 陈国豪．生物工程设备．北京：化学工业出版社，2014.
[3] 段开红．生物工程设备．北京：科学出版社，2015.
[4] 郑裕国．生物工程设备．北京：化学工业出版社，2014.
[5] 高平，刘书志．生物工程设备．北京：化学工业出版社，2014.
[6] 徐清华．生物工程设备．北京：科学出版社，2013.
[7] 廖传华，周勇军，周玲．输送过程与设备．北京：中国石化出版社，2008.
[8] 许恒勤．物料机械化运输．哈尔滨：东北林业大学出版社，2001.
[9] 高孔荣．发酵设备．北京：中国轻工业出版社，1991.
[10] 华南工学院，大连轻工学院，天津轻工学院等．发酵工程与设备．北京：中国轻工业出版社，1988.
[11] 黎润钟．发酵工程设备．北京：中国轻工业出版社，1991.
[12] 姚如华，赵继伦．酒精发酵工艺学．广州：华南理工大学出版社，1998.
[13] 俞俊棠．抗生素生产设备．北京：化学工业出版社，1982.
[14] 张元兴，徐学书．生物反应器工程．上海：华东理工大学出版社，2001.
[15] 郑津洋，桑芝富．过程设备设计．第4版．北京：化学工业出版社，2015.
[16] 陈洪章．生物过程工程与设备．北京：化学工业出版社，2004.
[17] 马晓建，李洪亮，刘利平．燃料乙醇生产与应用技术．北京：化学工业出版社，2007.
[18] 刘铁男．燃料乙醇与中国．北京：经济科学出版社．2004.
[19] 刘荣厚，梅晓岩，颜涌捷．燃料乙醇的制取工艺与实例．北京：化学工业出版社，2008.
[20] Marcel Mulder著，李琳译．膜技术基本原理．北京：清华大学出版社，1996.
[21] 陈洪钫，刘家祺．化工分离工程．北京：化学工业出版社，1995.
[22] 近藤精一，石川达雄，安部郁夫著．吸附科学．第二版．李国希译．北京：化学工业出版社，2006.
[23] 于文国，卞进发．生化分离技术．第二版．北京：化学工业出版社，2010.
[24] 刘广义．干燥设备设计手册．北京：机械工业出版社，2009.
[25] 王树楹．现代填料塔技术指南．北京：中国石化出版社，1998.
[26] 《化学工程手册》编辑委员会．化学工程手册．北京：化学工业出版社，1989.